化工流程模拟

王君 编著

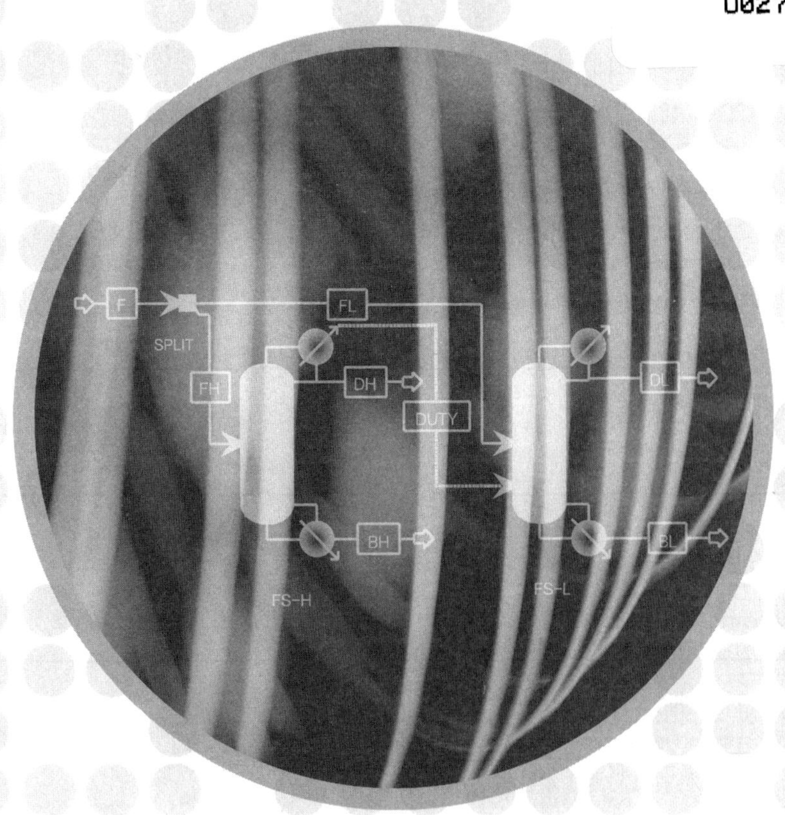

化学工业出版社
·北京·

本书共分为 8 章，第 1 章介绍了化工设计和模拟的一般步骤；第 2 章介绍了作为化工流程模拟基础的相平衡理论和物性模型等；第 3 章介绍了混合器、分流器和闪蒸器模型与模拟；第 4 章介绍了压力变化单元阀门、泵和压缩机模型与模拟；第 5 章介绍了换热器模型与模拟；第 6 章介绍了精馏塔、吸收塔、汽提塔和萃取塔模型、设计与模拟，阐述了不同条件下计算塔效率的 4 个经验公式；第 7 章介绍了 5 种反应器模型与模拟；第 8 章介绍了几种工艺流程的合成与模拟。全书采用化工流程模拟软件 Aspen Plus 作为模拟与设计工具，结合实例介绍了该软件的操作步骤和应用技巧，包括灵敏度分析、设计规定、参数优化和计算收敛策略等方面。

本书可作为高等院校化工专业本科生和研究生教材，也可为从事化工设计和工艺改造的工程技术人员提供参考。

图书在版编目（CIP）数据

化工流程模拟 / 王君编著. —北京：化学工业出版社，2016.8
（卓越工程师教育培养计划丛书）
ISBN 978-7-122-27484-7

Ⅰ. ①化… Ⅱ. ①王… Ⅲ. ①石油化工－化工过程－流程模拟 Ⅳ. ①TE65

中国版本图书馆 CIP 数据核字（2016）第 146839 号

责任编辑：贾　彬　江百宁　　　　文字编辑：颜克俭
责任校对：李　爽　　　　　　　　装帧设计：张　辉

出版发行：化学工业出版社（北京市东城区青年湖南街 13 号　邮政编码 100011）
印　　装：高教社（天津）印务有限公司
787mm×1092mm　1/16　印张 12¼　字数 319 千字　2016 年 10 月北京第 1 版第 1 次印刷

购书咨询：010-64518888（传真：010-64519686）　售后服务：010-64518899
网　　址：http://www.cip.com.cn
凡购买本书，如有缺损质量问题，本社销售中心负责调换。

定　　价：48.00 元　

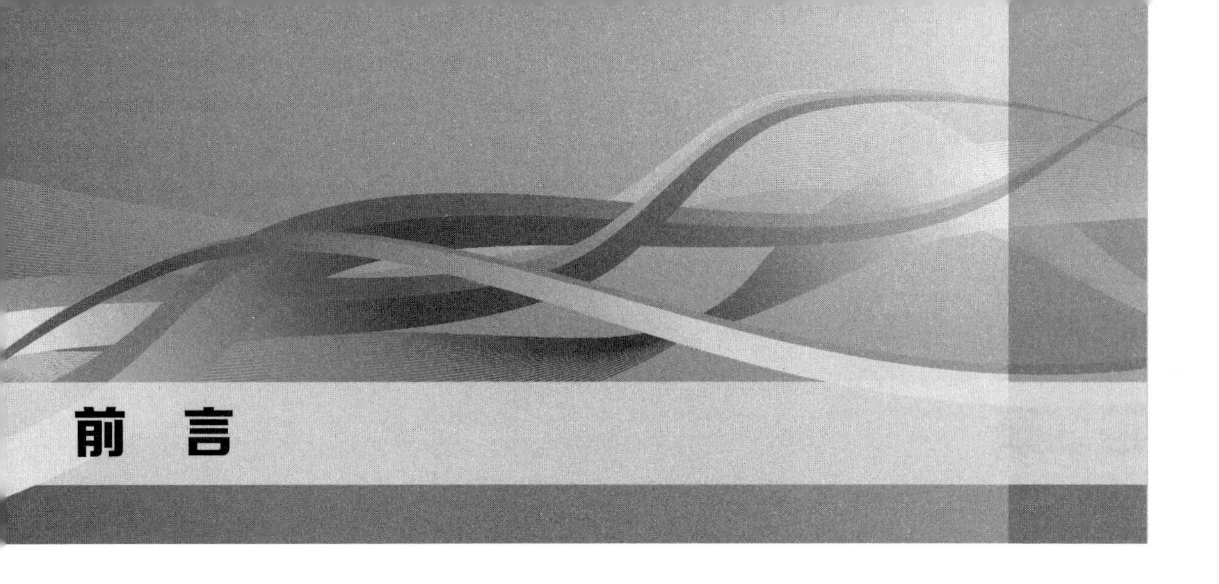

前 言

化工过程的开发与设计通常都是一个复杂的过程，它是建立在许多实践经验和基础理论之上的系统工程。因此，化工类专业的专业课程较多，主要有化工原理、反应工程、化工热力学、分离工程、化工过程分析与合成和化工过程设计等。这些课程内容各有侧重又相互联系，构成了化工过程合成、模拟和设计的基础。

对于复杂的化工过程模拟与设计工作，依靠手工计算已经不能胜任，随着计算机技术的快速发展，利用计算机解决化工过程中的计算问题得到了快速发展。化工专业技术人员可以根据自己的需要，建立合适的模型编制计算程序，在计算机上实现过程的模拟计算。特别值得关注的是，化工流程模拟软件的日趋成熟和推广，为化工专业技术人员提供了非常便利有用的模拟计算工具，使他们从烦琐的计算机编程中解脱出来，专注于所要开发设计的问题本身。

常用的化工流程模拟软件有 Aspen Plus、Hysys、Pro//Ⅱ和 ChemCAD 等。目前，化工设计研究院广泛采用化工流程模拟软件作为流程开发的模拟和设计工具，高等院校也开始引进化工流程模拟软件作为教学、科研或工艺过程开发和改造的工具，国内的化学工程类教材也开始逐步介绍和应用流程模拟软件。运用模拟软件，教师可以演示解决生产企业的关键工程技术问题，学生通过亲自对实际案例的模拟，可以获得未来工作需要的专业技能，这样，化工专业课程的教学能够做到更好地理论联系实际，得到很好的强化和提升。

本书共分为 8 章，第 1 章介绍了化工设计和模拟的一般步骤；第 2 章介绍了作为化工流程模拟基础的相平衡理论和物性模型等；第 3 章至第 7 章介绍了典型化工过程单元的模型、设计与模拟。鉴于精馏塔、吸收塔、汽提塔和萃取塔是化工过程中重要的分离设备单元，因此第 6 章对这些塔器的模型、设计与模拟作了较为详细的阐述，包括塔效率的 4 个经验公式的介绍；第 8 章介绍了几种工艺流程的合成与模拟。全书采用化工流程模拟软件 Aspen Plus 作为模拟与设计工具，结合实例介绍了该软件的操作步骤和应用技巧，包括灵敏度分析、设计规定、参数优化和计算收敛策略等方面。

由于水平有限，不当之处在所难免，欢迎读者批评指正。另外，如果读者需要本书配套的例题模拟文件和习题参考解答，请通过下面邮箱与作者联系。

junwang710125@sina.com或 1173765618@qq.com

编著者

2016 年 3 月

目 录

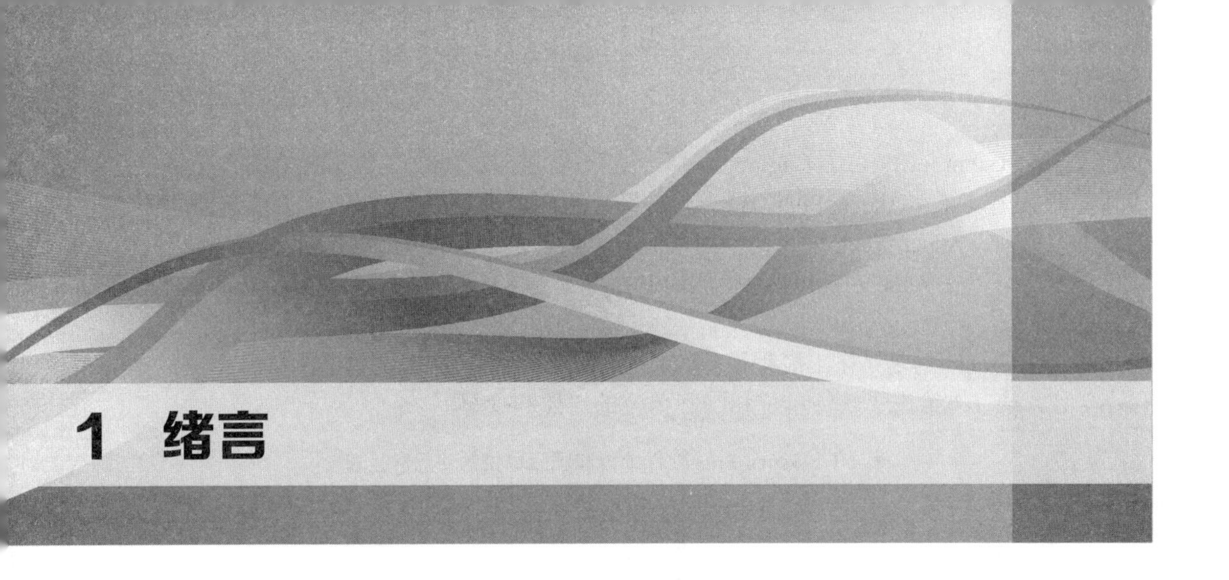

1 绪言

化工过程设计没有固定的模式，同一个化工产品可能有多个可行的或接近最优的设计方案，对于一个复杂化工过程的设计，没有两个设计者遵从完全一样的设计步骤。设计是工程活动中最具创造性的部分，是具有很多机会发明、具有想象力的新过程，设计是工程的精髓，它把工程师和科学家区别开来。从事过程开发的工程师创造性地应用实验和理论揭示和解释过程操作（通常涉及复杂的反应动力学和不同流场的传热和传质），化学工程师面临的挑战性任务是创建复杂的流程、选择合适的操作条件生产需要的产品，要求产品选择性高、公用工程消耗低，以取得良好的经济性，同时要求过程可控性好、环境友好。

化工过程设计一般可以分为以下 5 个步骤。

① 初步的过程合成。即过程创建，在不同的原料路径和流程中选择，确定原料路线。

② 详细的过程合成。即开发基础案例，基于固定原料路线-单元操作选择-热集成超级结构的可行性研究，确定流程结构。

③ 详细设计。即关键过程参数的优化和对过程扰动及不确定性的灵敏度分析，得到优化的流程参数。

④ 全厂范围可控性评价。即流程的可控性研究、过程对扰动的动态响应及控制系统结构和参数的选择，得到控制结构及其参数。

⑤ 撰写设计报告并作口头陈述。

以上第①~③步都要进行稳态模拟，第②、③步要进行过程的可控性和抗干扰性分析，第④步需进行动态模拟。因此，模拟是辅助化工过程设计的必备手段，通过对不同方案的模拟分析和优化比较，才能得出最优或接近最优的方案。在化工过程设计特别是复杂化工过程设计中，手工计算的模拟分析方式不但费时费力，而且已经不能满足现代化工的发展需求，随着计算机技术的发展，利用计算机辅助化工过程设计是必然的发展趋势。特别值得关注的是，日趋成熟的化工流程模拟软件技术商业化开发应用，可以使工程设计人员从烦琐的编程中解脱出来，并有效地降低了设计难度和加快了过程开发的速度。对于设计工程师来说，通用流程模拟软件是必备的过程设计工具，对于化工生产企业的技术人员来说，掌握流程模拟软件的应用对于过程操作和改造也很有用，对于学习化学工程的师生而言，掌握流程模拟软件的应用对于强化工程概念、提高对化工过程的分析能力、掌握化工过程的设计方法特别有帮助。

目前商业化的化工流程模拟软件有 Aspen Plus、Hysys、Pro/Ⅱ和 ChemCAD 等。本教材的模拟例题大部分采用 Aspen Plus 软件完成，它源于 20 世纪 70 年代后期美国能源部在麻省理工学院（MIT）组织项目而开发的第三代流程模拟软件，称为“先进过程工程系统”

(Advanced System for Process Engineering)，简称 ASPEN。1982 年 Aspen Tech 公司成立，将该软件商品化，称为 Aspen Plus。这一软件经过不断改进，是全世界公认的标准大型化工模拟软件。目前，Aspen Tech 公司在中国上海有分公司。而且，Aspen Tech 公司并购了 Hysys 软件技术，可以在 Aspen Plus 平台上调用 Hysys，汲取 Hysys 在动态模拟和石油加工过程模拟方面之长。

最后需要说明的是：化工流程模拟软件 Aspen Plus 中的物理量单位的符号和国际单位符号不一致，表 1-1 给出了软件单位和国际单位的对照和换算。

表 1-1　Aspen Plus 软件单位和国际单位的对照和换算

软件单位	国际单位	换算公式
hr	h	1hr=1h
sqm	m^2	1sqm=1m^2
cum	m^3	1cum=1m^3
tonne	kg	1tonne=1000kg
in	m	1in=0.0254m
ft	m	1ft=0.3048m
mmHg	kPa	1mmHg=0.1333kPa
F	℃	T/F=1.8t/℃+32
lbmol	kmol	1lbmol=2.2046kmol
lb	kg	1lb=0.45359kg
Btu	kJ	1Btu=1.055kJ
kmol/hr	kmol/h	1kmol/hr=1kmol/h
atm	MPa	1atm=0.101325MPa
bar	MPa	1bar=0.1MPa
psia	MPa	1psia=0.00689475MPa
psi	MPa	1psi=0.00689475MPa
kg/hr	kg/h	1kg/hr=kg/h
cum/hr	m^3/h	1cum/hr=1m^3/h
MMkcal/hr	kW	1MMkcal/hr=1162.79kW
kcal/hr-sqm-K	kJ/h·m^2·k	1kcal/hr-sqm-K=4.186kJ/h·m^2·k
gal/min	m^3/h	1gal/min=0.2727m^3/h
cP	Pa·s	1cP=0.001Pa·s

2 化工流程模拟基础

2.1 化工单元操作原理

化工流程是由化工单元操作设备和物流连接而成的。对整个化工流程的模拟实际上就是在一定的输入条件下，按照一定的计算顺序，分别对其中的单元操作进行模拟计算。通常进行多层循环的迭代计算，直到各层循环计算均收敛，得到整个流程的模拟计算结果。因此，对单元操作的设备结构、工作原理和数学模型的掌握是进行化工流程模拟的基础；另外，在对复杂化工过程流程进行模拟之前，通常需要对其中关键单元操作和各分段流程进行模拟，计算收敛后，在此基础对整个流程进行模拟，这样比较容易实现整个流程的计算收敛，由此也可明白对于单元操作模型的熟悉是至关重要的。

典型的化工单元操作过程有反应过程、分离过程和传热过程等。这些过程及其相应的物理设备、数学模型在化工原理和化工分离工程课程都有较为详尽的阐述，在此不赘述，后续各章的单元模拟中会对这些过程的自由度分析和数学模型作简要介绍。

2.2 相平衡理论

2.2.1 相平衡概念

相平衡是指多相组成的系统在宏观上保持不变的状态，即体系的宏观性质不随时间发生改变，这说明引起变化的势位都达到了平衡。比如由气相和液相组成的孤立系统长时间共存后，达到一种体系内没有任何变化趋势的状态，此时体系的温度、压力和相组成均保持不变，由此称体系处于气-液平衡状态。从微观上来看，平衡状态并不是静止不变的状态，由于分子永不停歇的运动，相界面上仍然存在各相之间的质量传递，但在相反的方向上，分子的平均通量相同，在相界面上任一组分的净传递量为零。

在工业应用中，存在液-液、液-固、气-固、气-液等多种相平衡，但是气-液两相平衡是最常见的，闪蒸器、精馏塔的模拟计算的经典方法就是基于气-液相平衡的假设。

2.2.2 相平衡条件

相平衡可以用吉布斯自由能、化学势、逸度或活度等表达，对于多组分、多相系统中的任一相，总吉布斯自由能是温度T、压力p和每一组分的物质的量N_i的函数，可以表达为：

$$G=G(T,p,N_1,N_2,\cdots,N_c) \tag{2-1}$$

在相平衡时，系统的吉布斯自由能达到最小。

自由能的全微分可以表示为：

$$\mathrm{d}G=-S\mathrm{d}T+V\mathrm{d}p+\sum_{i=1}^{c}\mu_i\mathrm{d}N_i \tag{2-2}$$

式中，μ_i 为组分 i 的化学势或偏摩尔吉布斯自由能。对于温度压力恒定的封闭系统，含 c 个组分、p 相共存的系统的吉布斯自由能全微分如下：

$$\mathrm{d}G_{\text{system}}=\sum_{p=1}^{N}\ [\sum_{i=1}^{c}\mu_i^{(p)}\mathrm{d}N_i^{(p)}]_{p,T} \tag{2-3}$$

由于任一组分 i 在系统中是守恒的，所以存在如下关系式：

$$\mathrm{d}N_i^{(1)}=-\sum_{p=2}^{N}\mathrm{d}N_i^{(p)} \tag{2-4}$$

将式（2-4）代入式（2-3）得到：

$$\sum_{p=2}^{N}\ [\sum_{i=1}^{c}(\mu_i^{(p)}-\mu_i^{(1)})\mathrm{d}N_i^{(p)}]\ =0 \tag{2-5}$$

由于式（2-5）中消除了 $\mathrm{d}N_i^{(1)}$，其中的 $\mathrm{d}N_i^{(p)}$ 各项是相互独立的，这就要求 $\mathrm{d}N_i^{(p)}$ 的系数必须为 0，所以如下关系式成立：

$$\mu_i^{(1)}=\mu_i^{(2)}=\mu_i^{(3)}=\cdots=\mu_i^{(N)} \tag{2-6}$$

此式表明，体系达到相平衡时，任一组分在各相中的化学势相等。

吉布斯自由能以及由此衍生的化学势（偏摩尔吉布斯自由能）是焓和熵的函数，由于焓的绝对值是不确定的，所以化学势的绝对值也不确定。而且，当压力趋近于 0 时，化学势的值趋向于负无穷。这使得化学势的值很难与其他容易测定的物理量相关联，不利于相平衡计算。1901 年，G.N.Lewis 提出的逸度概念代替化学势可以为相平衡的计算带来方便。

混合物中组分 i 的分逸度定义如下：

$$\bar{f}_i=c\exp(\frac{\mu_i}{RT}) \tag{2-7}$$

式中，c 是与温度有关的常数。当压力趋向于 0 时，化学势趋向于负无穷，而逸度趋向于 0。相平衡时任一组分在各相中的化学势相等的条件可以用逸度来等价地描述：

$$\bar{f}_i^{(1)}=\bar{f}_i^{(2)}=\bar{f}_i^{(3)}=\cdots=\bar{f}_i^{(N)} \tag{2-8}$$

式（2-6）或式（2-8）成立限制了各相之间的宏观传质，即各相之间的净传质量为 0，因为任一组分在任一相中的逃逸能力是一样的。

另外，各相之间达到热平衡和机械平衡也是相平衡的必要条件，因此，如下关系式成立：

$$T^{(1)}=T^{(2)}=T^{(3)}=\cdots=T^{(N)} \tag{2-9}$$

$$p^{(1)}=p^{(2)}=p^{(3)}=\cdots=p^{(N)} \tag{2-10}$$

式（2-6）或式（2-8）、式（2-9）和式（2-10）是相平衡的充分必要条件。在逸度概念基础上定义的活度，以及引入辅助函数逸度系数和活度系数这些概念构成方便进行相平衡计算的方法基础，下面予以介绍。

2.2.3 相平衡计算

多组分多相系统达到相平衡时，其中任一组分在各相中的分配一般是不同的。存在于某两相中的任一组分 i 摩尔分率之比称作平衡比。对于气-液体系而言，平衡比称为气-液平衡常数，通常用 K 表示：

$$K_i = \frac{y_i}{x_i} \tag{2-11}$$

对于液-液体系而言，平衡比称为分配系数：

$$K_{D_i} = \frac{x_i^{(1)}}{x_i^{(2)}} \tag{2-12}$$

在多组分多相混合物的分离过程中，两种组分平衡比的比值称为分离因子，对于气-液混合物，分离因子通常称作相对挥发度，定义如下：

$$\alpha_{ij} = \frac{K_i}{K_j} \tag{2-13}$$

对于液-液混合物，分离因子通常称作相对选择性，定义如下：

$$\beta_{ij} = \frac{K_{Di}}{K_{Dj}} \tag{2-14}$$

下面先介绍通过逸度对活度的定义，再引入逸度系数、活度系数的概念和用这些概念计算气-液平衡常数的方程。

在一定温度下，定义任一组分 i 的分逸度与其标准状态的逸度的比为该组分的活度，如果选择该组分纯物质为标准状态（要求其温度和相态与所研究的混合物的相同），则活度可以表达为：

$$\alpha_i = \frac{\bar{f}_i}{f_i^0} \tag{2-15}$$

式中，f_i^0 为组分 i 的标准状态的逸度。体系处于相平衡状态时，各相的 f_i^0 是相等的，因此该式与式（2-8）联立可以得到以下用活度表示的相平衡条件：

$$\alpha_i^{(1)} = \alpha_i^{(2)} = \alpha_i^{(3)} = \cdots = \alpha_i^{(N)} \tag{2-16}$$

理想溶液中某组分的活度就等于它在该相中的摩尔分率。

逸度与压力的关系密切，对于理想气体混合物，组分的分逸度就等于其分压，对于纯组分理想气体，分逸度就是纯组分的逸度，等于它的压力。对于纯物质而言，分逸度系数分别定义如下：

$$\phi_i = \frac{f_i}{p} \tag{2-17}$$

显然，对于理想气体，任何组分的逸度系数为 1。对于气相和液相混合物，任一组分的分逸度分别定义如下：

$$\bar{\phi}_{iV} = \frac{\bar{f}_{iV}}{y_i p} \tag{2-18}$$

$$\bar{\phi}_{iL} = \frac{\bar{f}_{iL}}{x_i p} \tag{2-19}$$

式（2-18）气相分逸度系数反映了实际气体对理想气体行为的偏离，式（2-19）液相分逸度系数反映了实际溶液对于理想溶液性质的偏离。

活度系数定义如下：

$$\gamma_{iV} = \frac{\alpha_{iV}}{y_i} \tag{2-20}$$

$$\gamma_{iL}=\frac{\alpha_{iL}}{x_i} \tag{2-21}$$

活度是通过逸度定义的，显然，上述活度系数也分别反映了实际气体对理想气体的偏离和实际液体溶液对理想溶液的偏离。

根据相平衡条件和逸度、活度、逸度系数和活度系数及相平衡常数的定义，就可以写出计算相平衡常数的方程。

对于气-液平衡，任一组分的气相分逸度等于其液相分逸度，即：

$$\overline{f}_{iV}=\overline{f}_{iL} \tag{2-22}$$

由式（2-18）和式（2-19）得到：

$$\overline{f}_{iV}=\overline{\phi}_{iV}y_i p \tag{2-23}$$

$$\overline{f}_{iL}=\overline{\phi}_{iL}x_i p \tag{2-24}$$

由式（2-15）和式（2-21）可得：

$$\overline{f}_{iL}=\gamma_{iL}x_i f_{iL}^0 \tag{2-25}$$

由式（2-11）、式（2-22）~式（2-24）可以得到状态方程形式气-液平衡常数计算式：

$$K_i=\frac{\overline{\phi}_{iL}}{\overline{\phi}_{iV}} \tag{2-26}$$

由式（2-11）、式（2-19）、式（2-22）、式（2-23）和式（2-25）可以得到用活度系数表示的气-液平衡常数计算式：

$$K_i=\frac{\gamma_{iL}f_{iL}^0}{\overline{\phi}_{iV}p}=\frac{\gamma_{iL}\phi_{iL}}{\overline{\phi}_{iV}} \tag{2-27}$$

此外，对理想物系（气相为理想气体，液相为理想液体溶液），拉乌尔定律成立，即：$py_i=p_i^s x_i$，则气-液平衡常数简化为：

$$K_i=\frac{p_i^s}{p} \tag{2-28}$$

若拉乌尔定律的理想液体溶液的假设放松为非理想溶液，即 $py_i=p_i^s\gamma_i x_i$，则气-液平衡常数为：

$$K_i=\frac{\gamma_i p_i^s}{p} \tag{2-29}$$

对于临界温度低于体系温度的轻质气体，由亨利定律 $py_i=H_i x_i$ 可以方便地得到气-液平衡常数的计算方程：

$$K_i=\frac{H_i}{p} \tag{2-30}$$

2.3 物性模型

2.3.1 剩余性质和过量性质

在化工流程模拟计算中，通常要计算物流的焓、熵、相平衡常数等热力学函数，实现这些计算的基础是化工热力学的剩余性质、过量性质以及状态方程模型和活度系数模型，下面作简要回顾。

理想物系热力学函数是比较容易计算的，有直接的计算公式。非理想物系热力学函数计算没有直接的计算公式。为了计算非理想物性的热力学函数，化工热力学上提出了剩余性质和过量性质的概念。剩余性质是实际气体热力学函数与该气体等温等压下视为理想气体时的相应热力学函数的差值。剩余性质如剩余吉布斯自由能、剩余焓，剩余熵等都可以根据流体的 p-V-T 实验数据获得数值解，或利用状态方程获得解析解。过量性质是实际液体溶液热力学函数与该液体等温等压下视为理想溶液时的相应热力学函数的差值。其中过量吉布斯自由能是非常有用的一个过量性质。化工热力学上过量吉布斯自由能与活度系数的关联式如下：

$$\frac{\overline{g}_i^E}{RT}=\ln\gamma_i=[\frac{\partial(N_i g_j^E/RT)}{\partial N_i}]_{p,T,N_i}=\frac{g_j^E}{RT}-\sum_k x_k[\frac{\partial(g_j^E/RT)}{\partial x_k}]_{p,T,x_r} \tag{2-31}$$

式中，g_i^E、$\overline{g}_i^E$ 分别为纯组分 i 的过量吉布斯自由能和组分 i 的分过量吉布斯自由能。并且 $j\neq i,r\neq k,k\neq i,r\neq i$。

通过这个关联式和不同的活度系数模型，就可以求解液体组分的活度系数，从而可以求解气-液平衡常数及其他的热力学函数。

2.3.2 状态方程模型

（1）理想气体状态方程

最简单的状态方程是理想气体状态方程，它是在假定气体分子本身的体积与其所占据的空间体积相比忽略不计并且分子间不存在相互作用力的条件下得出的，因此，只有低压高温气体行为接近理想气体的假定，理想气体状态方程如下：

$$p=\frac{RT}{v} \tag{2-32}$$

式中，v 为气体的摩尔体积。

（2）范德华方程

Vander Waals（范德华）对理想气体状态方程进行修正，提出如下所示的范德华方程：

$$p=\frac{RT}{v-b}-\frac{a}{v^2} \tag{2-33}$$

$\frac{a}{v^2}$ 项用于修正分子间吸引力对气体压力的影响，该项修正值随着摩尔体积和分子间距离的增大而下降；分子本身具有体积使得分子可以自由运动的空间体积小于摩尔体积，因此需要从摩尔体积中扣除某一体积值 b，b 值大致等于该物质液体或固体的摩尔体积（固态或液态是分子紧密排列）。a、b 参数值是由物质种类决定的。范德华方程是第一个提出的可用于描述实际气体的状态方程，也可用于液相。但是范德华方程的应用范围很窄，工程计算较少应用，但是它的开创意义非常重要，此后出现了 R-K、S-R-K、p-R 等应用范围更广、精度更好的方程，1930 年 Vander Waals 获得诺贝尔奖。

（3）普遍化方程

范德华方程的应用范围很窄，但是它表明，不同的物质在相同的对比温度和对比压力下，就有相同的对比摩尔体积，这个发现称为对比状态原理，由此可以得到普遍化的状态方程：

$$p=\frac{ZRT}{v} \tag{2-34}$$

式中，Z 为压缩因子，它是对比温度、对比压力和临界压缩因子（或偏心因子）的函数，即：

$$Z = Z\{p_r, T_r, Z_c(\omega)\} \tag{2-35}$$

参数偏心因子反映了分子结构的差异，它由物质的蒸气压和临界压力定义如下：

$$\omega = [-\lg(\frac{p^s}{p^c})_{T_r=0.7}] - 1 \tag{2-36}$$

该定义导致对称分子的偏心因子为 0，如甲烷；甲苯的偏心因子为 0.263；正十二烷的偏心因子为 0.489。

（4）*R-K* 方程

1949 年，Redlich 和 Kwong 提出了一个类似于范德华方程的两参数状态方程：

$$p = \frac{RT}{v-b} - \frac{a}{v^2+bv} \tag{2-37}$$

式中，$a = 0.42748R^2T_c^{2.5}/(p_cT^{0.5})$；$b = 0.08664RT_c/p_c$；$T_c$、$p_c$ 分别为物质的临界温度和临界压力。

与范德华方程相比，*R-K* 方程精度有很大提高，也可近似描述液相。当 *R-K* 方程应用于混合物时，需要用混合物各组分纯物质的参数 a 和 b 来计算得到用于混合物的参数 a 和 b，这种计算方法叫做混合规则。对于一个含有 c 个组分的气体混合物，可采用如下混合规则：

$$a = \sum_{i=1}^{c}\left[\sum_{j=1}^{c} y_i y_j (a_i a_j)^{0.5}\right] \tag{2-38}$$

$$b = \sum_{i=1}^{c} y_i b_i \tag{2-39}$$

（5）*R-K-S* 方程

Soave 对 *R-K* 方程进行改进后称作 *R-K-S*（或 *S-R-K*）方程。改进后的方程对烃类和轻质气体混合物的计算更加精确。*R-K-S* 方程中的参数 a 中引入了偏心因子以提高对烃类蒸气压的拟合效果，大大提高了对液相的预测能力。*R-K-S* 方程和参数表达式如下所示：

$$p = \frac{RT}{v-b} - \frac{a}{v^2+bv} \tag{2-40}$$

式中，$b = 0.08664RT_c/p_c$；$a = 0.42748R^2T_c^2[1+f_\omega(1-T_r^{0.5})]^2 p_c$；$f_\omega = 0.48 + 1.574\omega - 0.176\omega^2$。

（6）*p-R* 方程

Peng 和 Robinson 对 *R-K* 方程和 *S-R-K* 方程进一步改进，提出如下的 *p-R* 方程：

$$p = \frac{RT}{v-b} - \frac{a}{v^2+2bv-b^2} \tag{2-41}$$

式中，$b = 0.07780RT_c/p_c$；$a = 0.45724R^2T_c^2[1+f_\omega(1-T_r^{0.5})]^2 p_c$；$f_\omega = 0.37464 + 1.54226\omega - 0.26992\omega^2$。*p-R* 方程提高了对临界区域实验数据和液体摩尔体积的预测精度。*p-R* 方程和 *R-K-S* 方程被广泛地应用于过程模拟计算，当应用于烃类和轻质气体的混合物时，计算参数 b 的混合规则仍是式（2-39），计算参数的 a 混合规则在式（2-38）的基础上引入二元交互作用参数 k_{ij}，计算式如下：

$$a = \sum_{i=1}^{c}\left[\sum_{j=1}^{c} y_i y_j (a_i a_j)^{0.5}(1-k_{ij})\right] \tag{2-42}$$

k_{ij} 由物质的实验数据反算得到，*p-R* 方程和 *R-K-S* 方程计算各种物系的 k_{ij} 可以查阅相关文献，在化工流程模拟软件 Aspen Plus 中，二元交互作用参数 k_{ij} 已经存在于软件数据库中，应用时打开调用即可。通过实验数据的反算表明，如果提高二元交互作用参数 k_{ij} 到接近 0.5，*p-R* 方程和 *R-K-S* 方程可以近似用于描述含有极性组分的混合物，但是应用于含有极性组分的混合物，最好采用 Wong 和 Sandler 的混合规则，该混合规则使立方型状态方程和活度系数模型方程预测领域靠近了，具体请参看相关文献，在此不赘述。

（7）维里方程

维里方程可从统计力学推导出来，具有坚实理论基础，维里方程如下所示：

$$Z = 1 + \frac{B}{v} + \frac{C}{v^2} + \cdots \tag{2-43}$$

式中，Z 为压缩因子；B 为第一维里系数；C 为第二维里系数……B、C……的值与温度物质本性有关；$\frac{B}{v}$ 反映了两分子之间相互作用；$\frac{C}{v^2}$ 反映了三分子之间的相互作用……以此类推，v 为摩尔体积。通常在 $T < T_c$、$p < 1.5\text{MPa}$ 条件下，维里方程两项截断式用于气体计算已足够准确。维里方程可用于极性和非极性物质。

B-W-R 和 *L-K-p* 是两个修正的维里方程，*BWR* 方程参数多（至少 8 个），只用于极低温纯物质；*L-K-p* 可以适用于很宽的温度和压力范围的烃类或烃类和轻质气体混合物，也可以描述液相。

2.3.3 活度系数模型

（1）Wohl（伍尔）型方程

Wohl 型方程是在正规溶液的假设基础上推导得到的(所谓正规溶液就是指过量熵为零的溶液，也就是这种溶液在混合时与理想溶液在混合时的熵变相同。由于熵是分子无序程度的函数，如果熵变与理想溶液相同就说明这种溶液是“规则的”，因此叫做“正规溶液”或“规则溶液”)，包括 Margules（马居士）方程和 Van Laar（范拉）方程、Wohl 型方程的两组分过量吉布斯自由能模型和由此得到的活度系数模型方程如表 2-1 所示。

表 2-1 Wohl 型方程的过量吉布斯自由能模型和活度系数模型方程

方程名称	过量吉布斯自由能 G^E 模型	活度系数模型方程
Margules（两尾标）	$G^E = Ax_1x_2$	$RT\ln\gamma_1 = Ax_2^2$ $RT\ln\gamma_2 = Ax_1^2$
Margules（三尾标）	$G^E = x_1x_2[A + B(x_1 - x_2)]$	$RT\ln\gamma_1 = (A+3B)x_2^2 - 4Bx_2^3$ $RT\ln\gamma_2 = (A-3B)x_1^2 + 4Bx_1^3$
Margules（四尾标）	$G^E = x_1x_2[A + B(x_1 - x_2) + C(x_1 - x_2)^2]$	$RT\ln\gamma_1 = (A+3B+5C)x_2^2$ $-4(B+4C)x_2^3 + 12Cx_2^4$ $RT\ln\gamma_2 = (A-3B+5C)x_1^2$ $-4(B-4C)x_1^3 + 12Cx_1^4$
Van Laar	$G^E = \dfrac{Ax_1x_2}{x_1(\frac{A}{B}) + x_2}$	$RT\ln\gamma_1 = A(1 + \frac{A}{B} \times \frac{x_1}{x_2})^{-2}$ $RT\ln\gamma_2 = B(1 + \frac{B}{A} \times \frac{x_2}{x_1})^{-2}$

应用 Wohl 型方程计算较为简单，但对于非理想性程度高（含有强极性组分）的物系不适用。

（2）局部组成型方程

局部组成型方程包括 Wilson（威尔逊）方程、NRTL（非随机双流体）方程、UNIQUAC（通用似化学理论）和 UNIFAC（普遍功能活度系数）。这些方程建立的共同基础是混合物微观组成与其宏观组成是不同的，局部组成的不同是由于分子性质的不同以及分子之间的相互作用力不同造成的，所以一般来说，某一个分子周围局部其他分子的排列并不是随机的、任意的。

1964 年，Wilson 提出了如下二元溶液过量吉布斯自由能的关联式：

$$\frac{g^E}{RT} = -x_1 \ln(x_1 + \Lambda_{12}x_2) - x_2 \ln(x_2 + \Lambda_{21}x_1) \tag{2-44}$$

由此推导的活度系数方程为：

$$\ln\gamma_1 = -\ln(x_1 + \Lambda_{12}x_2) + x_2\left(\frac{\Lambda_{12}}{x_1 + \Lambda_{12}x_2} - \frac{\Lambda_{21}}{\Lambda_{21}x_1 + x_2}\right) \tag{2-45}$$

$$\ln\gamma_2 = -\ln(x_2 + \Lambda_{21}x_1) - x_1\left(\frac{\Lambda_{12}}{x_1 + \Lambda_{12}x_2} - \frac{\Lambda_{21}}{\Lambda_{21}x_1 + x_2}\right) \tag{2-46}$$

Wilson 方程中两个可调参数计算式如下：

$$\Lambda_{12} = \frac{v_2}{v_1}\exp(-\frac{\lambda_{12} - \lambda_{11}}{RT}) \tag{2-47}$$

$$\Lambda_{21} = \frac{v_1}{v_2}\exp(-\frac{\lambda_{21} - \lambda_{22}}{RT}) \tag{2-48}$$

式中，v_i 为相应组分纯物质的液相摩尔体积；λ_{ij} 为组分之间的相互作用能。

多元组分混合物溶液的 Wilson 方程的过量吉布斯自由能表达式如下：

$$\frac{g^E}{RT} = -\sum_{i=1}^{m} x_i \ln\left(\sum_{j=1}^{m} x_j \Lambda_{ij}\right) \tag{2-49}$$

其中有：

$$\Lambda_{ij} = \frac{v_j}{v_i}\exp(-\frac{\lambda_{ij} - \lambda_{ii}}{RT}) \tag{2-50}$$

$$\Lambda_{ji} = \frac{v_i}{v_j}\exp(-\frac{\lambda_{ji} - \lambda_{jj}}{RT}) \tag{2-51}$$

任一组分 k 的活度系数：

$$\ln\gamma_k = -\ln\left(\sum_{j=1}^{m} x_j \Lambda_{kj}\right) + 1 - \sum_{i=1}^{m} \frac{x_1 \Lambda_{ik}}{\sum_{j=1}^{m} x_j \Lambda_{ij}} \tag{2-52}$$

Wilson 方程可用于极性物系，特别适用于极性组分在非极性溶剂中的溶液，而前述 Wohl 型方程通常不适合此类溶液的计算，但要注意，Wilson 方程适用于完全互溶的溶液，或虽然所研究溶液可能形成部分互溶体系，但对于此溶液仅存在一个液相区的极限区域也是可以用 Wilson 方程描述的，但 Wilson 方程不能预测有限互溶性。

1968 年，Renon 基于局部组成的概念和双流体理论，提出了二元过量吉布斯自由能模型并给出了计算活度系数的 NRTL 方程。

$$\frac{g^E}{RT} = x_1x_2\left(\frac{\tau_{21}G_{21}}{x_1 + x_2G_{21}} + \frac{\tau_{12}G_{12}}{x_2 + x_1G_{12}}\right) \tag{2-53}$$

式中，$\tau_{12}=\dfrac{g_{12}-g_{22}}{RT}$；$\tau_{21}=\dfrac{g_{21}-g_{11}}{RT}$；$G_{12}=\exp(-\alpha_{12}\tau_{12})$；$G_{21}=\exp(-\alpha_{12}\tau_{21})$。

g_{ij} 为组分相互作用能；α_{12} 是表征混合物非随机性的参数，取 0 时，表示混合物分子完全随机作用，局部组成与宏观组成一致，该值的取值范围是 0.20~0.47，通常取 0.3。由上面的模型得到 NRTL 活度系数模型方程如下：

$$\ln\gamma_1=x_2^2\left[\tau_{21}\left(\frac{G_{21}}{x_1+x_2G_{21}}\right)^2+\frac{\tau_{12}G_{12}}{(x_2+x_1G_{12})^2}\right] \tag{2-54}$$

$$\ln\gamma_2=x_1^2\left[\tau_{12}\left(\frac{G_{21}}{x_2+x_1G_{12}}\right)^2+\frac{\tau_{21}G_{21}}{(x_1+x_2G_{21})^2}\right] \tag{2-55}$$

从二元的 NRTL 方程可以很方便地推广到多元的情况，对于含有 m 个组分的溶液，多元 NRTL 过量吉布斯自由能如下：

$$\frac{g^E}{RT}=\sum_{i=1}^{m}x_i\frac{\sum_{j=1}^{m}\tau_{ij}G_{ji}x_j}{\sum_{l=1}^{m}G_{li}x_l} \tag{2-56}$$

$$\tau_{ji}=\frac{g_{ji}-g_{ii}}{RT} \tag{2-57}$$

$$G_{ji}=\exp(-\alpha_{ji}\tau_{12}),\alpha_{ji}=\alpha_{ij} \tag{2-58}$$

$$\ln\gamma_i=\frac{\sum_{j=1}^{m}\tau_{ji}G_{ji}x_j}{\sum_{l=1}^{m}G_{li}x_l}+\sum_{j=1}^{m}\frac{x_jG_{ij}}{\sum_{l=1}^{m}G_{lj}x_l}\left(\tau_{ij}-\frac{\sum_{r=1}^{m}x_r\tau_{rj}G_{rj}}{\sum_{l=1}^{m}G_{lj}x_l}\right) \tag{2-59}$$

NRTL 方程可以很好地描述高度非理想混合物（包括部分互溶体系），对于中等非理想体系，NRTL 方程的预测性能不优于 Van Laar 方程。

1952 年，Geggenheim 使用一种简化的方法，为大小相等、形成的混合物又未必随机的分子建立了一种晶格理论，称作似化学近似。该晶格理论的基本思想是将混合物组分间的作用虚拟为化学反应，即：

$$(1-1)+(2-2)\rightleftharpoons 2\times(1-2) \tag{2-60}$$

在此基础上，得到过量吉布斯自由能模型：

$$\frac{g^E}{RT}=\left(\frac{w}{kT}\right)x_1x_2\left[1-\frac{1}{2}\left(\frac{2w}{zkT}\right)x_1x_2+\cdots\right] \tag{2-61}$$

式中，w 为分子相互交换能；k 为 Boltzmann 常数；z 为配位数。式（2-63）基于似化学近似的过量吉布斯自由能与基于分子随机混合假设的过量吉布斯自由能相差不大，如果是完全互溶的混合物，似化学近似对非随机混合的修正量不大，对不完全互溶的液体体系，似化学近似理论比随机混合理论有明显改善。

Abrams 等把 Geggenheim 的非随机混合似化学近似理论推广到分子大小不同的溶液，称作通用似化学理论，简称为 UNIQUAC。UNIQUAC 方程的过量吉布斯自由能 g^E 由组合部分和剩余部分构成，前者用于描述占支配地位的熵的贡献，后者描述决定混合焓的分子间作用力，两个可调参数只出现在剩余部分。

UNIQUAC 方程如下：

$$\frac{g^E}{RT}=\left(\frac{g^E}{RT}\right)_c+\left(\frac{g^E}{RT}\right)_r \tag{2-62}$$

对于二元混合物有：

$$\left(\frac{g^E}{RT}\right)_c=x_1\ln\frac{\phi_1^*}{x_1}+x_2\ln\frac{\phi_2^*}{x_2}+\frac{z}{2}\left(x_1q_1\ln\frac{\theta_1}{\phi_1^*}+x_2q_2\ln\frac{\theta_2}{\phi_2^*}\right) \tag{2-63}$$

$$\left(\frac{g^E}{RT}\right)_r=-x_1q_1^{'}\ln(\theta_1^{'}+\theta_2^{'}\tau_{21})-x_2q_2^{'}\ln(\theta_2^{'}+\theta_1^{'}\tau_{12}) \tag{2-64}$$

其中，链段分数ϕ^*和面积分数θ及$\theta^{'}$的计算方程如下：

$$\phi_1^*=\frac{x_1r_1}{x_1r_1+x_2r_2} \tag{2-65}$$

$$\phi_2^*=\frac{x_2r_2}{x_1r_1+x_2r_2} \tag{2-66}$$

$$\theta_1=\frac{x_1q_1}{x_1q_1+x_2q_2} \tag{2-67}$$

$$\theta_2=\frac{x_2q_2}{x_1q_1+x_2q_2} \tag{2-68}$$

$$\theta_1^{'}=\frac{x_1q_1^{'}}{x_1q_1^{'}+x_2q_2^{'}} \tag{2-69}$$

$$\theta_2^{'}=\frac{x_2q_2^{'}}{x_1q_1^{'}+x_2q_2^{'}} \tag{2-70}$$

式中的r、q和$q^{'}$是表征纯组分分子大小和外表面积的结构常数。剩余部分吉布斯自由能方程中的可调参数τ_{12}和τ_{21}的计算关联式为：

$$\tau_{12}=\exp\left(-\frac{\Delta u_{12}}{RT}\right)\equiv\exp\left(-\frac{a_{12}}{T}\right) \tag{2-71}$$

$$\tau_{21}=\exp\left(-\frac{\Delta u_{21}}{RT}\right)\equiv\exp\left(-\frac{a_{21}}{T}\right) \tag{2-72}$$

式中，Δu_{12}和Δu_{21}为特征能量，能量参数a具有温度的单位，可以查阅文献。

$$\begin{aligned}\ln\gamma_1=&\ln\frac{\phi_1^*}{x_1}+\frac{z}{2}q_1\ln\frac{\theta_1}{\phi_1^{'}}+\phi_2^*\left(l_1-\frac{r_1}{r_2}l_2\right)-\\&q_1^{'}\ln(\theta_1^{'}+\theta_2^{'}\tau_{21})+\theta_2^{'}q_1^{'}\left(\frac{\tau_{21}}{\theta_1^{'}+\theta_2^{'}\tau_{21}}-\frac{\tau_{12}}{\theta_2^{'}+\theta_1^{'}\tau_{12}}\right)\end{aligned} \tag{2-73}$$

$$\begin{aligned}\ln\gamma_2=&\ln\frac{\phi_2^*}{x_2}+\frac{z}{2}q_2\ln\frac{\theta_2}{\phi_2^{'}}+\phi_1^*\left(l_2-\frac{r_2}{r_1}l_1\right)-\\&q_2^{'}\ln(\theta_2^{'}+\theta_1^{'}\tau_{12})+\theta_1^{'}q_2^{'}\left(\frac{\tau_{12}}{\theta_2^{'}+\theta_1^{'}\tau_{12}}-\frac{\tau_{21}}{\theta_1^{'}+\theta_2^{'}\tau_{21}}\right)\end{aligned} \tag{2-74}$$

式中，$l_1=\frac{z}{2}(r_1-q_1)-(r_1-1)$；$l_2=\frac{z}{2}(r_2-q_2)-(r_2-1)$。

多组分混合物的UNIQUAC方程如下：

$$\left(\frac{g^E}{RT}\right)_c=\sum_{i=1}^{m}x_i\ln\frac{\phi_i^*}{x_i}+\frac{z}{2}\sum_{i=1}^{m}\frac{\theta_i}{\phi_i^*}x_iq_i\ln\frac{\theta_i}{\phi_i^*} \tag{2-75}$$

$$\left(\frac{g^E}{RT}\right)_r=-\sum x_iq_i^{'}\ln\left(\sum_{j=1}^{m}\theta_i^{'}\tau_{ji}\right) \tag{2-76}$$

其中，链段分数、面积分数和可调参数的计算式为：

$$\phi_i^*=\frac{x_ir_i}{\sum_{j=1}^{m}x_jr_j} \tag{2-77}$$

$$\theta_i=\frac{x_iq_i}{\sum_{j=1}^{m}x_jq_j} \tag{2-78}$$

$$\theta_i^{'}=\frac{x_iq_i^{'}}{\sum_{j=1}^{m}x_jq_j^{'}} \tag{2-79}$$

$$\tau_{ij}=\exp\left(-\frac{a_{ij}}{T}\right) \tag{2-80}$$

$$\tau_{ji}=\exp\left(-\frac{a_{ji}}{T}\right) \tag{2-81}$$

$$\begin{aligned}\ln\gamma_i=&\ln\frac{\phi_i^*}{x_i}+\frac{z}{2}q_i\ln\frac{\theta_i}{\phi_i^*}+l_i-\frac{\phi_i^*}{x_i}\sum_{j=1}^{m}x_jl_j\\&-q_i^{'}\ln\left(\sum_{j=1}^{m}\theta_j^{'}\tau_{ji}\right)+q_i^{'}-q_i^{'}\sum_{j=1}^{m}\frac{\theta_j^{'}\tau_{ij}}{\sum_{k=1}^{m}\theta_k^{'}\tau_{kj}}\end{aligned} \tag{2-82}$$

$$l_j=\frac{z}{2}(r_j-q_j)-(r_j-1) \tag{2-83}$$

UNIQUAC方程适用于烃类、醇类、酮类、醛类、羧酸类和水等非极性和极性物质体系的完全互溶或部分互溶溶液的性质计算。

1925年，Langmuir提出由基团贡献法计算活度系数，其基本思想是：一个分子被划分成功能基团，分子之间的相互作用可视为基团之间相互作用适当权重的加和，假设基团的行为和它所在的特定分子无关。这种方法明显的优点是：由于基团的种类远远小于分子种类，所以基团间的作用类型也远小于分子间的作用类型，从而问题得到简化。

Fredenslund在1977年基于UNIQUAC公式提出了一种相似的由基团贡献法计算活度系数的方法，叫作UNIFAC（普遍功能活度系数）。设混合物中任一组分用i表示，用相对体积R_k和相对表面积Q_k表示分子基团的特性，用α_{mk}表示基团相互作用参数（具有温度单位），这些特性参数可以查阅相关文献或已经储存在模拟软件的数据库中。UNIFAC活度系数方程的组合部分与UNIQUAC方程的组合部分一样，而UNIFAC活度系数方程的剩余部分如下：

$$\ln\gamma_i^r=q_i\left[1-\sum_k\left(\theta_k\frac{\beta_{il}}{s_k}-e_{ki}\ln\frac{\beta_{ik}}{s_k}\right)\right] \tag{2-84}$$

$r_i = \sum_k \nu_k^{(i)} R_k$。且式中 $q_i = \sum_k \nu_k^{(i)} Q_k$； $e_{ki} = \sum_k \frac{\nu_k^{(i)} Q_k}{q_i}$； $\beta_{ik} = \sum_m e_{mi} \tau_{mk}$； $\theta_k = \frac{\sum_i x_i q_i e_{ki}}{\sum_j x_j q_j}$；

$s_k = \sum_m \theta_m \tau_{mk}$； $\tau_{mk} = \exp \frac{-\alpha_{mk}}{T}$。

$\nu_k^{(i)}$ 是 i 分子中 k 种基团的数目。在没有物系的实验数据时，用 UNIFAC 方程估算活度系数是很方便的，该方程的适用条件与 UNIQUAC 方程相同。

2.3.4 物性方程的选用

上一节介绍了两类物性方程模型，即状态方程（EOS）模型和活度系数（γ）模型，两类模型的比较如表 2-2 所示。

表 2-2 状态方程模型和活度系数模型的比较

状态方程模型	活度系数模型
描述非理想性液体的能力有限	可以描述高度非理想性液体
需要的二元相互作用参数少	需要的二元相互作用参数多
二元相互作用参数可随着温度合理外推	二元相互作用参数高度依赖于温度
临界区一致（仍可运用方程及参数）	临界区不一致（一般只适用中低压力区）

化工流程模拟计算中物性模型的选择取决于所研究物系的非理想性程度及操作条件。理想与非理想行为的含义与判断简述如下。从物质的微观性质说，分子大小和形状相近的非极性组分构成的物系具有理想行为，这种物系的气相遵循理想气体定律、液相遵循拉乌尔定律（或亨利定律）。对于二元组分混合物而言，理想物系的 x-y 相图，如图 2-1 所示为圆滑的弓形，而非理想物系 x-y 相图会产生变形，高度非理想物系甚至会形成恒沸物，x-y 相图组成与对角线中某一点相交，此点组成为恒沸物组成（同一组分在液相和气相中的组成相同，如图 2-2 和图 2-3 所示），对于此种情况，如果采用精馏塔分离此两个组分，一个简单的精馏塔不能实现两个组分的清晰分割，因为不管采用怎样有利的操作条件和设备条件，总有一个塔底或塔顶产物是接近恒沸物组成的。物性方程的选用方法如图 2-4 所示。

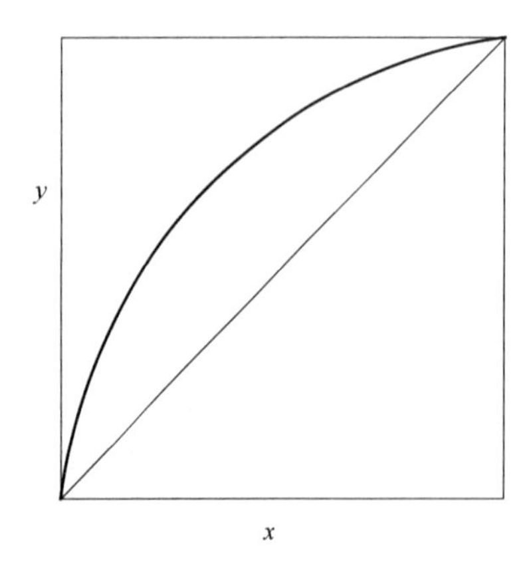

图 2-1 理想二元混合物

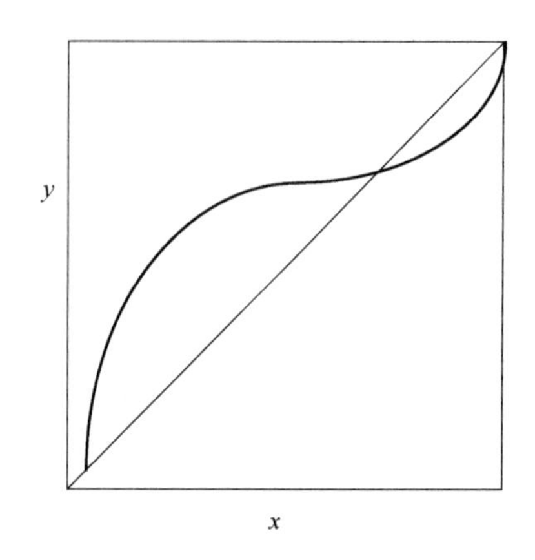

图 2-2 高度非理想二元混合物（正偏差）

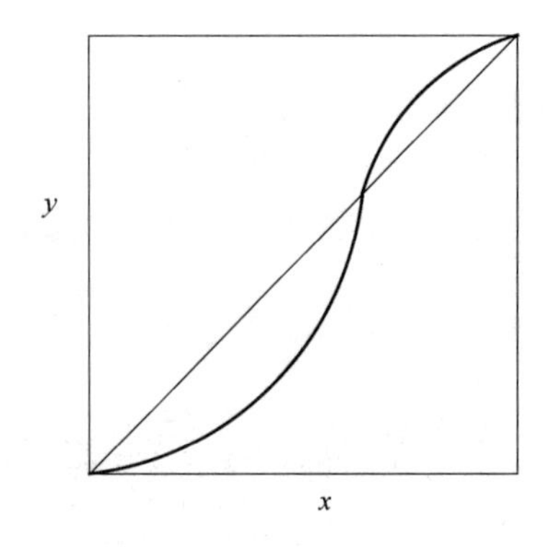

图 2-3　高度非理想二元混合物（负偏差）

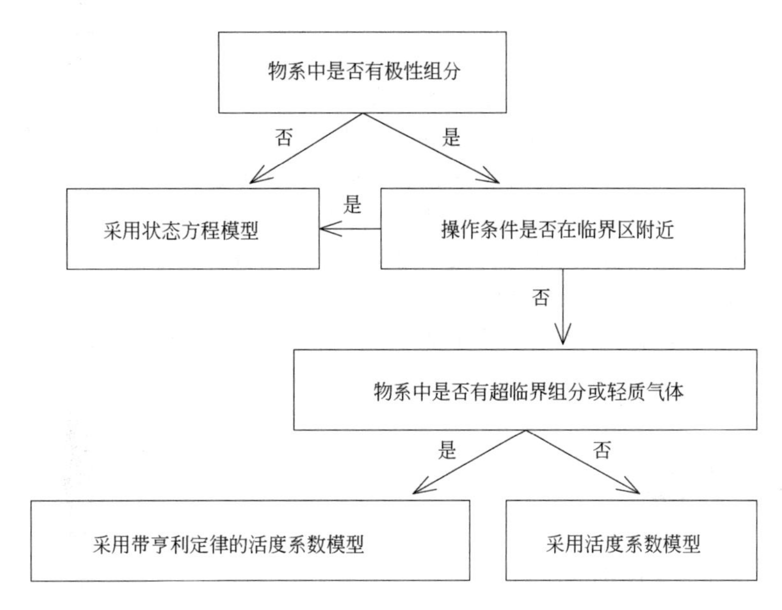

图 2-4　物性方程选择流程

2.4　温标转换

常用的四种温标分别是摄氏温标、开尔文温标、华氏温标和朗肯（Rankine）温标。其中开尔文温标和朗肯温标为绝对温标。

摄氏温度与开尔文温度换算：

$$t/℃=T/\mathrm{K}-273.15 \tag{2-85}$$

朗肯温度与开尔文温度换算：

$$T/\mathrm{R}=1.8\,T/\mathrm{K} \tag{2-86}$$

华氏温度和朗肯温度换算：

$$t/℉=T/\mathrm{R}-459.67 \tag{2-87}$$

华氏温度与摄氏温度换算：

$$t/℉=1.8\,t/℃+32 \tag{2-88}$$

可见摄氏温差与开氏温差相等，朗肯温差是开氏温差的 1.8 倍；华氏温差与朗肯温差相等，华氏温差是摄氏温差的 1.8 倍。比如传热温差：20℃=20K=36R=36℉。

3 混合器、分流器和闪蒸器模拟

化工流程模拟中，用单元操作模块来表示实际装置的各个设备，要运行一个流程模拟必须至少规定一个单元操作模块。当定义模拟流程时，要选择流程模块的单元操作模型。化工流程模拟软件如 Aspen Plus、Hysys、Pro/Ⅱ和 ChemCAD 等都有一个很宽的单元操作模型范围可供选择，需要选择正确的单元操作模型连接起来构成流程并输入模型规定才能进行模拟运算。本章至第 6 章分别说明典型单元操作模型的作用，自由度分析，并用实例说明单元操作过程的稳态模拟方法，所谓稳态过程是指过程在特定空间位置的过程变量（如流量、温度、压力和密度等）不随时间发生变化，若过程变量向量用 X 表示，则稳态过程的数学条件可表示为：$\frac{\partial X}{\partial t}=0$。

3.1 混合器

3.1.1 混合器模型自由度分析

混合器把两股或多股进料物流（或热流或功流）混合成一个出口物流，混合器可用于模拟混合三通或其他类型的物流混合操作模型。如图 3-1 所示，物流 1 和物流 2 混合成一股物流 3。设确定每一股物流的独立参数为流股的流量、温度、压力和组成，即 F_i,T_i,p_i,x_{ji}（$i=1,2,3$；$j=1,2,\cdots,c-1$，c 为组分数）共 $c+2$ 个独立变量，则混合器模型中流股变量数为 $3(c+2)$。由此模型变量总数为 $3(c+2)$。

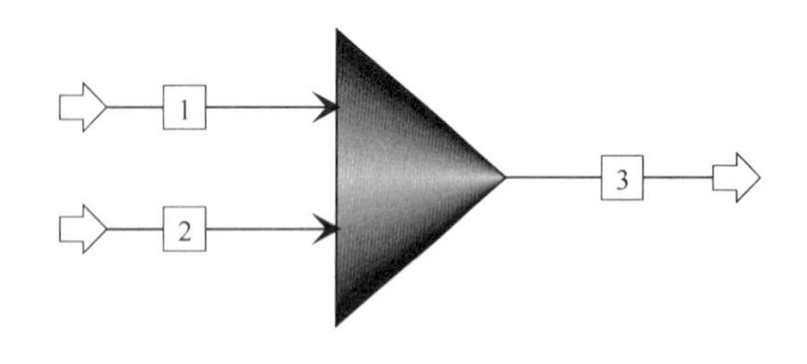

图 3-1 混合器

对该简单混合器作自由度分析，可以列出如下独立方程：

独立方程	数目
压力平衡：	
$p_3=\min(p_1,p_2)$	1
物料平衡：	
$F_1+F_2=F_3$	1
$x_{j1}F_1+x_{j2}F_2=x_{j3}F_3 \quad (j=1,2,\cdots,c-1)$	$c-1$

能量平衡：

$$F_1H_1+F_2H_2=F_3H_3 \qquad 1$$

合计： $c+2$

式中，H 为流股的比摩尔焓；F 为流股的摩尔流量；x 为流股中组分的摩尔分数；p 为压力。

所以混合器模型的自由度 $d=$ 变量总数 $-$ 独立方程数 $=3(c+2)-(c+2)=2(c+2)$。

模拟计算中，只需要规定进料物流 1 和物流 2 的 $2(c+2)$ 必要信息，模型方程组即有唯一解。

为了建立单元模型方程时不遗漏方程，现对模型方程及变量进行分类。

模型变量分为如下五类：输入物流变量、输出物流变量、设备参数（单元模块参数如换热器的热负荷、泵和压缩机的功率等）、其他计算结果变量和寄存变量（如精馏塔计算中塔内各级的温度、物料组成和气-液平衡常数等），寄存变量用于迭代计算，并不是用户直接需要的计算结果。

注意流股的焓 H 不作为模型变量，因为 $H=H(T,p,X)$，及当流股的温度、压力和组成给定时，该流股的焓即确定，所以流股的温度、压力和组成选作独立变量后，焓就不选作模型变量进行自由度的计算，而是作为已知参数。类似的还有组分的平衡常数 $K_i=K_i(T,p,X)$ 也不选作模型变量。

过程模型方程分为五类：物料平衡式、能量平衡式、相平衡式、与设备结构相关的关系式和其他内在约束关系式。

3.1.2 混合器模拟

以上是对混合器的自由度分析，下面采用一个实例来对混合过程进行模拟计算，从模拟过程必要的输入条件可进一步明确自由度的含义。

【例 3-1】 假设物流 1 是流量为 50kmol/hr，温度为 25℃，压力为 1atm 的甲醇，物流 2 是流量为 50kmol/hr，温度为 25℃，压力为 1atm 的水，计算混合后甲醇和水的混合物出口物流 3 的流量、组成、温度、压力和焓值等信息。

解：采用 Aspen Plus 11.1 进行该过程的模拟时，不但可以得到出口物流流量，还能得到关于进料和出料的各种详细模拟计算信息。模拟计算步骤可以概括为绘制流程图、规定设置、定义组分、选择物性方法、输入物流信息、输入模块参数等必要步骤后，即可开始运算和查看模拟结果，下面具体说明操作过程。

双击快捷方式图标打开 Aspen Plus 11.1 软件，弹出如图 3-2 菜单。

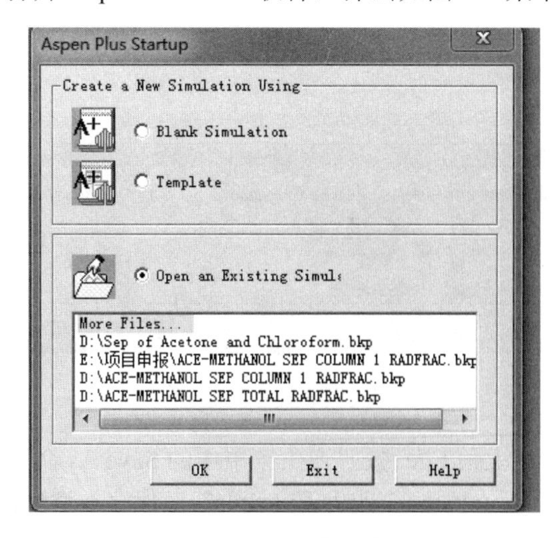

图 3-2 例 3-1 启动选项

选择 Template（模板）后，点击 OK 按钮，进入如图 3-3 菜单。

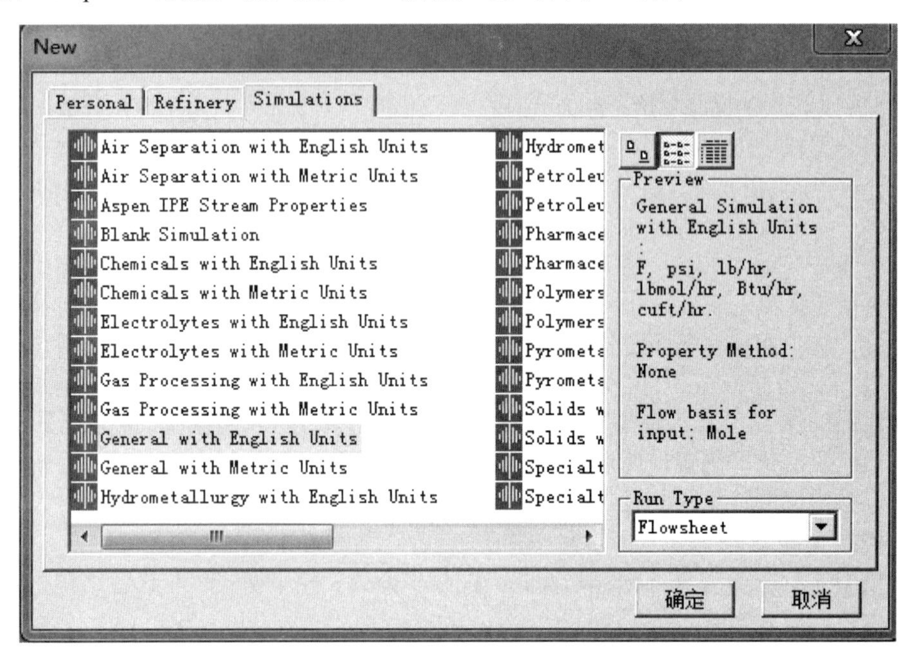

图 3-3　例 3-1 模板和运行类型选择

在窗口左边选择 General with English Units 模板，右下角 Run Type（运行类型）中选择 Flowsheet（流程）（这也是默认的运行类型），然后点确定，在弹出的窗口中点击 OK 后即进入如图 3-4 绘制流程主界面。

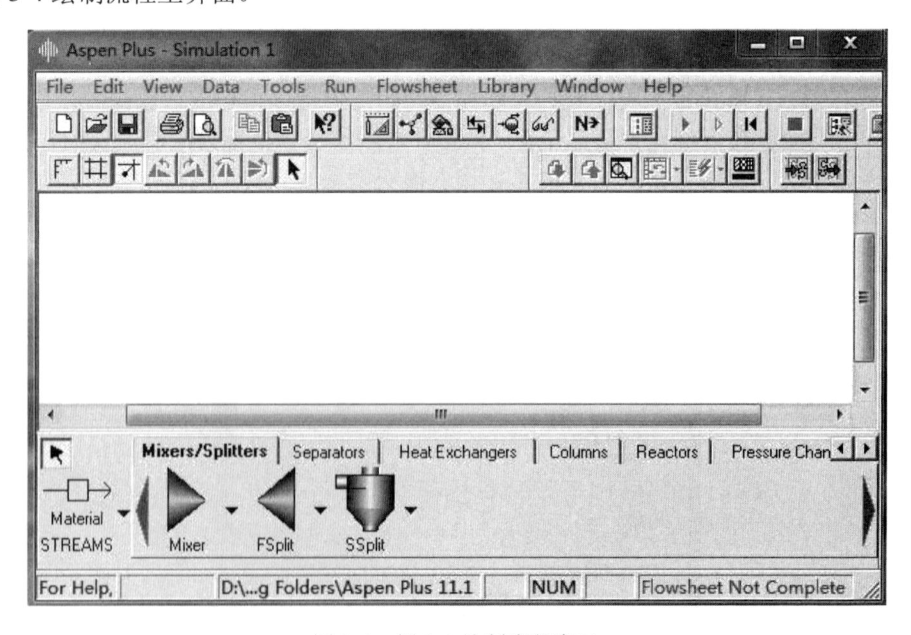

图 3-4　例 3-1 绘制流程窗口

点击图 3-4 所示窗口左上角 File 按钮弹出菜单中的 Save As 命令，出现如下菜单。

将自动命名的文件名 Simulation 1 改为 Example3-1，保存类型建议选 bkp，如图 3-5 所示，这样更高版本的软件也可以打开运行该模拟。

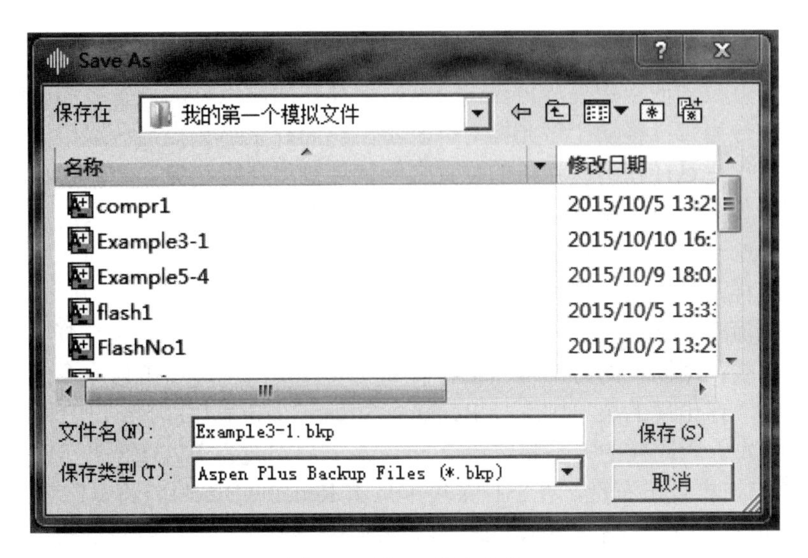

图 3-5　例 3-1 保存文件

点击保存后即回到流程绘制主界面，但文件名已经变为保存的文件名，如图 3-6 所示。

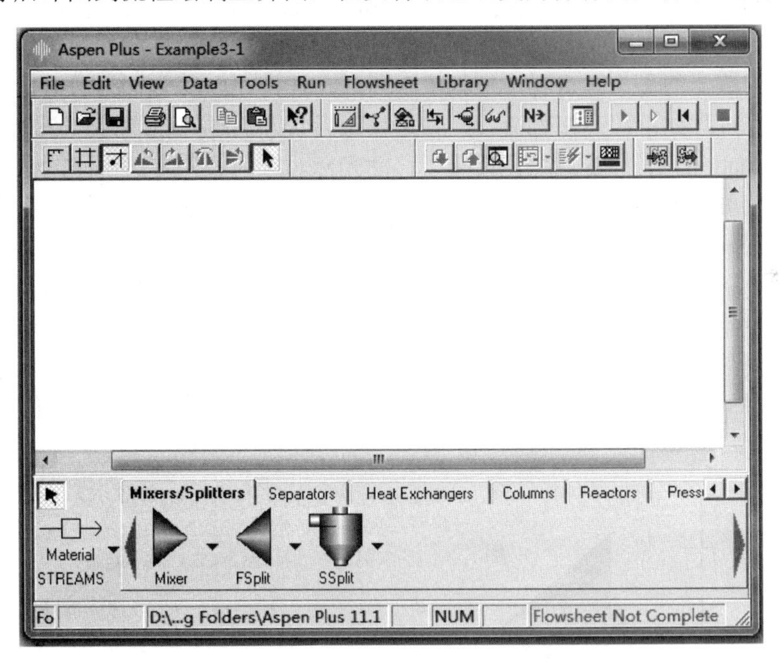

图 3-6　例 3-1 保存为新文件名的绘制流程界面

在图 3-6 所示的界面中点击左下角的 Mixer 图标，光标由箭头变为十字，移动鼠标到窗口空白中适当的位置，再次点击鼠标，混合器模块图标即出现在点击处，默认名称为 B1，如果流程还有其他模块，可以用同样的方法从如图 3-6 所示界面下方的模块中选择需要的模块放置在界面空白处适当位置，流程里所有的模块选定后就可以用物流把它们连接起来。本例流程只有一个混合器，所以下面就可以直接连接物流了。

点击左下角的 Material STREAMS 对应的方框箭头图标，窗口中的模块上就会出现红色和蓝色的箭头，红色箭头表示必须连接的物流，蓝色是可选的，根据需要选用。移动十字光标对准表示进料的红色箭头点击一次，向左上方拉动适当距离后再点击一次，这样在两次点击的位置之间就绘制出一股物流，物流自动编号为 1；移动十字光标对准表示进料的箭头点击一次，向右下方拉动适当距离后再点击一次，这样在两次点击的位置之间就绘制出一股物流，物流自动编号为 2；移动十字光标对准表示出料的红色箭头点击一次，向右方拉动适当距离后再点击一次，这样在两次点击的位置之间就绘制出一股物流，物流自动编号为 3。

点击右键，使光标从十字变为箭头，移动箭头对准物流 1 右端的箭头，按下左键向上移动到适当位置再松开左键，移动箭头对准物流 2 右端的箭头，按下左键向下移动到适当位置再松开左键，这样两股进料呈现分开的状态。

左键点击物流 1 使物流 1 呈激活状态，点击右键，在出现的菜单中选择 Align Blocks，使物流 1 成为直线；用同样的方法可以把物流 2 变成直线。左键点击物流 1 使物流 1 呈激活状态，点击右键，在出现的菜单中选择 Rename Stream，在弹出的小窗口中将物流 1 的名称改为 METHANOL。用同样的方法将物流 2 和物流 3 分别改为 WATER 和 MIXTURE，左键点击模块名称 B1，再点击右键，在下拉菜单中点击 Rename Blocks，将 B1 改名为 MIXER1，以上操作过程如图 3-7 前 6 幅图所示，最终得到图 3-8 所示的混合器流程图。

有时候如果发现物流没有与模块连接上或虽然连接上，但连接位置错误，需要更改，这些情况下，可以点击需要重新连接的物流，使之处于激活状态，然后点击右键，用下拉菜单中的 Reconnect Destination（重新连接目的地）和 Reconnect Source（重新连接来源）命令重新连接到合适的位置。如图 3-7 中的第 7 幅图所示，物流 2、4 没有与模块连接上，现在想要把物流 2 作为闪蒸器的另一股进料，把物流 3 断开，连接在闪蒸器下方，把物流 4 连接在闪蒸器上方。操作过程如下：点击物流 2，使之呈激活状态，再点击右键，点击弹出菜单中的 Reconnect Destination，光标变成黑色箭头，移动光标对准闪蒸器左侧中间的进料位置，点击左键，物流 2 就可以连接到闪蒸器模块上；点击物流 3 使之激活，点右键，在弹出的菜单中点击 Reconnect Source，移动光标箭头对准闪蒸器下部出现的红色箭头，再点击左键，重新连接好物流 3；点击物流 4 使之激活，点右键，在弹出的菜单中点击 Reconnect Source，移动光标箭头对准闪蒸器上部出现的红色箭头，再点击左键，重新连接好物流 4。连接好以后，物流线之间存在交叉，显得比较混乱，可以激活物流线，按住左键拉动物流到合适的位置，再利用 Align Blocks 命令使得物流线与模块对齐。以上操作完成后如图 3-7 中第 8 幅图所示。

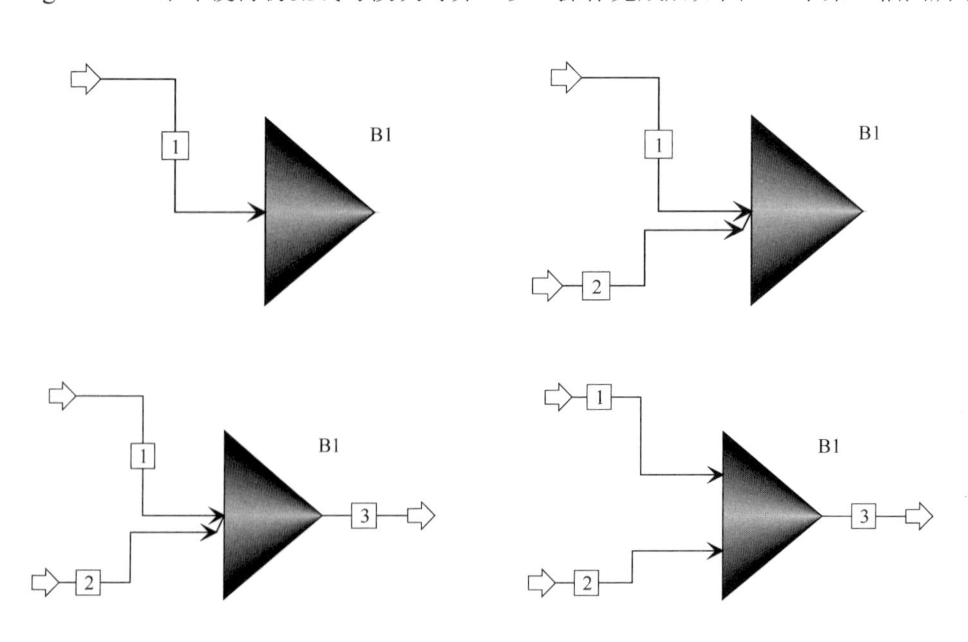

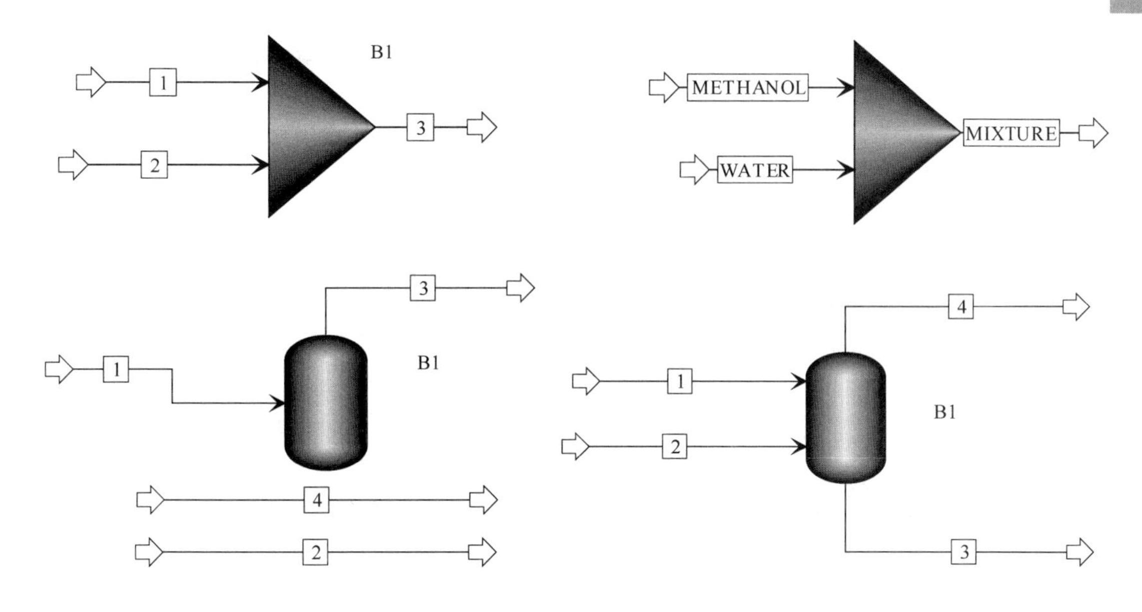

图 3-7 例 3-1 物流的绘制及名称修改

METHANOL—甲醇；WATER—水；MIXTURE—混合物

流程画好以后，点击如图 3-8 所示的菜单顶部 Data 按钮，出现一个下拉菜单，该菜单上依次有 Setup（设置）、Components（组分）、Properties（物性）、Streams（物流）、Blocks（模块）等子菜单。点击 Setup，进入图 3-9 所示的设置规定-数据浏览界面。Setup 子菜单的第一项 Specifications（加粗表示当前窗口）表示为当前需要输入的项目，其对应的各项输入为右栏中的 Global（全局）、Description（描述）、Accounting（账号）和 Diagnostics（诊断），在 Global 下的 Title（标题）中填写 Mixer Simulation（混合器模拟），如图 3-10 所示，然后点击 Accounting，在下面对应的表格中的 User name 中填写 WANGJUN，Account number 后填写 001，如图 3-11 所示。

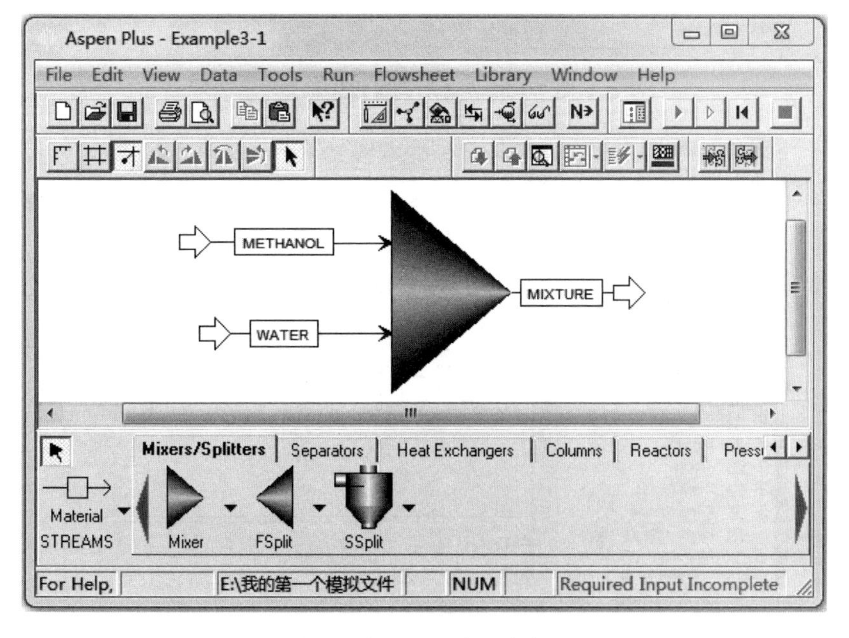

图 3-8 例 3-1 混合器流程图

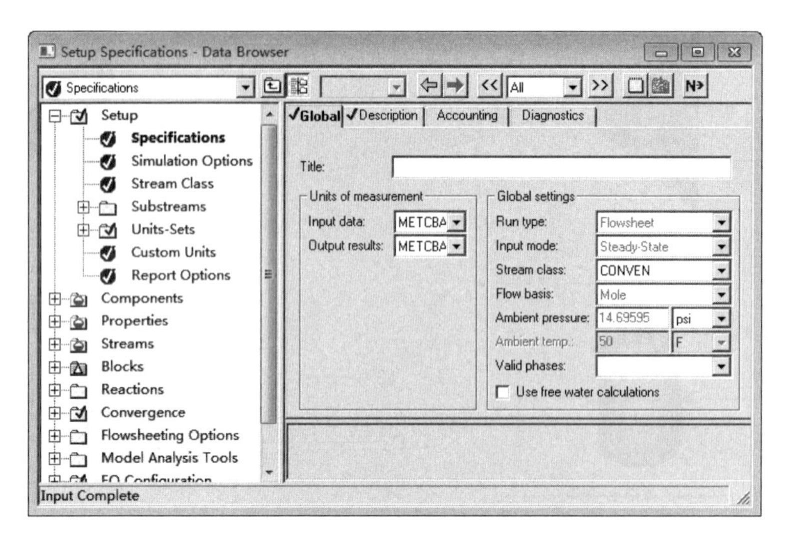

图 3-9 例 3-1 设置规定-数据浏览界面

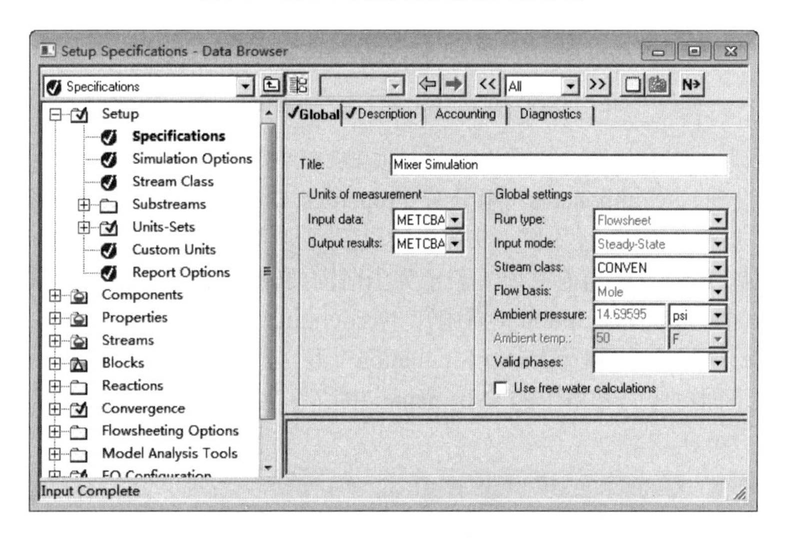

图 3-10 例 3-1 设置规定标题

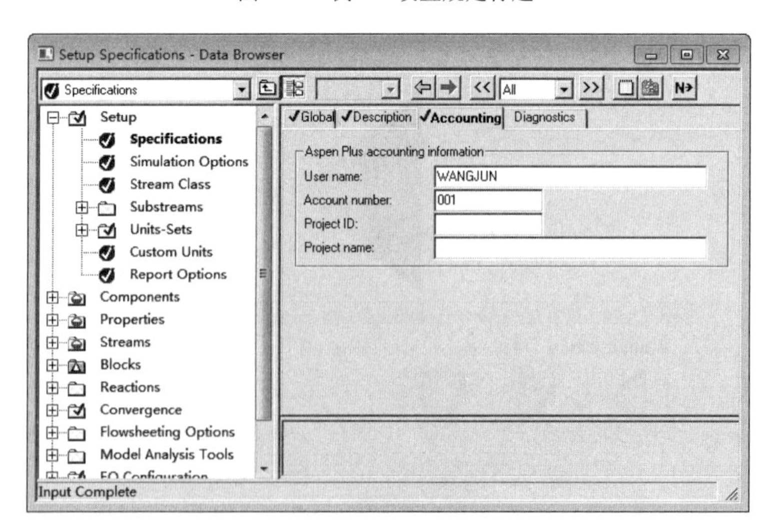

图 3-11 例 3-1 设置规定用户名和账号

以上操作完成了 Setup 子菜单里第一项 Specifications 的规定，接下来点击 Setup 子菜单里最后一项 Report Options（报告选项），右栏出现该报告选项窗口，如图 3-12 所示。点击右栏顶部的 Stream，弹出如图 3-13 所示的菜单。其中默认情况是报告物流的摩尔流量信息，可以用左键点击其他空白的方框，加入摩尔分数、质量流量和质量分数等。

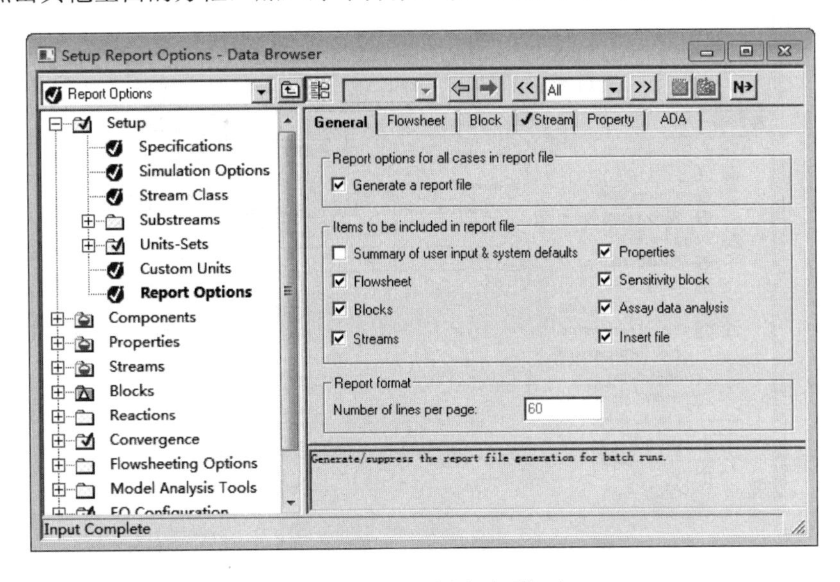

图 3-12　例 3-1 报告选项规定

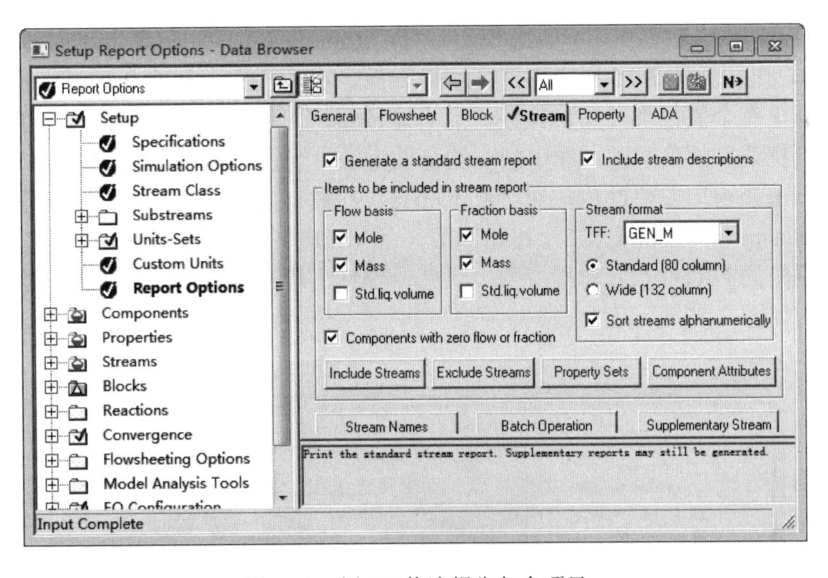

图 3-13　例 3-1 物流报告包含项目

至此，Setup（设置）项已经填好，接下来可以按照红色按钮的提示，依次进行定义组分、选择物性方程、输入物流信息和模块参数等步骤，点击各个带有红色提示的子菜单前面的十字方框，即可以打开该子菜单进行输入；也可以点击右上端的 N→按钮提示下一步输入项目。

打开 Components（组分），在其下面出现 Specifications（规定），单击 Specifications，得到图 3-14 所示的界面，在 Define components（定义组分）表格的 Component name（组分名称）中输入 WATER，然后点击该行左端的黑色小三角形，即在 Type（类型）栏目中自动出现 conventional（常规），在 Formula（分子式）栏目自动出现水的分子式。你需要在 Component

ID（组分标识）栏目给该组分一个标识，注意每个组分的 ID 不可相同，这里不妨直接用组分名称作为组分标识。

在 Define components 表格第二行 Formula 栏目输入甲醇的分子式 CH_4O，然后点击该行左端的黑色小三角形，则该行自动出现甲醇组分名称和类型，再用甲醇名称作为该组分标识。完成后如图 3-14 所示。

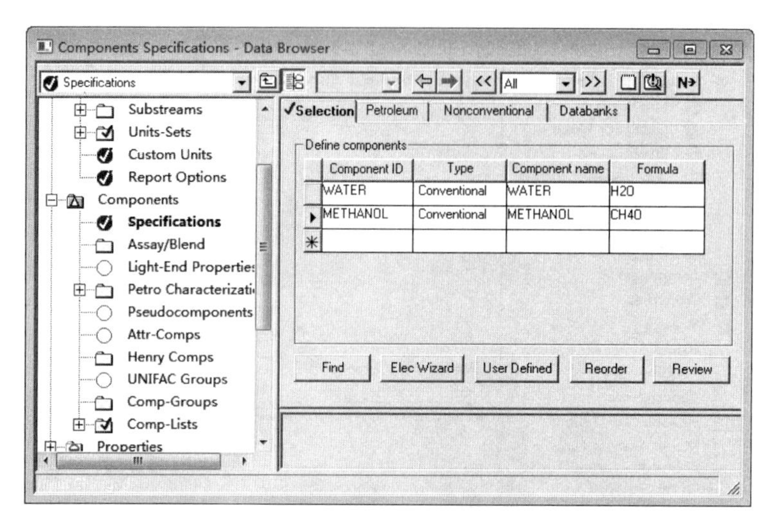

图 3-14　例 3-1 定义组分

打开 Properties（物性），下面出现对应于 Properties 的 Specifications（规定），点击 Specifications，出现如图 3-15 所示的选择物性界面。在右栏右上端的 Property method（物性方法）选择框里有个黑色小三角形按钮，点击此按钮，出现的下拉菜单中列出了各种备选的方程，拉动下拉菜单的滚动条，选中想要的物性方法。当前选用 NRTL。图 3-16 显示了选择后的结果，点击该窗口左栏红色按钮 Parameters（参数）前的方框，下面展开子菜单中出现红色提示的 Binary Interaction（二元相互作用），点击其中的 NRTL-1（有红色提示），右栏出现组分水和甲醇的 NRTL 二元作用参数。至此，物性方程选择完成，该项所有红色标志转变为蓝色勾号，如图 3-17 所示。

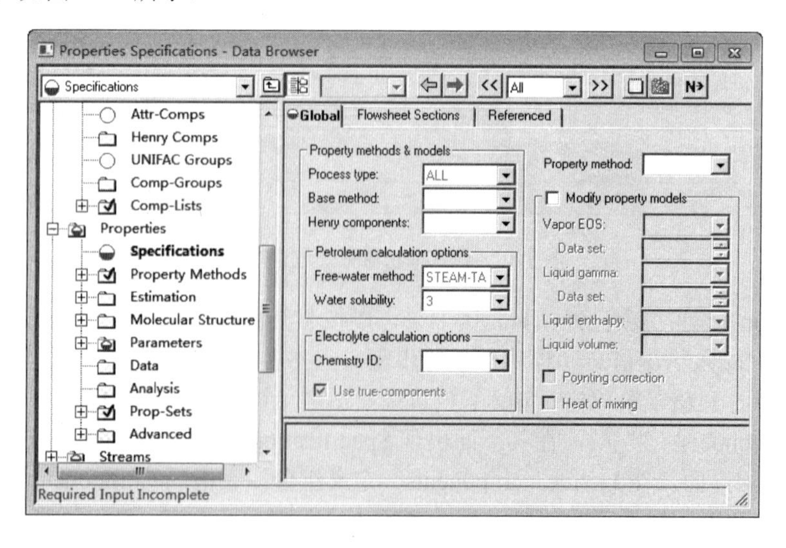

图 3-15　例 3-1 选择物性方程（选择前）

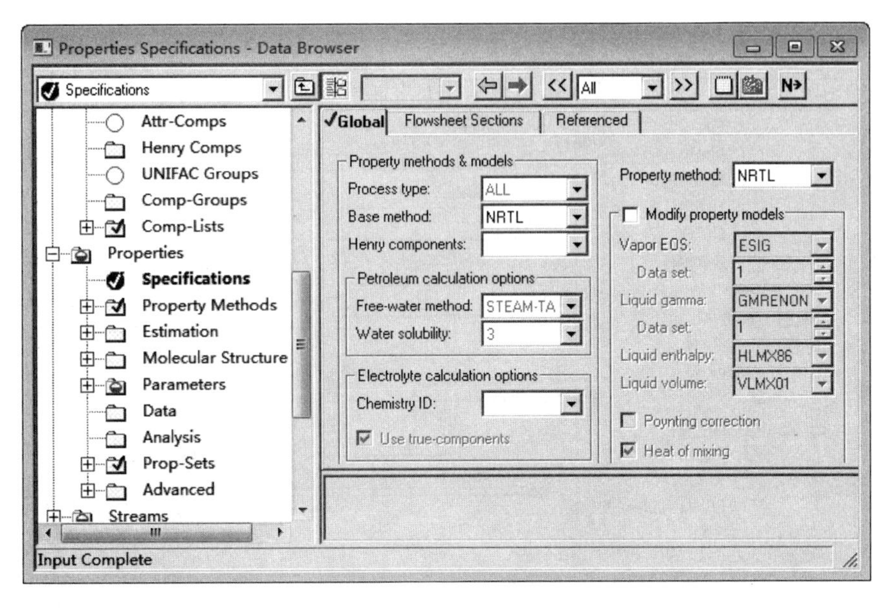

图 3-16　例 3-1 选择物性方程（选择后）

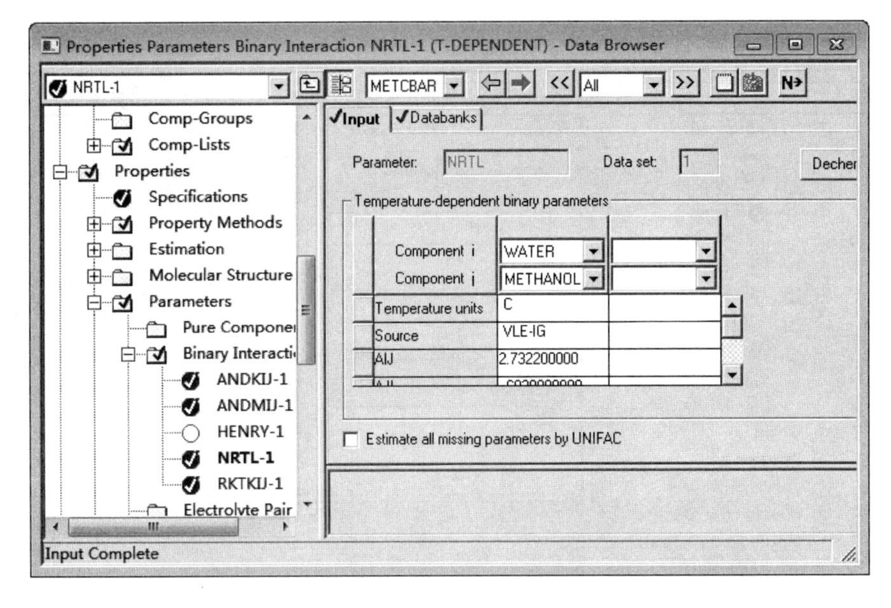

图 3-17　例 3-1 二元作用参数

至此，数据浏览窗口的左栏的下一个红色标记项为 Streams（物流），打开 Streams，下面出现 METHANOL 和 WATER 两个红色提示项，打开 METHANOL，下面出现红色标记的 Input（输入），点击 Input，右栏出现进料 METHANOL 的输入窗口，输入窗口左上面是 State varibles（状态变量），包括 Temperature（温度）和 Pressure（压力），左下面是 Total flow（总流量）。依次输入甲醇进料温度数值 25 并选择单位℃，输入甲醇进料压力数值 1，单位选择 atm。输入甲醇进料总流量数值 50，选择单位 kmol/hr。输入窗口右面是 Composition（组成），在下面的窗口中选择输入组成的方式（流量或组成分率）和对应单位，分别选择 Mole-Flow 和 kmol/hr，再依次输入组分 WATER 的流量值 0，METHANOL 的流量值 50。输入完毕，结果如图 3-18 所示。用同样的方法完成对第二股进料 WATER 的输入，结果如图 3-19 所示。

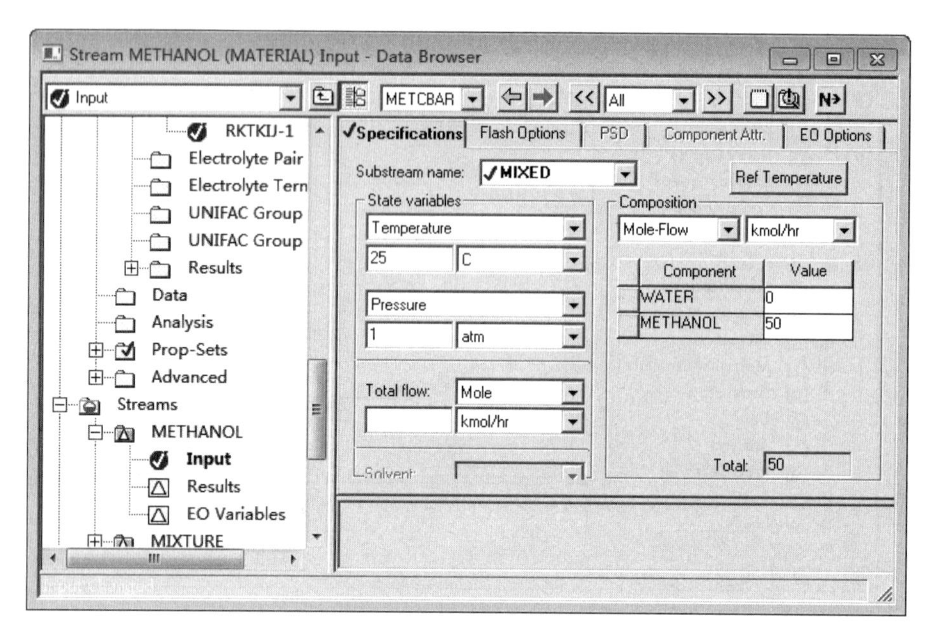

图 3-18　例 3-1 进料甲醇的信息输入

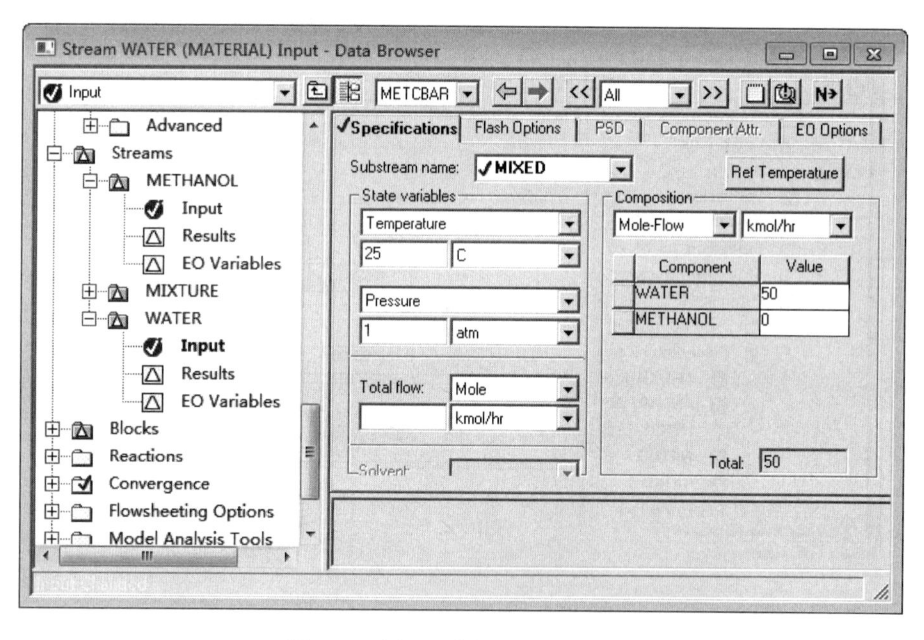

图 3-19　例 3-1 进料水的信息输入

接下来应该进行 Blocks（模块）项的参数输入，但由于混合器是个非常简单的模型，没有模型参数需要输入，所以并不显示红色输入提示。至此，所有输入完毕，可以开始模拟运行了。

按功能键 F7，进入 Control Panel（控制面板）界面，再按 F5 启动模拟运算，运算结束后，控制面板界面上显示信息如图 3-20 所示，其中三个单箭头依次提示模拟运算进行的过程是：1 处理输入规定……流程分析：流程计算顺序为 MIXER1（如果有多个模块，这里将按照计算顺序排列各个模块并给出各层循环计算信息）；2 计算开始……计算模块是：MIXER1，采用模型是 MIXER；3 模拟计算完成。

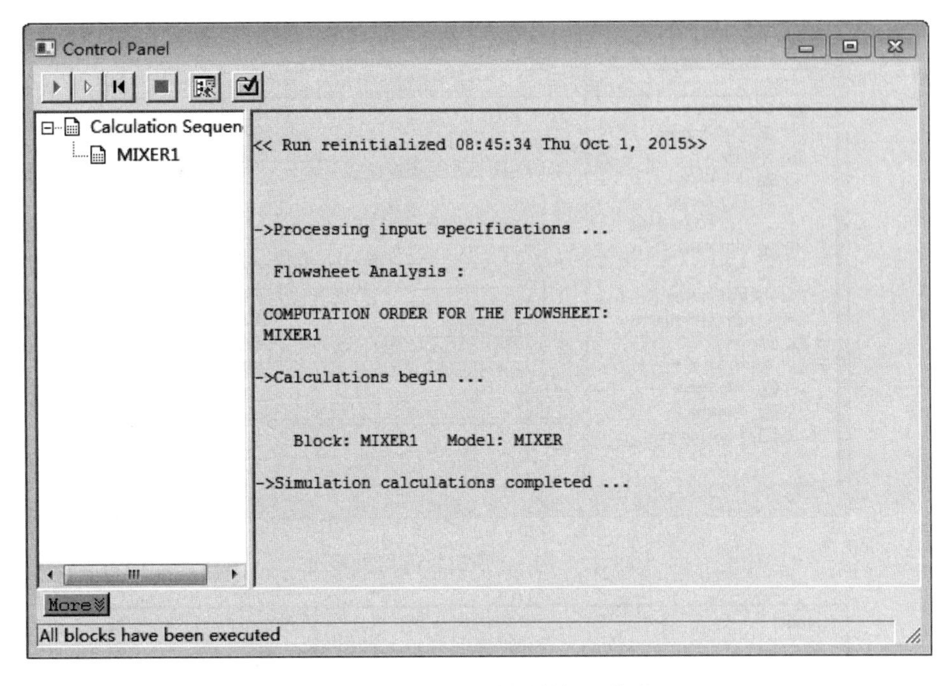

图 3-20　例 3-1 控制面板提示信息

如果输入有矛盾之处或计算过程有错误，控制面板还会提示，给出警告或错误信息，你可以仔细阅读这些信息改正输入错误后重新模拟。运算结束后就可以查看运算结果了。输入信息、模块信息和输出信息都可以查看。

模拟运算结束后，再按一次 F7 回到数据浏览界面，点击顶部中间方框右端的黑色三角形按钮，在弹出的子菜单中选择 Results（结果），数据浏览界面变为结果查看状态，如图 3-21 所示，打开该窗口左下角的 Results Summary 子菜单，点击下面的 Streams，出现如图 3-22 所示界面，其中包含了所有物流的输入和计算结果，详细结果如图 3-23 所示。

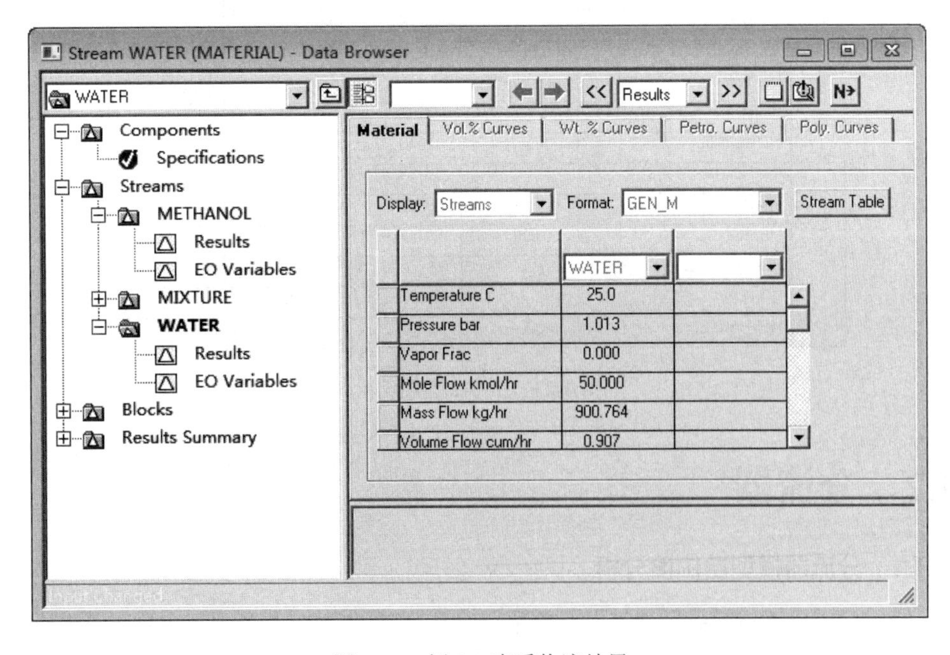

图 3-21　例 3-1 查看物流结果

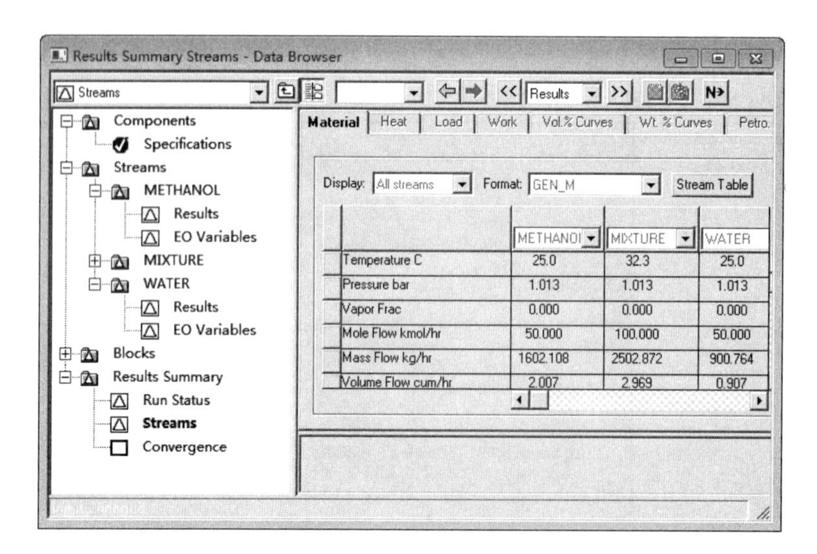

图 3-22 例 3-1 所有物流结果界面

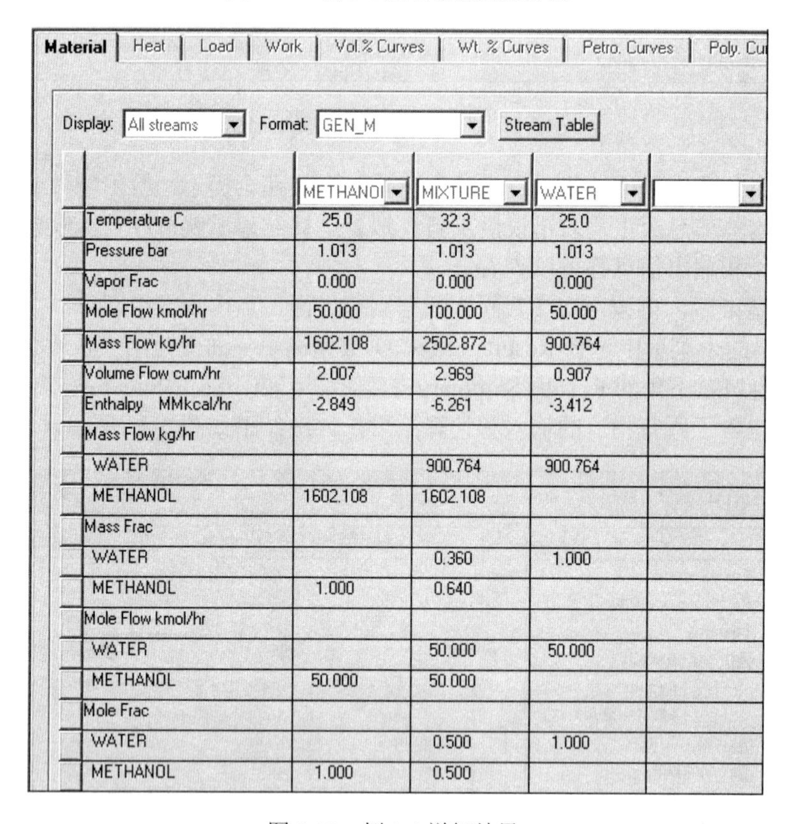

	METHANOL	MIXTURE	WATER	
Temperature C	25.0	32.3	25.0	
Pressure bar	1.013	1.013	1.013	
Vapor Frac	0.000	0.000	0.000	
Mole Flow kmol/hr	50.000	100.000	50.000	
Mass Flow kg/hr	1602.108	2502.872	900.764	
Volume Flow cum/hr	2.007	2.969	0.907	
Enthalpy MMkcal/hr	-2.849	-6.261	-3.412	
Mass Flow kg/hr				
WATER		900.764	900.764	
METHANOL	1602.108	1602.108		
Mass Frac				
WATER		0.360	1.000	
METHANOL	1.000	0.640		
Mole Flow kmol/hr				
WATER		50.000	50.000	
METHANOL	50.000	50.000		
Mole Frac				
WATER		0.500	1.000	
METHANOL	1.000	0.500		

图 3-23 例 3-1 详细结果

3.2 分流器

3.2.1 分流器模型自由度分析

分流器把物流（或热流或功流）分割成两个或多个出口物流，所有出口物流都具有相同

的组成和物性。用该模块可以模拟物流的分流、吹扫或放空，除了其中一个出口物流外，必须为所有的其他出口物流提供规定的流量信息。如图 3-24 所示，物流 1 被分成物流 2 和物流 3 两股。设确定每一股物流的独立参数为流股的流量、温度、压力和组成，即 F_i, T_i, p_i, x_{ji}（$i=1,2,3$； $j=1,2,\cdots,c-1$， c 为组分数）共 $c+2$ 个独立变量，则分流器模型中流股变量数目为 $3(c+2)$ 。另外，分割分率α作为模块变量，所以模型变量总数为 $3(c+2)+1$ 。

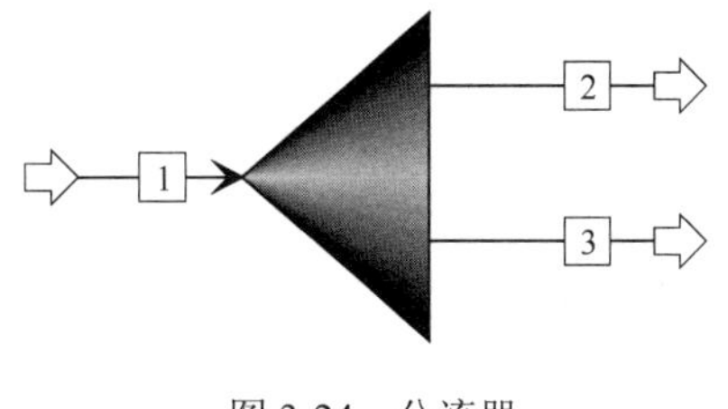

图 3-24　分流器

对该模型作自由度分析，可以列出如下独立方程：

独立方程　　数目

物料平衡：

$$F_1 = F_2 + F_3 \qquad 1$$

$$F_1 x_{j1} = F_2 x_{j2} + F_3 x_{j3} (j=1,2,\cdots,c-1) \qquad c-1$$

能量平衡：

$$F_1 H_1 = F_2 H_2 + F_3 H_3 \qquad 1$$

设备参数（分割分率 α）：

$$\alpha = \frac{F_2}{F_1} \qquad 1$$

其他内在关系式：

$$x_{j2} = x_{j3} (j=1,2,\cdots,c-1) \qquad c-1$$

[此方程与物料平衡方程联立可推导 $x_{j1} = x_{j2}$ ， $x_{j1} = x_{j3} (j=1,2,\cdots,c-1)$ ，因此这些方程不再作为独立方程列出]

$$p_2 = p_3 \qquad 1$$

$$T_2 = T_3 \qquad 1$$

$$T_1 = T_2 \qquad 1$$

合计：　　$2c+4$

[以上三个方程与物料平衡方程、能量平衡方程及内在关系式 $x_{j2} = x_{j3} (j=1,2,\cdots,c-1)$ 联立，可推导出 $p_1 = p_2$ ，故 $p_1 = p_2$ 不能再作为独立方程列出。因为：由 $p_2 = p_3$ 、 $T_2 = T_3$ 及 $x_{j2} = x_{j3} (j=1,2,\cdots,c-1)$ 可得到 $H_2 = H_3$ ，代入能量平衡方程，并应用总物料平衡方程可得出 $H_1 = H_2$ 。又因为 $T_1 = T_2$ 、 $x_{j1} = x_{j2}$ 、 $x_{j1} = x_{j3} (j=1,2,\cdots,c-1)$ ，所以必有 $p_1 = p_2$ 。以上说明基于焓值是温度、压力和组成的单值函数的事实。]

所以分流器模型的自由度 d=变量总数–独立方程数=3(c +2)+1–(2c +4)=c +3。

如给定进料流股的 c +2 个变量及分割分率 α，则 c +3 个自由度就确定了，数学模型有唯一解，即输出唯一确定。

3.2.2　分流器模拟

【例 3-2】 假设物流 1 是流量为 100kmol/hr，温度为 25℃，压力为 1atm 的甲醇和水等摩尔混合物，此流股经过分流器将混合物分成流量相等的两股物流 2 和物流 3。

解：采用与例 3-1 同样的方法启动 Aspen Plus 11.1，从流程绘制界面的左下方选择 FSplit 模块放置在窗口适当位置，连接好物流，另存为 Example3-2.bkp，连接好的流程如图 3-25 所示。点击界面左上角的 Data，在出现的下拉菜单中点击 Setup，填写标题，用户名和账号（用字母或数字输入，名称自取）。定义组分结果如图 3-26 所示，仍选择 NRTL 物性模型方程，打开交互作用参数，如图 3-27 所示，进料输入如图 3-28 所示。分流器模块参数为分割比，如图 3-29 所示，打开红色提示的 Blocks 子菜单，再打开下面的名称为 FSplit 的模块，点击下面的 Input，右栏出现参数规定窗口，在出口物流 2 对应的 Specification 栏目选择 Split fraction，在 value 栏目填写 0.5，这样表示出口物流 2 的流量占进料的分率为 50%。也可以规定物流 3 的分率为 0.5，但这两个物流只需要选择一个加以规定即可。

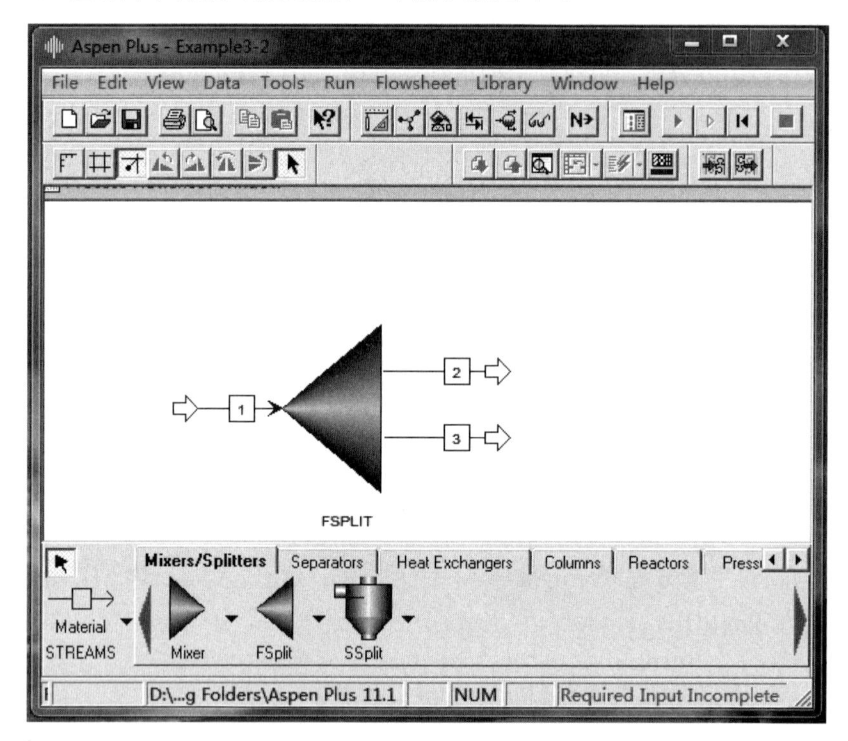

图 3-25 例 3-2 分流器模拟流程

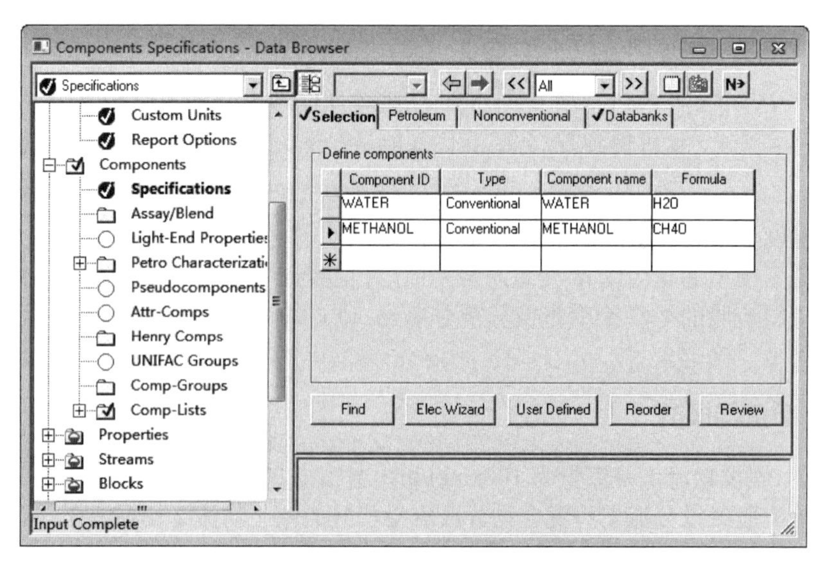

图 3-26 例 3-2 分流器模拟组分定义

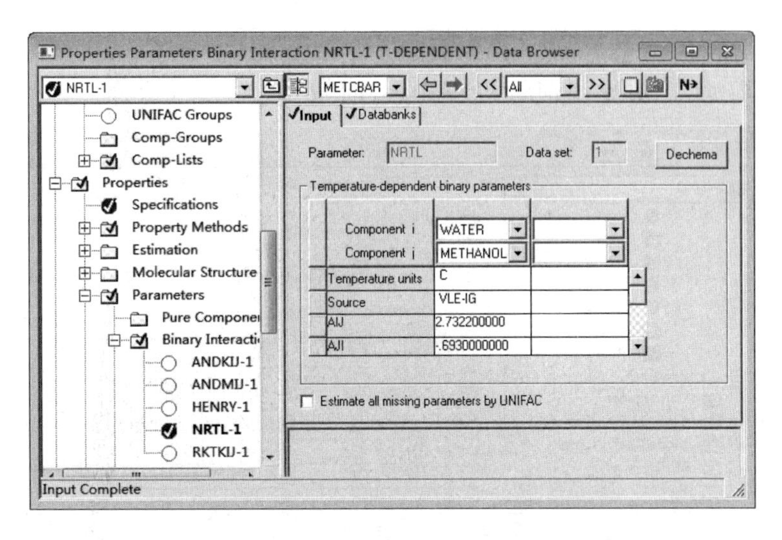

图 3-27　例 3-2 分流器模拟物性模型方程

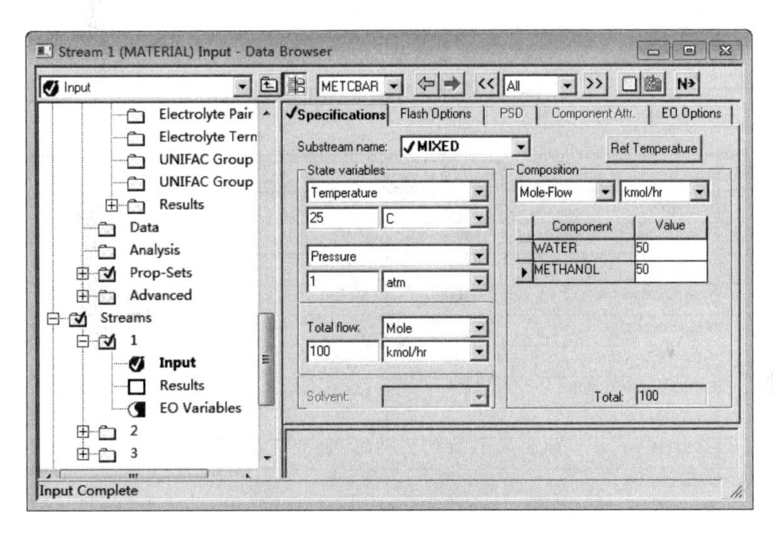

图 3-28　例 3-2 分流器模拟进料输入

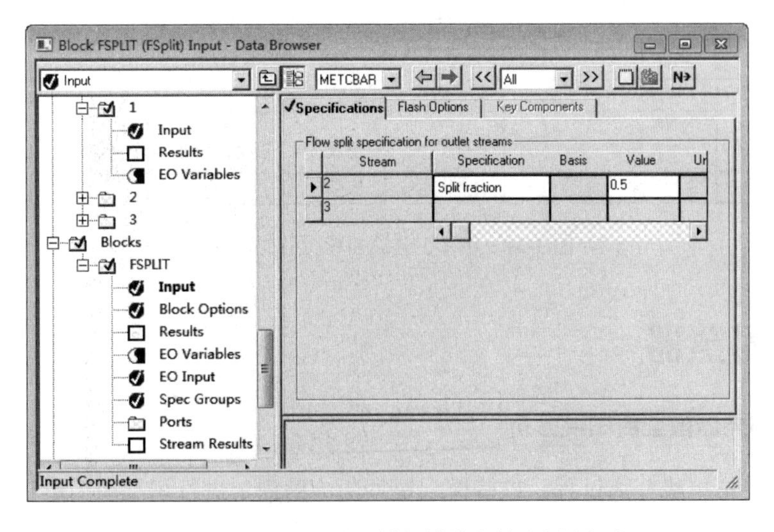

图 3-29　例 3-2 分流器模拟模块参数分割比规定

完成以上的输入后，按 F7 进入控制面板，按 F5 开始模拟运算，运算结束后再按 F7 回到数据浏览窗口，查看模拟结果如图 3-30 图 3-31 所示。

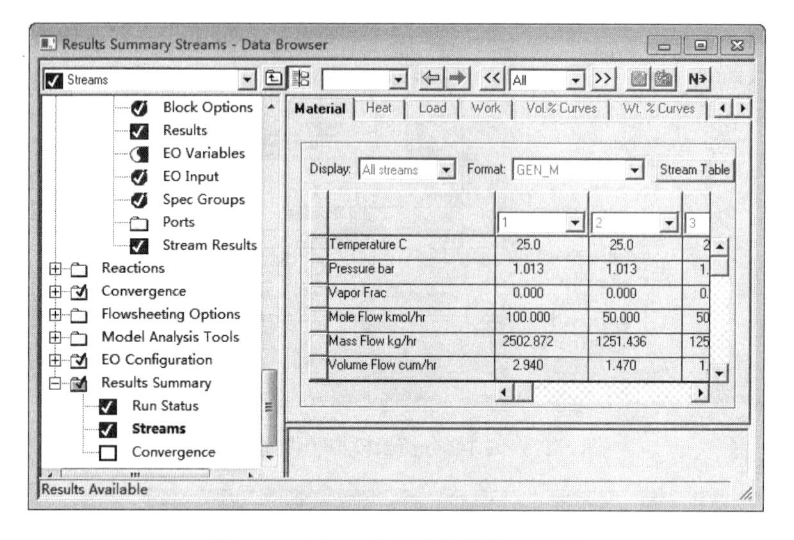

图 3-30　例 3-2 分流器模拟结果界面

	1	2	3	
Temperature C	25.0	25.0	25.0	
Pressure bar	1.013	1.013	1.013	
Vapor Frac	0.000	0.000	0.000	
Mole Flow kmol/hr	100.000	50.000	50.000	
Mass Flow kg/hr	2502.872	1251.436	1251.436	
Volume Flow cum/hr	2.940	1.470	1.470	
Enthalpy MMkcal/hr	-6.277	-3.138	-3.138	
Mass Flow				
WATER	900.764	450.382	450.382	
METHANOL	1602.108	801.054	801.054	
Mass Frac				
WATER	0.360	0.360	0.360	
METHANOL	0.640	0.640	0.640	
Mole Flow				
WATER	50.000	25.000	25.000	
METHANOL	50.000	25.000	25.000	
Mole Frac				
WATER	0.500	0.500	0.500	
METHANOL	0.500	0.500	0.500	

图 3-31　例 3-2 分流器模拟详细结果

3.3　闪蒸器

3.3.1　闪蒸器模型自由度分析

闪蒸模型模拟单级分离过程，这些模型根据所给的规定进行相平衡闪蒸计算。它们会进行绝热、等温、恒温恒压、露点或泡点闪蒸计算。通常要固定入口物流的热力学状态，必须规定温度、压力、热负荷和气相分率中的两项（但不能同时规定热负荷和气相分率）。要确定混合物的露点，可以设置混合物的气相摩尔分率为 1，要确定混合物的泡点，可以设置混合物的气相摩尔分率为 0。

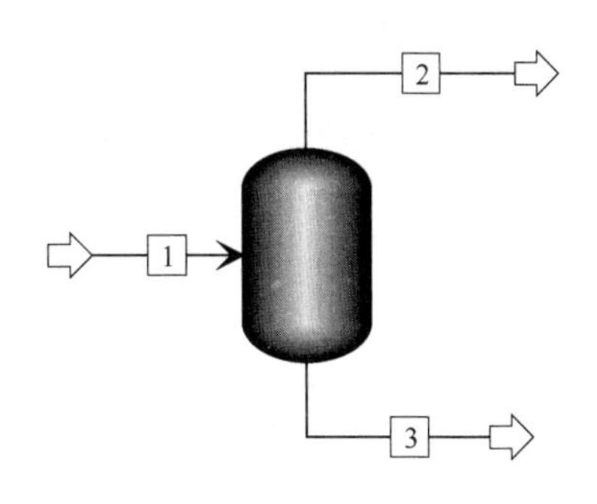

图 3-32 闪蒸器

下面对闪蒸器模拟计算作自由度分析，在此基础上用实例说明闪蒸过程模拟计算。

如图 3-32 所示，物流 1 被分离成气相物流 2 和液相物流 3 两股，合理设计的闪蒸器在一定条件下可以达到气-液平衡。设确定每一股物流的独立参数为流股的流量、温度、压力和组成，即 F_i,T_i,p_i,x_{ji}（$i=1,2,3$；$j=1,2,\cdots,c-1$，c 为组分数）共 $c+2$ 个独立变量，则闪蒸器模型中流股变量数目为 $3(c+2)$。另外，闪蒸器热负荷 Q 作为模块变量，所以模型变量总数为 $3(c+2)+1$。

对该模型作自由度分析，可以列出如下独立方程：

独立方程		数目
物料平衡：		
	$F_1x_{j1}=F_2x_{j2}+F_3x_{j3}\qquad (j=1,2,\cdots,c)$	c
能量平衡：		
	$F_1H_1+Q=F_2H_2+F_3H_3$	1

式中，H 为流股的比摩尔焓；F 为流股的摩尔流量；x 为流股中组分的摩尔分数。

热平衡：		
	$T_2=T_3$	1
压力平衡：		
	$p_2=p_3$	1
相平衡：		
	$x_{j2}=k_jx_{j3}\qquad (j=1,2,\cdots,c)$	c
合计：		$2c+3$

所以闪蒸器模型的自由度 $d=3(c+2)+1-(2c+3)=c+4$。

如给定进料流股变量（c+2）个，再给定闪蒸温度和压力，则闪蒸输出结果唯一确定，这是等温闪蒸；如给定进料流股变量（c+2）个，再给定闪蒸压力，并规定热负荷 Q=0，这是绝热闪蒸。

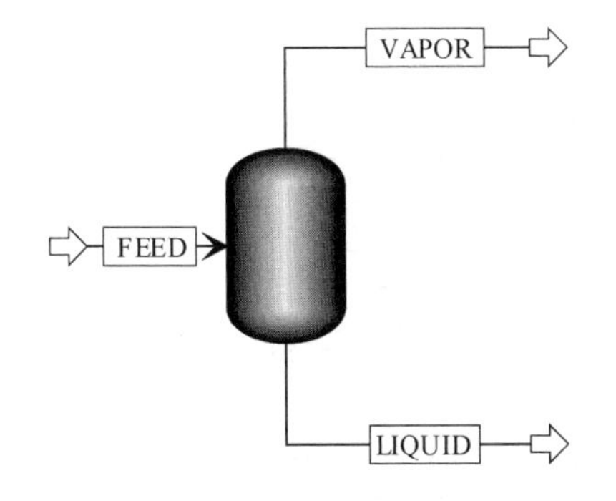

图 3-33 例 3-3 甲醇-水混合物闪蒸流程

FEED—进料；VAPOR—汽相；LIQUID—液相

3.3.2 闪蒸器模拟

【例 3-3】 假设物流 1 是流量为 100kmol/hr，温度为 25℃，压力为 1atm 的甲醇和水等摩尔混合物，此流股经过闪蒸器将混合物分离成气相物流 2 和液相物流 3，闪蒸器温度为 78℃，压力为 1atm，计算气相和液相出口物流的流量和组成等信息。

解：采用与例 3-2 同样的方法打开软件，绘制流程如图 3-33 所示。另存为 Example3-3.bkp 后，进入数据浏览窗口，在 Setup 子菜单中填写用户名和账号，在 Components 中定义组分（甲醇和水），在 Properties 中选择物性方法（NRTL），在 Streams 中输入进料物流 1 的信息（温度、压力、流量和组成），在 Blocks 中输入闪蒸器条件。

闪蒸器模块的输入窗口如图 3-34 所示，在此输入闪蒸器压力和温度。输入完毕后，按 F7 进入控制面板，按 F5 开始模拟运算，运算结束后再按 F7 回到数据浏览界面，查看结果总结如图 3-35 所示，可见出口液相流量为 47.529，气相流量为 52.471，气相中甲醇摩尔分率为 0.676，水的摩尔分率为 0.324；液相中甲醇摩尔分率为 0.306，水的摩尔分率为 0.694。此外，结果中还给出了各物流的温度、压力和焓等各种信息。

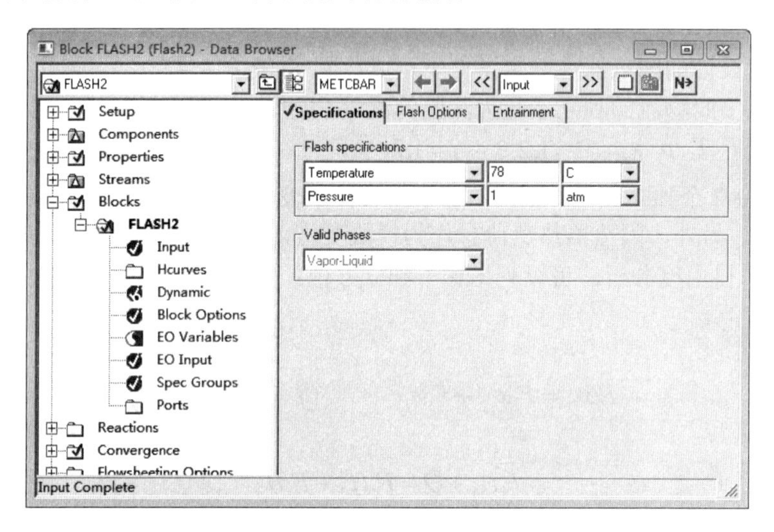

图 3-34　例 3-3 闪蒸器模块输入窗口

	FEED	LIQUID	VAPOR	
Temperature C	25.0	78.0	78.0	
Pressure bar	1.013	1.013	1.013	
Vapor Frac	0.000	0.000	1.000	
Mole Flow kmol/hr	100.000	47.529	52.471	
Mass Flow kg/hr	2502.872	1060.060	1442.812	
Volume Flow cum/hr	2.940	1.276	1511.912	
Enthalpy MMkcal/hr	-6.277	-3.035	-2.656	
Mass Flow				
H2O	900.764	594.465	306.299	
CH4O	1602.108	465.596	1136.512	
Mass Frac				
H2O	0.360	0.561	0.212	
CH4O	0.640	0.439	0.788	
Mole Flow				
H2O	50.000	32.998	17.002	
CH4O	50.000	14.531	35.469	
Mole Frac				
H2O	0.500	0.694	0.324	
CH4O	0.500	0.306	0.676	
Liq Vol 60F				
H2O	0.902	0.596	0.307	
CH4O	2.017	0.586	1.431	
Liq Frac 60F				
H2O	0.309	0.504	0.177	
CH4O	0.691	0.496	0.823	

图 3-35　例 3-3 闪蒸器模拟结果

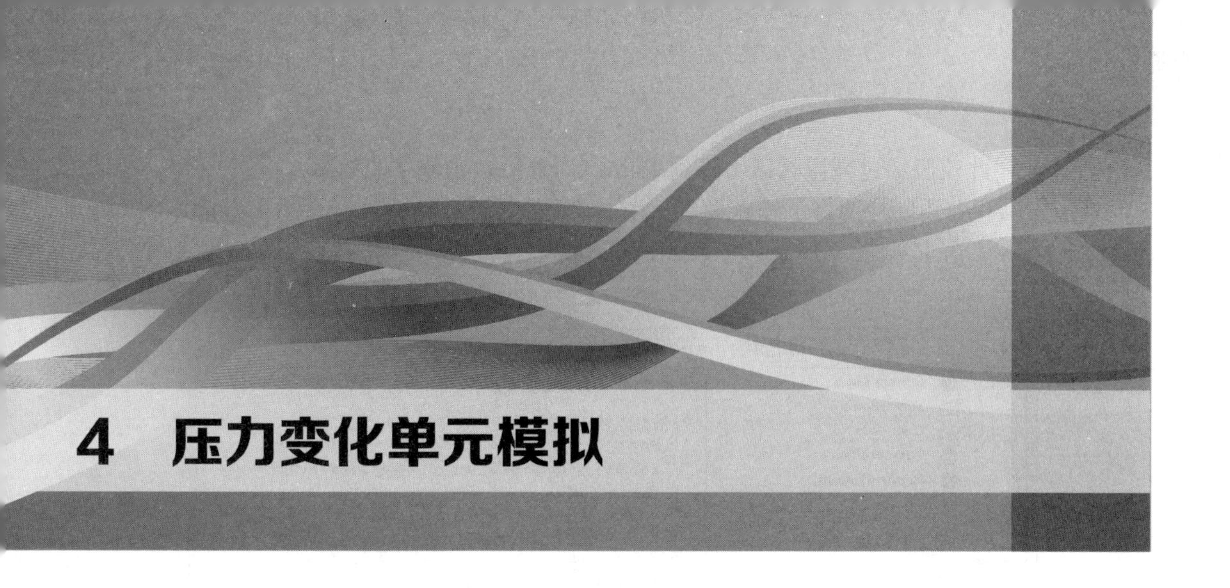

4 压力变化单元模拟

压力变化单元包括阀门、泵和压缩机。阀门种类很多，有闸阀、截止阀、蝶阀、球阀、止回阀和减压阀等。他们结构各异，实现关闭流路、调节流量、减压等作用；泵用于液体增压，压缩机用于气体压缩。流体经过这些设备一般都要产生压力变化。

4.1 阀门

4.1.1 阀门模型自由度分析

图 4-1 所示，物流 1 为阀门进料，物流 2 为阀门出料，设确定每一股物流的独立参数为流股的流量、温度、压力和组成，即 F_i, T_i, p_i, x_{ji}（$i=1,2,3$； $j=1,2,\cdots,c-1$， c 为组分数）共 $c+2$ 个独立变量，则流股变量数目为 $2(c+2)$。另外，阀门的压力降 Δp 作为模块变量，所以模型变量总数为 $2(c+2)+1$。

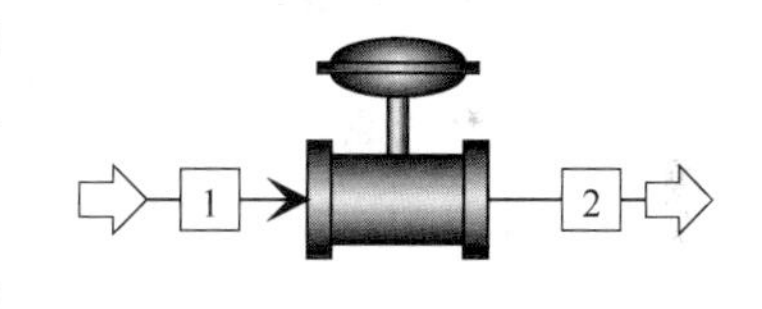

图 4-1 阀门

对该模型作自由度分析，可以列出如下独立方程：

独立方程

物料平衡： 数目

$$F_1 x_{j1} = F_2 x_{j2} \qquad (j=1, 2, \cdots, c) \qquad c$$

能量平衡：

$$F_1 H_1 = F_2 H_2 \qquad 1$$

与设备结构相关的关系式：

$$p_1 - p_2 = \Delta p \qquad 1$$

合计： $c+2$

所以阀门模型的自由度 $d=2(c+2)+1-(c+2)=c+3$。

对于模拟计算，只要确定阀门的进料流量、温度、压力和组成，再规定阀门的压力降，就可以计算出口物流信息。

4.1.2 阀门模拟

【例 4-1】 假设物流 1 是流量为 100kmol/hr，温度为 78℃，压力为 1.2atm 的甲醇和水等摩尔混合物，此流股经过减压阀压力降到 1atm，计算出口物流 2 的信息。

解：采用和前述同样的方法输入设置、组分、物流、物性和模块，另存为 Example4-1.bkp。阀门的模块输入界面如图 4-2 所示，右栏的窗口放大如图 4-3 所示。

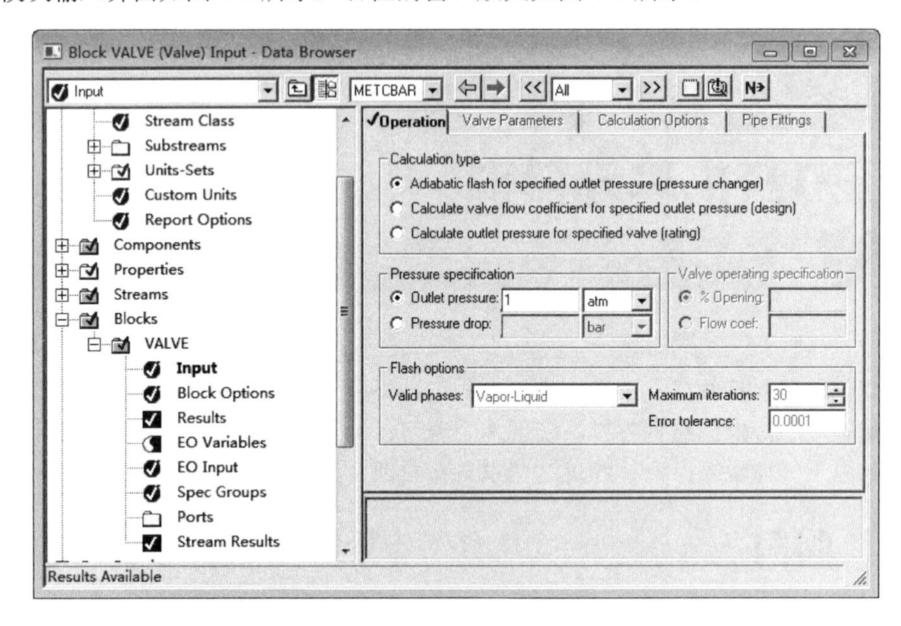

图 4-2　例 4-1 阀门的模块输入界面

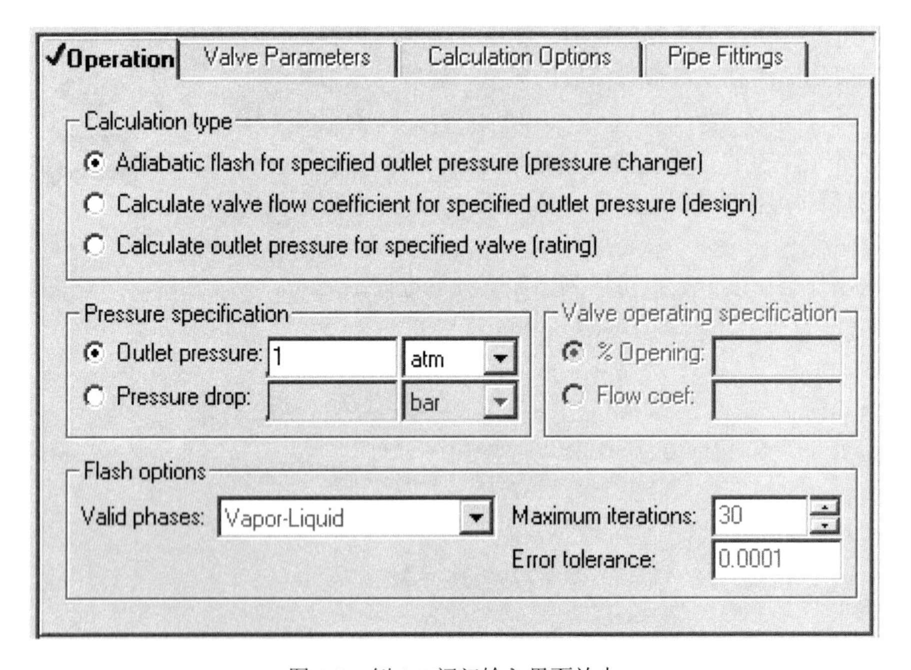

图 4-3　例 4-1 阀门输入界面放大

阀门的计算类型分为三类：对于给定出口压力绝热闪蒸（压力变化器）；对于给定的出口压力计算阀流量系数（设计型），对于给定的阀计算出口压力（核算型）。

选择默认的第一项计算类型，出口压力数值输入 1，单位选择 atm，计算结果如图 4-4 所示，可见物流减压后发生了部分汽化，物流温度降低。

	1	2	
Temperature C	78.0	73.3	
Pressure bar	1.216	1.013	
Vapor Frac	0.009	0.022	
Mole Flow kmol/hr	100.000	100.000	
Mass Flow kg/hr	2502.872	2502.872	
Volume Flow cum/hr	25.850	66.203	
Enthalpy MMkcal/hr	-6.149	-6.149	
Mass Flow			
WATER	900.764	900.764	
METHANOL	1602.108	1602.108	
Mass Frac			
WATER	0.360	0.360	
METHANOL	0.640	0.640	
Mole Flow			
WATER	50.000	50.000	
METHANOL	50.000	50.000	
Mole Frac			
WATER	0.500	0.500	
METHANOL	0.500	0.500	

图 4-4　例 4-1 阀门模拟结果

4.2　泵

4.2.1　泵模型自由度分析

如图 4-5 所示，物流 1 为泵进料，物流 2 为泵出料，设确定每一股物流的独立参数为流股的流量、温度、压力和组成，即 F_i, T_i, p_i, x_{ji}（$i=1,2,3$；$j=1,2,\cdots,c-1$，c 为组分数）共 $c+2$ 个独立变量，则流股变量数目为 $2(c+2)$。另外，泵的压力变化 Δp 和轴功 W 作为模块变量，所以模型变量总数为 $2(c+2)+2$。

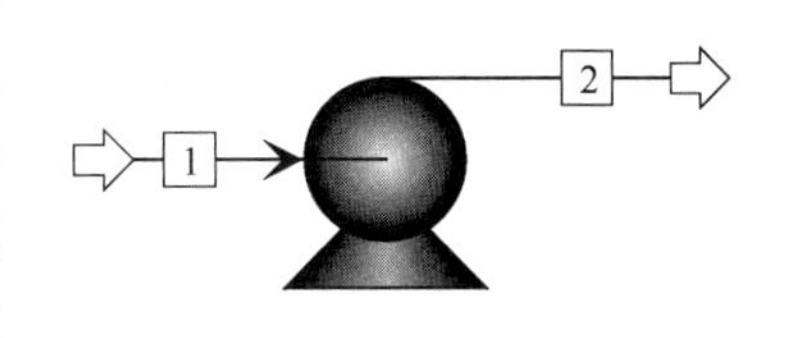

图 4-5　泵

对该模型作自由度分析，可以列出如下独立方程：

独立方程　　　　数目

物料平衡：

$$F_1 x_{j1} = F_2 x_{j2} \qquad (j=1, 2, \cdots, c) \qquad c$$

能量平衡：

$$F_1 H_1 + W = F_2 H_2 \qquad 1$$

与设备结构相关的关系式：

$$p_2 - p_1 = \Delta p \qquad 1$$

合计：　　　　$c+2$

所以泵模型的自由度 $d=2(c+2)+2-(c+2)=c+4$。

对于模拟计算，只要确定泵的进料流量、温度、压力和组成，再规定泵的轴功和压力变化，就可以计算出口物流信息。

4.2.2 泵模拟

【例 4-2】 假设物流 1 是流量为 100kmol/hr，温度为 25℃，压力为 1atm 的甲醇和水等摩尔混合物，此流股经过泵后压力上升到 1.2atm，计算出口物流 2 的信息。

解： 采用和前述同样的方法输入设置、组分、物流、物性和模块，另存为 Example4-2.bkp。泵的模块输入界面如图 4-6 所示。泵的出口规定可从五项中选取合适的一项。这五项分别是：排放压力、压力升高、压力比、需要功率和使用性能曲线确定排放条件。根据题目，选择第一项排放压力，输入数值 1.2，单位选 atm，计算出口物流 2 的信息如图 4-7 所示。

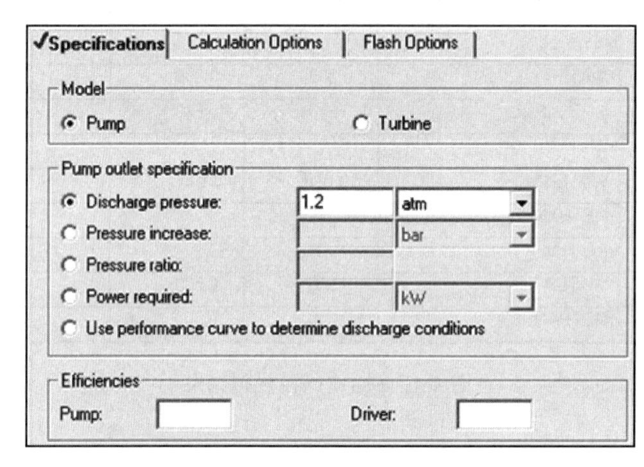

图 4-6　例 4-2 泵模块输入选项

	1	2
Temperature C	25.0	25.0
Pressure bar	1.013	1.216
Vapor Frac	0.000	0.000
Mole Flow kmol/hr	100.000	100.000
Mass Flow kg/hr	2502.872	2502.872
Volume Flow cum/hr	2.940	2.940
Enthalpy MMkcal/hr	-6.277	-6.277
Mass Flow		
H2O	900.764	900.764
CH4O	1602.108	1602.108
Mass Frac		
H2O	0.360	0.360
CH4O	0.640	0.640
Mole Flow		
H2O	50.000	50.000
CH4O	50.000	50.000
Mole Frac		
H2O	0.500	0.500
CH4O	0.500	0.500

图 4-7　例 4-2 泵模拟计算结果

4.3　压缩机

4.3.1　压缩机模型自由度分析

如图 4-8 所示，物流 1 为压缩机进料，物流 2 为压缩机出料，设确定每一股物流的独立参数为流股的流量、温度、压力和组成，即 F_i, T_i, p_i, x_{ji}（$i=1,2,3$；$j=1,2,\cdots,c-1$，c 为组分数）共 $c+2$ 个独立变量，则流股变量数目为 $2(c+2)$。另外，压缩机的压力变化 Δp 和轴功 W 作为模块变量，所以模型变量总数为 $2(c+2)+2$。

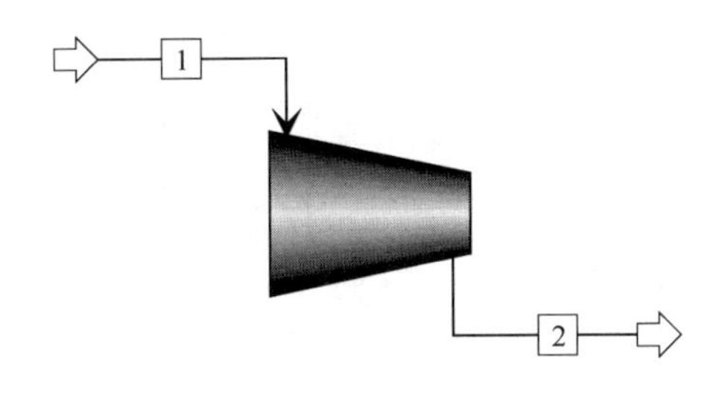

图 4-8　压缩机

对该模型作自由度分析，可以列出如下独立方程：

独立方程		数目
物料平衡：		
	$F_1 x_{j1} = F_2 x_{j2}$　　$(j=1, 2, \cdots, c)$	c
能量平衡：		
	$F_1 H_1 + W = F_2 H_2$	1
与设备结构相关的关系式：		
	$p_2 - p_1 = \Delta p$	1
合计：		$c+2$

所以压缩机模型的自由度 $d=2(c+2)+2-(c+2)=c+4$。

对于模拟计算，只要确定压缩机的进料流量、温度、压力和组成，再规定压缩机的轴功和压力变化，就可以计算出口物流信息。

4.3.2　压缩机模拟

【例 4-3】 假设物流 1 是流量为 100kmol/hr，温度为 200℃，压力为 1atm 的甲醇和水等摩尔混合物，此流股经过压缩机压缩到 1.2atm，计算出口物流 2 的信息。

解： 采用和前述同样的方法输入设置、组分、物流、物性和模块，另存外 Example4-3.bkp。压缩机的模块输入界面如图 4-9 所示，压缩机模拟计算有很多模型，选择第一项 Isentropic（等熵）模型。压缩机的出口规定可从五项中选取合适的一项。这五项分别是：排放压力、压力变化、压力比、制动功率和使用性能曲线确定排放条件。根据题目，选择第一项排放压力，输入数值 1.2，单位选 atm。压缩机计算物流结果如图 4-10 所示，此外，还可以从压缩机模块结果中查看功率和效率如图 4-11 所示。

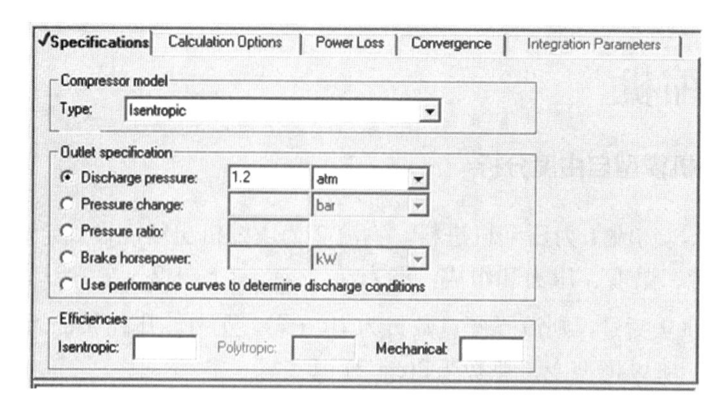

图 4-9　例 4-3 压缩机模块输入界面

	1	2	
Temperature C	200.0	221.6	
Pressure bar	1.013	1.216	
Vapor Frac	1.000	1.000	
Mole Flow kmol/hr	100.000	100.000	
Mass Flow kg/hr	2502.872	2502.872	
Volume Flow cum/hr	3882.482	3383.399	
Enthalpy MMkcal/hr	-5.110	-5.086	
Mass Flow			
H2O	900.764	900.764	
CH4O	1602.108	1602.108	
Mass Frac			
H2O	0.360	0.360	
CH4O	0.640	0.640	
Mole Flow			
H2O	50.000	50.000	
CH4O	50.000	50.000	
Mole Frac			
H2O	0.500	0.500	
CH4O	0.500	0.500	

图 4-10　例 4-3 压缩机模块计算结果

Compressor model:	Isentropic Compressor	
Phase calculations:	Two phase calculation	
Indicated horsepower:	28.1269305	kW
Brake horsepower:	28.1269305	kW
Net work required:	28.1269305	kW
Power loss:	0	kW
Efficiency:	0.72	
Mechanical efficiency:		
Outlet pressure:	1.2159	bar
Outlet temperature:	221.643334	C
Isentropic outlet temperature:	215.628098	C
Vapor fraction:	1	
Displacement:		
Volumetric efficiency:		

图 4-11　例 4-3 压缩机功率和效率

5 换热器模拟

工业上换热器主要有套管式、管壳式、空冷式和紧凑式换热器（板框式、螺旋板式和板翅式）。其中管壳式换热器最常用。

5.1 管壳式换热器

5.1.1 管壳式换热器模型自由度分析

如图 5-1 所示，设冷物流 1 走管程，与热物流 3 逆流换热，冷、热物流的出口物流分别是 2 和 4。设确定每一股物流的独立参数为流股的流量、温度、压力和组成，即 F_i,T_i,p_i,x_{ji}（$i=1,2,3$；$j=1,2,\cdots,c-1$，c 为组分数）共 $c+2$ 个独立变量，则流股变量数目为 $4(c+2)$。另外，换热器的热负荷 Q 以及管程和壳程压降 Δp_1 和 Δp_3 作为模块变量，所以模型变量总数为 $4(c+2)+3$。

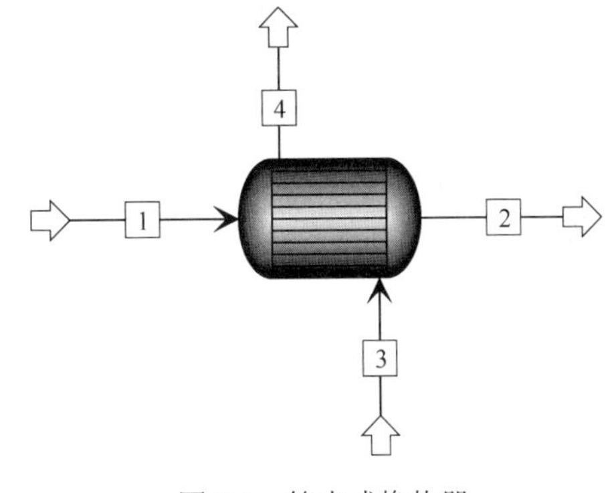

图 5-1　管壳式换热器

对该模型作自由度分析，可以列出如下独立方程：

独立方程　　数目

物料平衡：

冷物流：

$$F_1 = F_2 \qquad 1$$

$$x_{j1} = x_{j2}\ (j=1,2,\cdots,c-1) \qquad c-1$$

热物流：

$$F_3 = F_4 \qquad 1$$

$$x_{j3} = x_{j4}\ (j=1,2,\cdots,c-1) \qquad c-1$$

热平衡：

冷物流：

$$F_1H_1 + Q = F_2H_2 \qquad 1$$

热物流：

$$F_3H_3 - Q = F_4H_4 \quad 1$$

与设备结构相关的关系如下。

管程：

$$p_1 - p_2 = \Delta p_1 \quad 1$$

壳程：

$$p_3 - p_4 = \Delta p_3 \quad 1$$

合计：　$2c+4$

所以管壳式换热器模型的自由度 $d=4(c+2)+3-(2c+4)=2c+7$。

如果给定热、冷物流进口条件 $2(c+2)$ 个变量，再给定换热量 Q 和压降 Δp_1 和 Δp_3，则换热器出口物流唯一确定。

5.1.2 管壳式换热器传热方程

换热器的传热方程如下：

$$Q = UA\Delta T_m \tag{5-1}$$

式中，Q 为传热速率，假设换热器绝热性能良好，热损失可以忽略不计，则热物流释放热等于冷物流吸收热，也就等于换热器的热负荷（换热量）；UA 为总传热系数；A 为换热器总传热面积；ΔT_m 为平均传热温差（推动力）。

管壳式换热器总传热系数 U 是由管程和壳程的物流传热系数、间壁的厚度、热导率和温度，污垢因子以及管壁的内、外表面积大小等因素决定，U 的关联式可以基于管的外表面积、内表面积或平均表面积。基于外、内表面积的计算公式分别如式（5-2）和式（5-3）所示。

$$U_o = \frac{1}{R_{fo} + \dfrac{1}{h_o} + \dfrac{t_w A_o}{k_w A_m} + \dfrac{A_o}{h_i A_i} + R_{fi}\dfrac{A_o}{A_i}} \tag{5-2}$$

$$U_i = \frac{1}{R_{fi} + \dfrac{1}{h_i} + \dfrac{t_w A_i}{k_w A_m} + \dfrac{A_i}{h_o A_o} + R_{fo}\dfrac{A_i}{A_o}} \tag{5-3}$$

管外、内表面积计算如式（5-4）所示。

$$A_o = \pi D_o L,\quad A_i = \pi D_i L,\quad A_m = \pi D_m L \tag{5-4}$$

$R_{fo}, R_{fi}, h_o, h_i, t_w, k_w$ 分别表示外、内表面污垢因子，外、内表面传热系数，管壁厚度和热导率，内、外表面传热系数和换热器管程和壳程压降都可以根据流体性质和流动状态估算，Aspen Plus 等化工流程模拟软件内置有这些参数的计算关联式。

平均传热温差推动力 ΔT_m 与换热流体的性质和流动方式有关，如果换热过程中发生相变，ΔT_m 的确定更为复杂。管壳式换热器对数平均传热温差表达式如式（5-5）所示。

$$\Delta T_{LM} = \frac{\Delta T_1 - \Delta T_2}{\ln \dfrac{\Delta T_1}{\Delta T_2}} \tag{5-5}$$

式中，ΔT_1、ΔT_2 分别为换热器两端冷热流体温差。对数平均温差推动力的成立条件是：物流并流或逆流、稳态流动、总传热系数在整个换热器中恒定、热损失可以忽略并假设物流比热恒定且不发生相变。当管壳式换热器为多管程或多壳程-多管程时，实际传热平均温差 ΔT_m 要小于采用式（5-5）基于逆流换热计算的对数平均温差 ΔT_{LM}（因为多管程时，流动方式既有逆流，又有并流），需要对 ΔT_{LM} 进行校正，校正因子定义如式（5-6）所示。

$$F_T = \frac{\Delta T_m}{\Delta T_{LM}} \tag{5-6}$$

对于 1 壳程、2 管程换热器，校正因子可按照式（5-7）计算。

$$F_T = \frac{\sqrt{R^2+1}\ln\left[(1-S)/(1-RS)\right]}{(R-1)\ln\left[\dfrac{2-S(R+1-\sqrt{R^2+1})}{2-S(R+1+\sqrt{R^2+1})}\right]} \tag{5-7}$$

其中，参数定义如式（5-8）和式（5-9）。

$$R = \frac{T_{\text{hotin}} - T_{\text{hotout}}}{T_{\text{coldout}} - T_{\text{coldin}}} \tag{5-8}$$

$$S = \frac{T_{\text{coldout}} - T_{\text{coldin}}}{T_{\text{hotin}} - T_{\text{coldin}}} \tag{5-9}$$

校正因子 F_T 小于 1，F_T 作为参数 R 和 S 的函数，对于各种形式的多程换热器都做成了图表可供查阅。多程换热器的传热方程如式（5-10）所示。

$$Q = UAF_T\Delta T_{LM} \tag{5-10}$$

注意其中的 ΔT_{LM} 是按照逆流方式计算的。换热器设计一般保持校正因子的值大于或等于 0.85，校正因子的值随着管程数的增加而降低（但降低缓慢），随着壳程数的增加而增加。

根据式（5-10），对给定的传热速率，可以计算传热面积。对于初步设计，可以根据管程和壳程流体的类型和相态从有关文献查阅总传热系数 U 的值。换热器中的最小传热温差最优值的确定主要与传热物流的温度水平有关，低温流体之间的换热，温差取 1~2℉；环境温度水平下的传热，温差取 10℉左右；高温传热温差可取 100℉左右。当换热物流属于沸腾给热时，蒸发过程有四种模式：自然对流、核状沸腾、膜状沸腾和过渡沸腾。沸腾侧的传热推动力小于 10℉时，主要是自热对流传热，传热速率很低；当沸腾侧的传热推动力在 20~45℉之间时，发生核状沸腾，气泡产生湍流，传热速率很大；当沸腾侧的传热推动力大于 100℉时，膜状沸腾开始，传热是通过液膜的热传导，传热速率较低；沸腾侧的传热推动力在 50~100℉之间时，属于过渡沸腾区。所以，为了使沸腾给热处于核状沸腾区，保守的经验是取平均总传热推动力为 45℉。

5.1.3 管壳式换热器模拟

【例 5-1】 现有一单管程单壳程管壳式换热器，冷流体甲醇走管程，流量 300kmol/hr，进口温度和压力分别是 25℃和 1.2atm。热流体水走壳程，流量 300kmol/hr，进口温度和压力分别是 80℃和 1.2atm。换热器材质为碳钢。壳内径 1.2m，内含 1024 根外径 0.02667m、内径 0.0209295m、长度为 4.8768m 的管道，管道正方形排列，中心距是 0.03048m，使用 38 块折流板(25%切割)，壳侧进出口管嘴内径为 0.0635m，管侧进出口管嘴内径为 0.1016m，两侧污垢因子忽略不计。计算冷热流体出口温度、热负荷和压降。

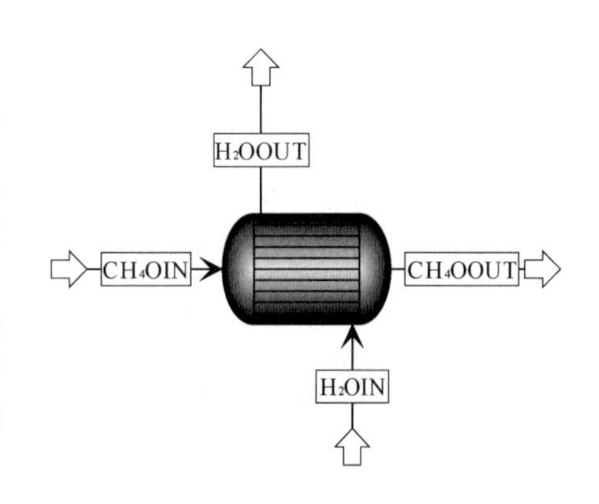

图 5-2 管壳式换热器模拟流程

CH_4OIN—甲醇进料；CH_4OOUT—甲醇出料；H_2OIN—水进料；H_2OOUT—水出料

解: 采用前述同样方法绘制如图 5-2 所示的流程，选择软件模型库中 Heat Exchangers-HEATX 中的 GEN-HS（通用换热器构型-热流走壳程），另存为 Example5-1.bkp。输入设置参数、定义组分

（甲醇和水）、选择物性方法（UNIQUAC）、输入物流入口条件，最后规定模块参数。

由题意可知，换热器结构已经给定，换热物流入口条件已经给定，需要计算出口物流状态，因此这是典型的操作性计算（模拟计算）。

在换热器模块 Setup（设置）子菜单中的计算选项中选择 Detailed（详细型），计算类型 Type 选择 Simulation（模拟型计算），Flow arrangement（流动安排）中选择 Hot fluid: Shell（热流体走壳程），Flow direction（流动方向）选 Countercurrent（逆流），如图 5-3 所示。点击 Geometry（构型），在 Shell 子菜单下选择壳侧参数，TEMA shell type 中选择 E-One pass shell，No. of tube passes 中选择 1。在 Inside shell diameter 中输入 1.2m，其他项采用默认值，如图 5-4 所示。接下来输入管侧信息。管道类型选择 Bare tubes（光管），在 Tube layout（管道布置）中输入管道总数目 1024，长度 4.8768m，在 Pattern 选择 Square（正方形），Pitch（管心距）输入 0.03048m，材料选择默认值碳钢。然后在下面的管道尺寸中输入选择实际尺寸，输入管道的内径和外径，如图 5-5 所示。在 Baffles（折流板）中选择 Segmental baffle（弓形折流板），输入弓形折流板数目 38，Baffle cut（切割分率）0.25，如图 5-6 所示。输入壳侧和管侧进出口管嘴直径如图 5-7 所示。

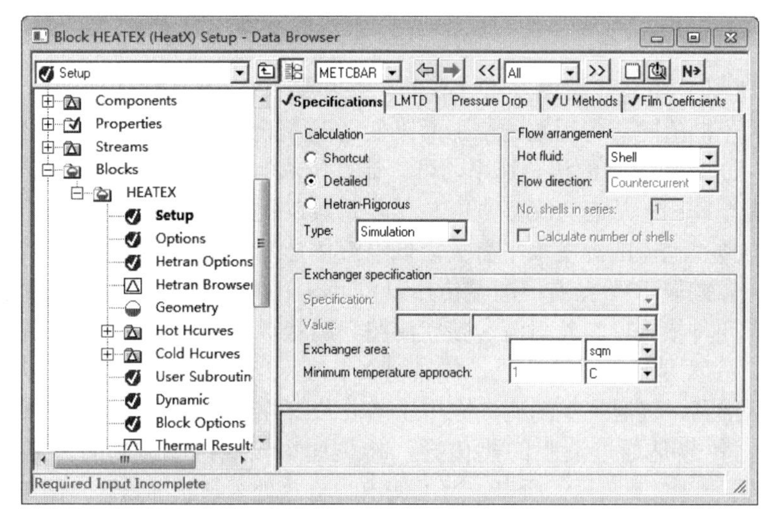

图 5-3　例 5-1 换热器模块设置规定

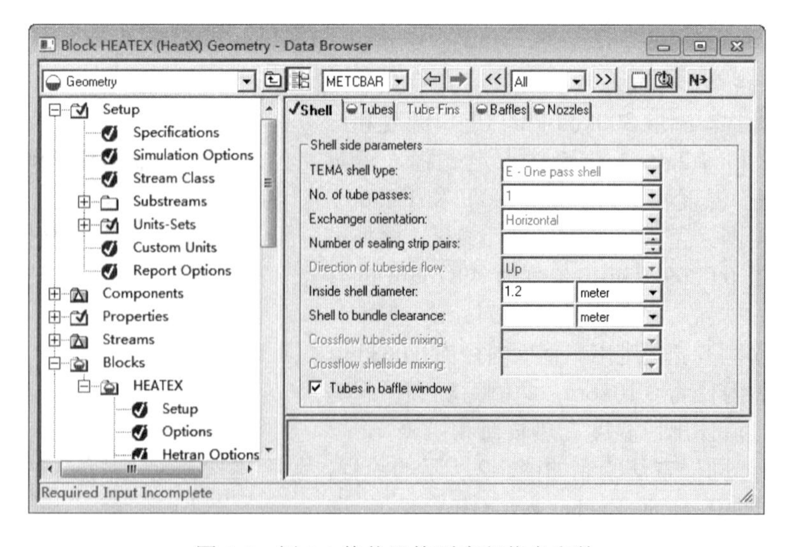

图 5-4　例 5-1 换热器构型壳程信息参数

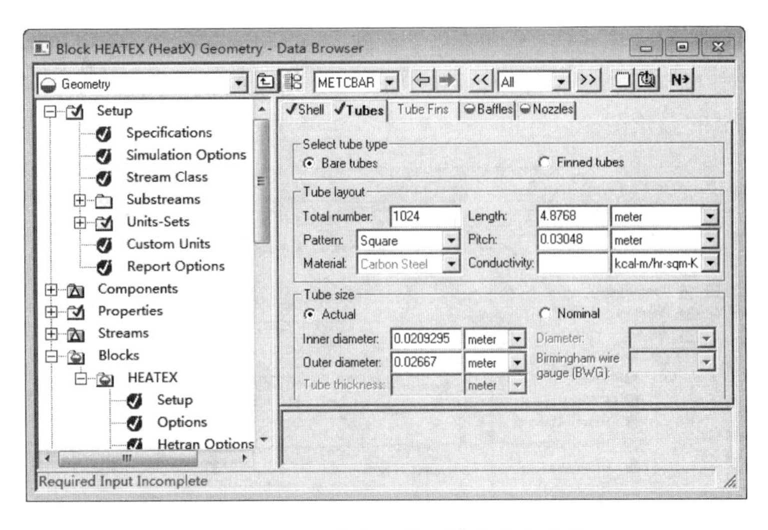

图 5-5　例 5-1 换热器构型管程信息参数

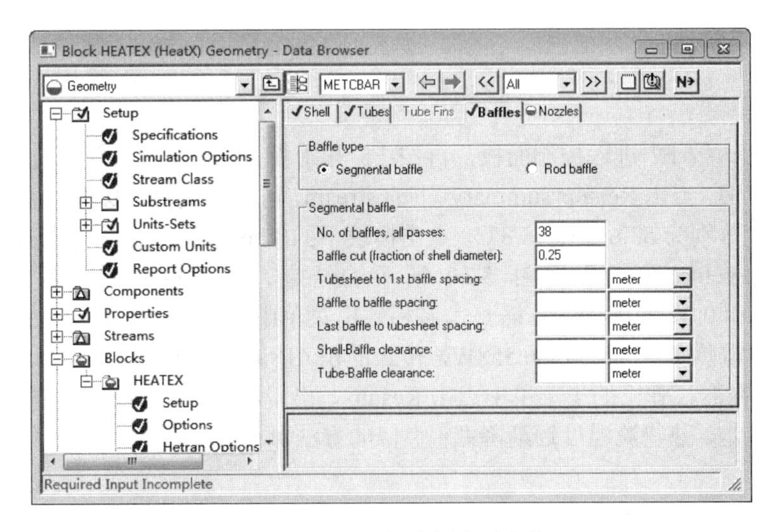

图 5-6　例 5-1 折流板类型参数

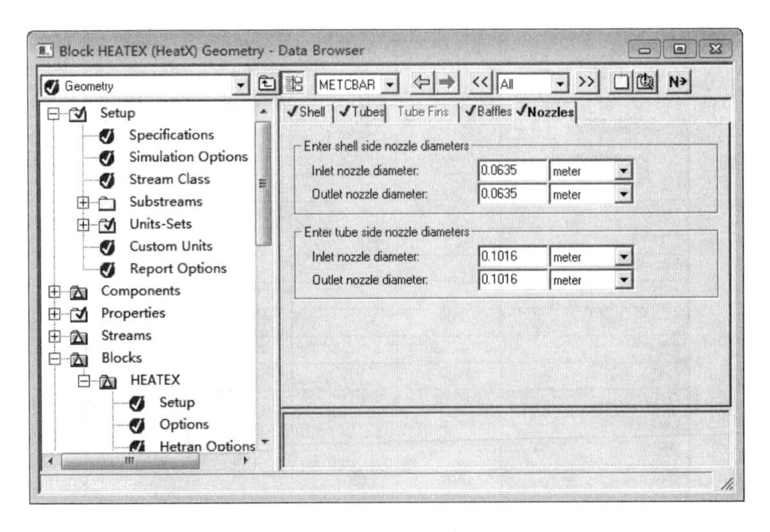

图 5-7　例 5-1 壳侧和管侧进出口管嘴直径

最后，双击打开 Hot Hcurves（热流热量曲线）、Cold Hcurves（冷流热量曲线），在右栏弹出的菜单中点击 New（新建）按钮，弹出如图 5-8 所示的菜单。这样，模拟计算后可以得到相应的冷、热流的温焓图。

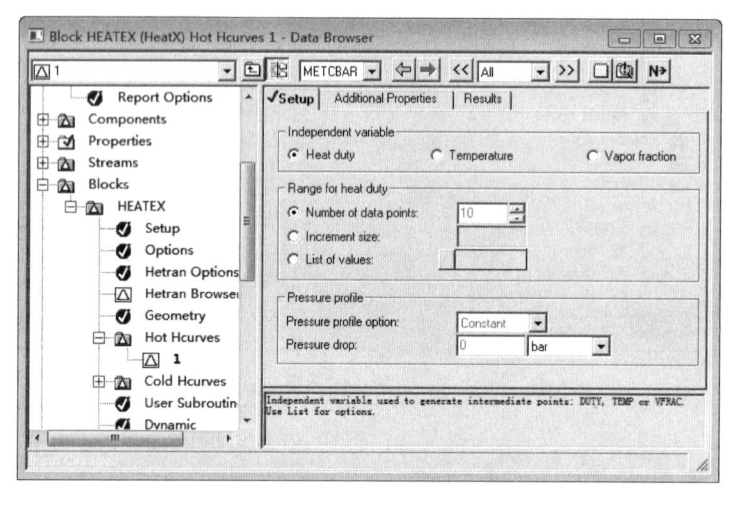

图 5-8　例 5-1 物流热量变化曲线

输入完毕后，按 F7 进入控制面板，再按 F5 开始模拟计算，显示计算完成后，再按 F7 回到数据浏览界面，点击 Results summary 下的 stream，可以得到图 5-9 所示的物流参数，冷、热物流出口温度分别为 53.6℃和 38.8℃。点击模块下的 Thermal results，再点击右栏弹出菜单中的 Pres drop/velocities，出现图 5-10 所示的结果，可见壳程和管程总压降分别是 0.00265858atm 和 0.00111002atm；若点击右栏弹出菜单中的 Exchangers details，出现图 5-11 所示的结果，可得热负荷为 254366.558W，传热面积 418.414743m^2。打开 Hot Hcurves，点击下面子菜单 1，在右栏弹出的子菜单中点击 Results，出现如图 5-12 所示的表格，从中可以看到随着热量被移走，热物流温度逐渐降低；类似的方法可得到如图 5-13 所示的冷物流吸热升温的情况。

	CH4OIN	CH4OOUT	H2OIN	H2OOUT
Temperature C	25.0	53.6	80.0	38.8
Pressure bar	1.216	1.215	1.216	1.213
Vapor Frac	0.000	0.000	0.000	0.000
Mole Flow kmol/hr	300.000	300.000	300.000	300.000
Mass Flow kg/hr	9612.648	9612.648	5404.584	5404.584
Volume Flow cum/hr	12.045	12.601	5.757	5.514
Enthalpy MMkcal/hr	-17.096	-16.877	-20.182	-20.401
Mass Flow				
H2O			5404.584	5404.584
CH4O	9612.648	9612.648		
Mass Frac				
H2O			1.000	1.000
CH4O	1.000	1.000		
Mole Flow				
H2O			300.000	300.000
CH4O	300.000	300.000		
Mole Frac				
H2O			1.000	1.000
CH4O	1.000	1.000		

图 5-9　例 5-1 换热器物流参数

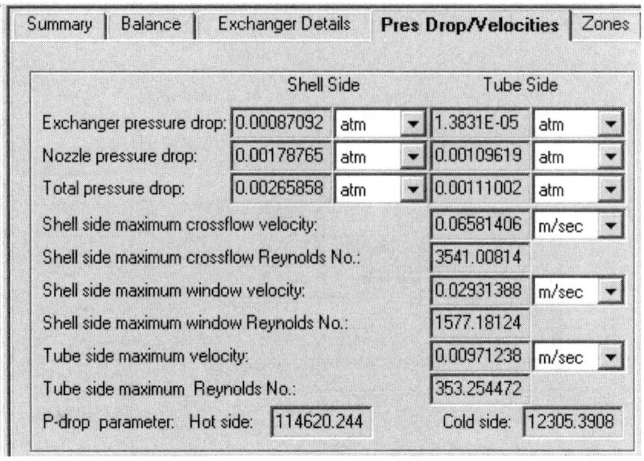

Summary | Balance | Exchanger Details | **Pres Drop/Velocities** | Zones

	Shell Side		Tube Side	
Exchanger pressure drop:	0.00087092	atm	1.3831E-05	atm
Nozzle pressure drop:	0.00178765	atm	0.00109619	atm
Total pressure drop:	0.00265858	atm	0.00111002	atm
Shell side maximum crossflow velocity:			0.06581406	m/sec
Shell side maximum crossflow Reynolds No.:			3541.00814	
Shell side maximum window velocity:			0.02931388	m/sec
Shell side maximum window Reynolds No.:			1577.18124	
Tube side maximum velocity:			0.00971238	m/sec
Tube side maximum Reynolds No.:			353.254472	
P-drop parameter: Hot side:	114620.244		Cold side:	12305.3908

图 5-10 例 5-1 换热器压降和流速

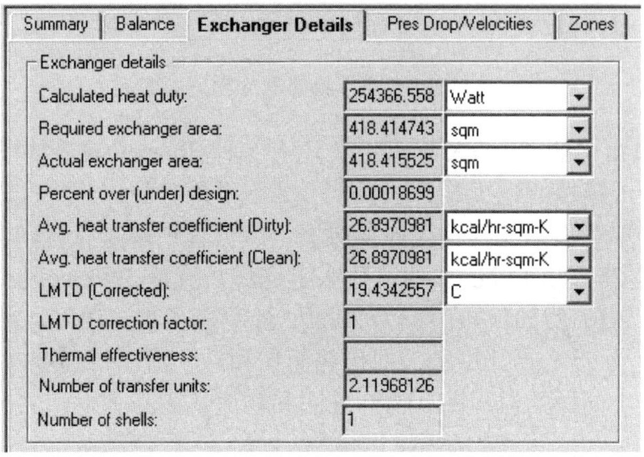

Summary | Balance | **Exchanger Details** | Pres Drop/Velocities | Zones

Exchanger details

Calculated heat duty:	254366.558	Watt
Required exchanger area:	418.414743	sqm
Actual exchanger area:	418.415525	sqm
Percent over (under) design:	0.00018699	
Avg. heat transfer coefficient (Dirty):	26.8970981	kcal/hr-sqm-K
Avg. heat transfer coefficient (Clean):	26.8970981	kcal/hr-sqm-K
LMTD (Corrected):	19.4342557	C
LMTD correction factor:	1	
Thermal effectiveness:		
Number of transfer units:	2.11968126	
Number of shells:	1	

图 5-11 例 5-1 换热器热负荷和传热面积

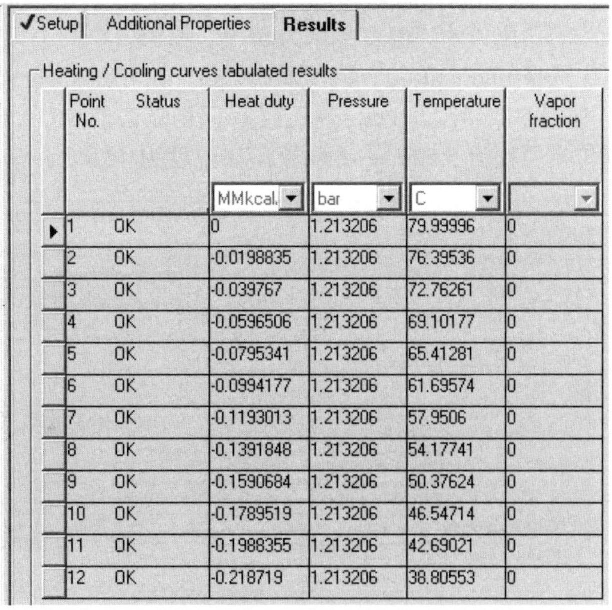

✓Setup | Additional Properties | **Results**

Heating / Cooling curves tabulated results

Point No.	Status	Heat duty	Pressure	Temperature	Vapor fraction
		MMkcal	bar	C	
1	OK	0	1.213206	79.99996	0
2	OK	-0.0198835	1.213206	76.39536	0
3	OK	-0.039767	1.213206	72.76261	0
4	OK	-0.0596506	1.213206	69.10177	0
5	OK	-0.0795341	1.213206	65.41281	0
6	OK	-0.0994177	1.213206	61.69574	0
7	OK	-0.1193013	1.213206	57.9506	0
8	OK	-0.1391848	1.213206	54.17741	0
9	OK	-0.1590684	1.213206	50.37624	0
10	OK	-0.1789519	1.213206	46.54714	0
11	OK	-0.1988355	1.213206	42.69021	0
12	OK	-0.218719	1.213206	38.80553	0

图 5-12 例 5-1 换热器热物流焓变

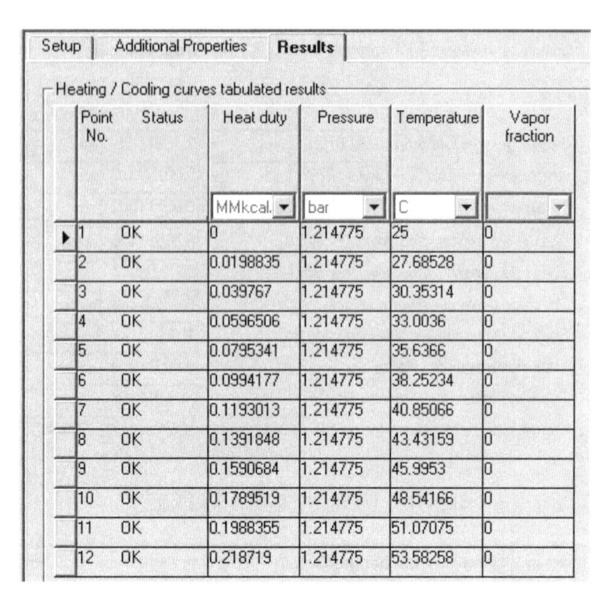

Setup | Additional Properties | Results

Heating / Cooling curves tabulated results

Point No.	Status	Heat duty	Pressure	Temperature	Vapor fraction
		MMkcal.	bar	C	
1	OK	0	1.214775	25	0
2	OK	0.0198835	1.214775	27.68528	0
3	OK	0.039767	1.214775	30.35314	0
4	OK	0.0596506	1.214775	33.0036	0
5	OK	0.0795341	1.214775	35.6366	0
6	OK	0.0994177	1.214775	38.25234	0
7	OK	0.1193013	1.214775	40.85066	0
8	OK	0.1391848	1.214775	43.43159	0
9	OK	0.1590684	1.214775	45.9953	0
10	OK	0.1789519	1.214775	48.54166	0
11	OK	0.1988355	1.214775	51.07075	0
12	OK	0.218719	1.214775	53.58258	0

图 5-13　例 5-1 换热器冷物流焓变

在 Aspen Plus 11.1 中的 HEATX 模型中，还有一种 Shortcut（简捷设计或模拟）。下面用例 5-2 说明简捷设计或模拟。

【例 5-2】 对于单管程单壳程管壳式换热器，冷流体甲醇走管程，流量 300kmol/hr，进口温度和压力分别是 25℃和 1.2atm。热流体水走壳程，流量 300kmol/hr，进口温度和压力分别是 80℃和 1.2atm。（1）假如换热面积为 $20m^2$，计算出口物流温度（模拟型计算）。（2）假设要求热流出口温度为 55℃，计算所需的传热面积和冷物流出口温度（设计型计算）。

解： 采用与例 5-1 同样的流程图、物性方法和物流输入条件，建立 Aspen Plus 模拟文件 Example5-2.bkp。

（1）在模块规定中选择 Shortcut，Type 选择 Simulation，在 Exchanger specification 中输入传热面积 $20m^2$，如图 5-14 所示，总传热系数 U 采用默认值（730.8684kcal/hr-sqm-K）；输入完毕后，计算得到冷、热出口物流温度分别为 55.9℃和 35.2℃。

（2）在模块规定中选择 Shortcut，Type 选择 Design，在 Exchanger specification 中输入热物流出口温度 55℃，如图 5-15 所示，总传热系数 U 采用默认值（730.8684kcal/hr-sqm-K）；输入完毕后计算得到传热面积为 $5.52m^2$，冷物流出口温度为 42.9℃。

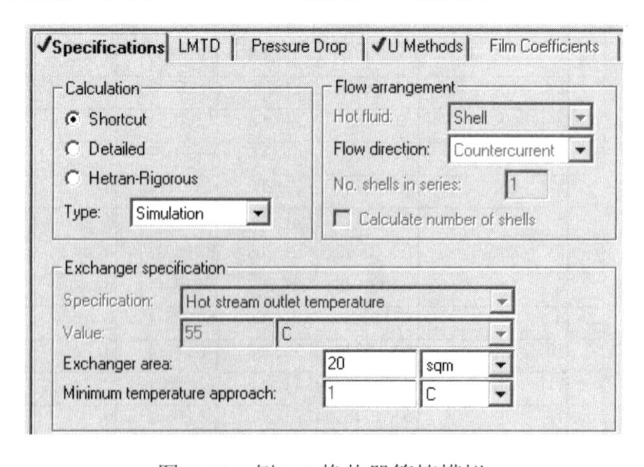

图 5-14　例 5-2 换热器简捷模拟

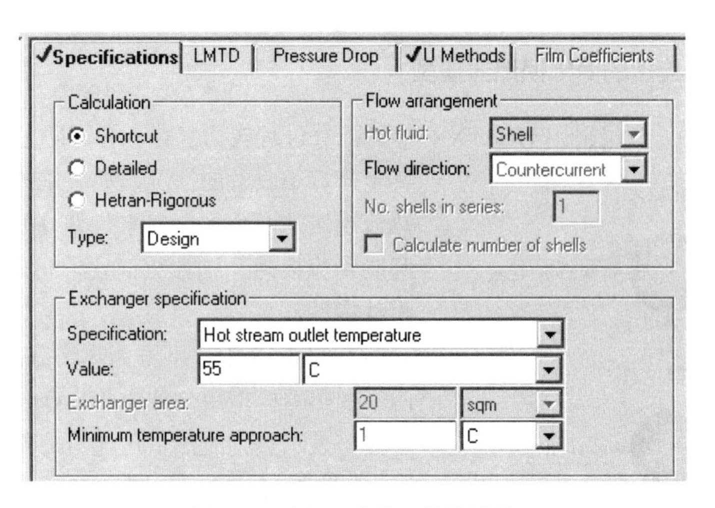

图 5-15 例 5-2 换热器简捷设计

5.2 简化的换热器模型

5.2.1 加热器

Aspen Plus 11.1 里还有一个 Heater（加热器）模型，该模型可以计算将一股物流加热或冷却到指定温度所需要的热量（或冷量），不考虑换热器结构，计算比较简单。

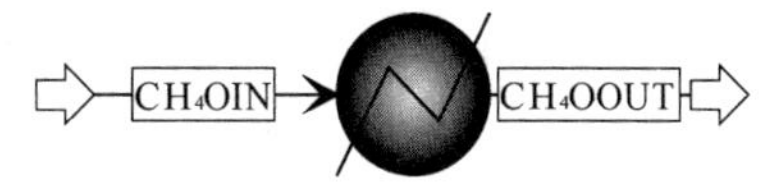

图 5-16 加热器

CH_4OIN—甲醇进料；CH_4OOUT—甲醇出料

【例 5-3】 如图 5-16 所示，将流量 300kmol/hr、温度和压力分别是 25℃和 1.2atm 的甲醇加热到 50℃，试计算所需要的热量。

解： 输入物性方法（Ideal），物流进口条件，文件另存为 Example5-3.bkp。模块规定如图 5-17 所示，在其中温度栏输入 50℃，压力栏输入 0atm，表示压降为 0；若输入正压力值，则表示加热器出口绝对压力，若输入负值，则表示经过换热器的压降为该负值的绝对值。计算结束后，从模块结果中查阅热负荷为 221432.883W。

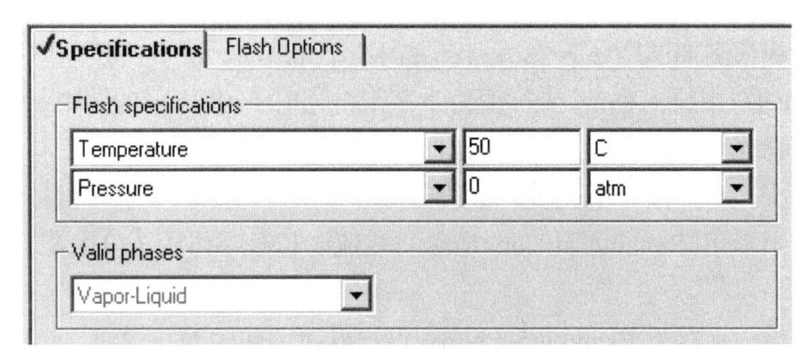

图 5-17 例 5-3 Heater 模块参数

查询物流结果第 7 项甲醇进、出口物流的焓分别是−17.09567MMkcal/hr 和−16.90527 MMkcal/hr。如果物性方法改为 UNIQUAC 或 NRTL，计算得到的焓值不变，这是因为甲醇为纯组分，并不存在过量函数。如果改用状态方程模型 Peng-Robin，或 *S-R-K* 方程计算，则焓值结果略有差异，与用活度系数模型方程计算的结果非常接近。

5.2.2 热流连接的简化换热器模型

在流程模拟中，如果采用 HEATX 模型，计算过程较为复杂，有可能出现计算收敛困难，甚至计算不收敛的情况，如果采用如图 5-18 所示的热流连接的两个加热器来代替 HEATX 模型来模拟两股物流换热，则计算简化，可以改善流程模拟的收敛特性。

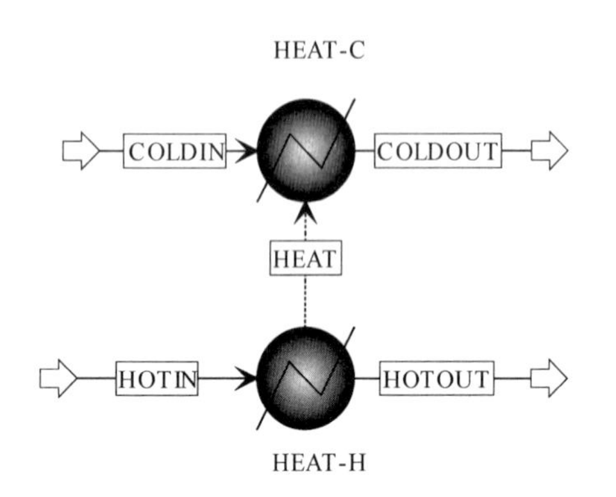

图 5-18 热流连接的加热器

HEAT-C—冷流侧加热器；HEAT-H—热流侧加热器；COLDIN—冷物流进料；COLDOUT—冷物流出料；HOTIN—热物流进料；HOTOUT—热物流出料；HEAT—热流

在图 5-18 中，下方为热物流，上方为冷物流，两个加热器模型用名称为 HEAT 的热流线（虚线）连接，表示热物流热量传递给冷物流。

【例 5-4】 采用如图 5-18 所示的方式模拟计算热冷两股物流换热，热物流信息如下。温度：200℃，压力：4bar，流量：10000kg/hr，质量组成：苯 50%，苯乙烯 20%，乙苯 20%，水 10%，（一定条件下可呈气-液-液三相共存）；冷物流为水，温度：20℃，压力：10bar，流量：60000kg/hr。忽略压降，要求把热物流冷却成饱和液体（泡点）。

（1）选用 NRTL-RK 作为全局物性模型，请计算热负荷及出口物流信息。

（2）在 Blocks→HEAT-C→Block Options→Properties 下的 Properties Options→Property method 中分别选择 STEAM-TA（ASME1967 Steam table correlations）、SRK、Peng-Robin、Ideal、Wilson、UNIQUAC 作为该模块冷却水的物性计算方法，比较冷却水的计算结果（出口温度、焓、密度等）。

（3）分别建立热侧和冷侧加热器的热量曲线，查看热、冷物流状态变化。

（4）建立物性集，使物流计算结果中包含物流的泡点 TBUB、露点 TDEW，第一液相分率 BETA。

解：（1）打开软件流程模拟界面，绘制如图 5-18 所示的两个独立加热器模型，连接好物流并给物流和模块命名如图所示。然后点击界面左下角 Material STREAMS 右边黑色小三角形按钮，点击 Heat（虚线方框），光标变为十字形，同时 5-18 所示的图中加热器上出现进口和出口箭头，移动光标对准下面加热器的出口箭头，点击一下左键，然后移动光标对准上面加热器的进口箭头，再点击一下左键，虚线热流连接上。再点击一下右键，使光标变回正常状态下的模式，最后用 Rename stream 命令将热流名称数字修改为 HEAT，结果如图 5-18 所示。

流程绘制好后，另存为 Example5-4.bkp。点击界面顶部的 N→按钮，弹出如图 5-19 所示的对话框：显示流程连接完成，在输入表格中提供其余的问题规定。显示下一个输入表格吗？点击“确定”，即可进入数据窗口的第一项 Setup，在 Setup→Specifications→Accounting 中输入 User name 和 Account number（字母或数字均可），如图 5-20 所示。在 Setup→Report Option→Stream 中勾选流量和分率基准如图 5-21 所示。点击 N→，进入组分定义子菜单，定义组分结果如图 5-22 所示。点击 N→进入 Properties→Specifications→Global,在对应菜单的右上角选择物性方法 NRTL-RK，如图 5-23 所示。在 Properties→Parameters→Binary Interaction→NRTL1 中打开该活度系数模型二元作用参数，如图 5-24 所示。点击 N→，进入 Streams 输入窗口，在 Streams→COLDIN→Input→Specifications 子菜单中输入冷物流进口参数如图 5-25 所示；点击 N→，进入 Streams 输入窗口，在 Streams→HOTIN→Input→Specifications 子菜单中输入热物流进口参数如图 5-26 所示；点击 N→，进入 Blocks→HEAT-C→Input→Specifications 界面，如图 5-27 所示，提示输入冷物流加热器后温度和压力；但从题目给定的条件，并不知道冷物流出口温度，这个温度是由热物流被冷却的要求决定的，而题目中给定了热物流的出口条件，即是热物流被冷却成饱和液体（泡点温度）。因此，可以先规定热物流侧加热器的温度压力两个条件，此后由于热流（虚线）对冷物流侧加热器的规定作用，再对冷物流加热器输入时，只需要输入压力即可。操作如下：打开 Blocks→HEAT-H→Input→Specifications 界面，如图 5-28 所示，点击 Flash Specifications 下面的黑色三角形选择按钮，选择 Vapor fraction，输入 0（气相分率为 0，表示饱和液体），在下一行中选择压力，输入数值 0，单位选择 bar（压力为 0 表示加热器压降为 0）。点击 N→，进入 Blocks→HEAT-C→Input→Specifications 界面，如图 5-29 所示，在压力栏输入 0，表示压降为 0，再点击上面对应的温度栏，该栏变成灰色（不能输入），这是因为流程图中热流（虚线）已经对冷侧加热器附加了一个规定，这里输入一个参数即可。

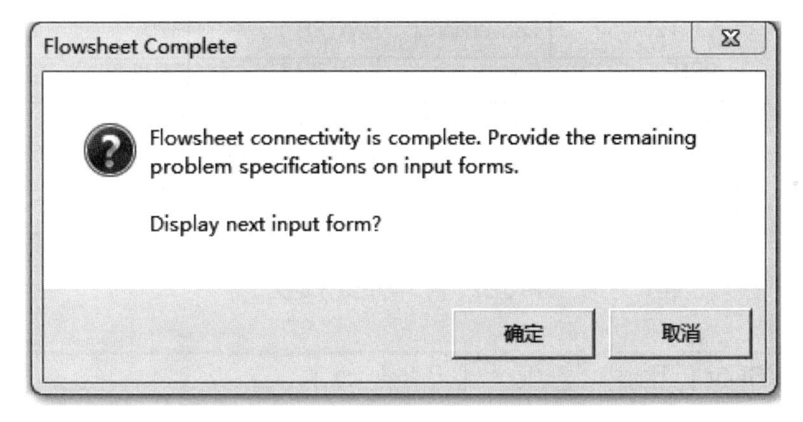

图 5-19　例 5-4 流程连接完成窗口

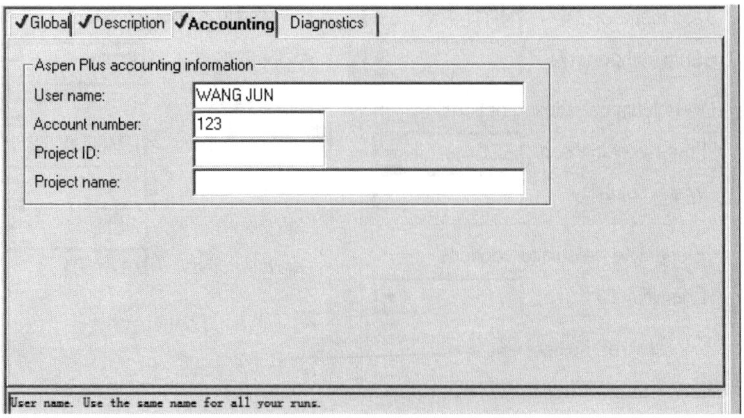

图 5-20　例 5-4 设置用户名和账号

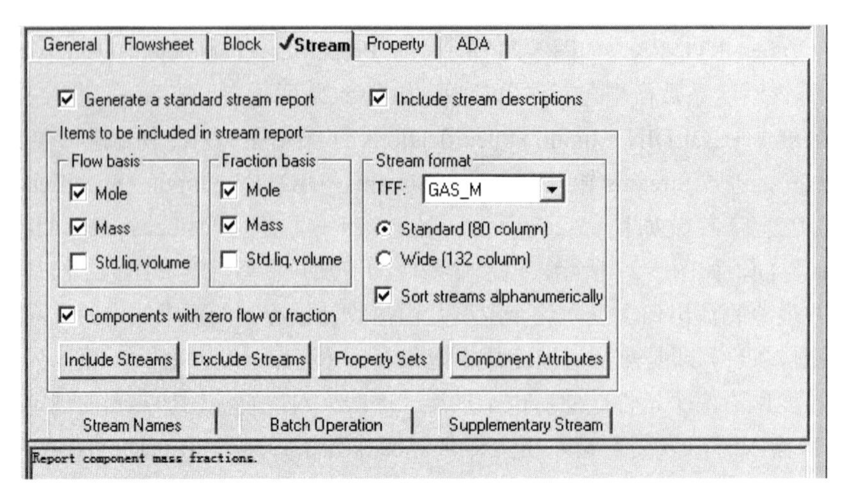

图 5-21　例 5-4 中物流报告包含项目

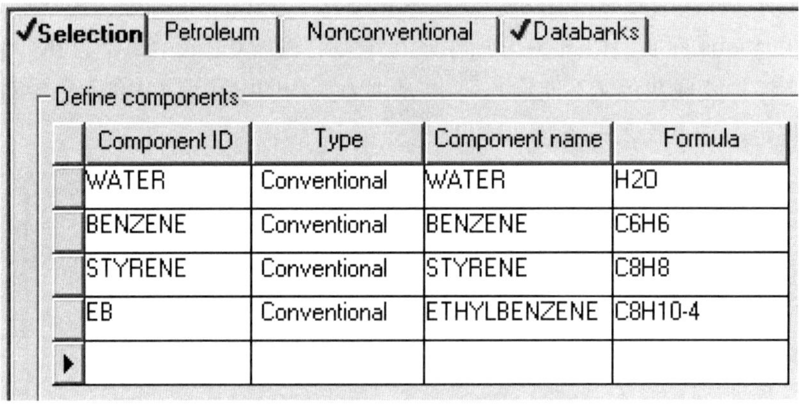

✓Selection | Petroleum | Nonconventional | ✓Databanks

Define components

Component ID	Type	Component name	Formula
WATER	Conventional	WATER	H2O
BENZENE	Conventional	BENZENE	C6H6
STYRENE	Conventional	STYRENE	C8H8
EB	Conventional	ETHYLBENZENE	C8H10-4

图 5-22　例 5-4 中组分定义

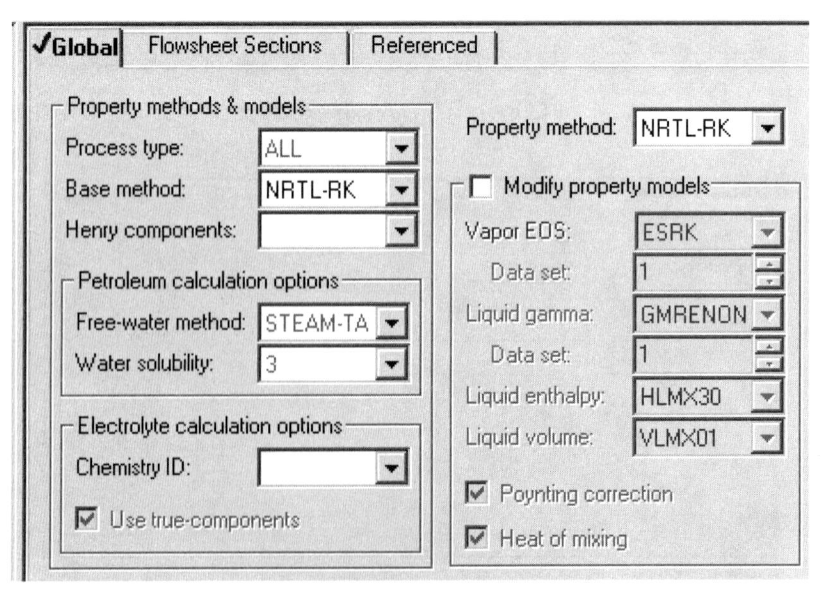

图 5-23　例 5-4 物性方法

✓Input | ✓Databanks

Parameter: NRTL   Data set: 1

Temperature-dependent binary parameters

Component i	WATER	WATER	WATER	BENZENE	BENZENE	STYRENE	
Component j	BENZENE	STYRENE	EB	STYRENE	EB	EB	
Temperature units	C	C	C	C	C	C	
Source	LLE-ASPEN	LLE-ASPEN	LLE-ASPEN	VLE-RK	VLE-RK	VLE-RK	
AIJ	140.0874000	150.5774000	1.005837000	0.0	-1.902900000	-.9385000000	
AJI	45.19050000	-176.7152000	-10.50497000	0.0	-.8745000000	1.317300000	
BIJ	-5954.307100	-5675.065900	2260.014000	-255.4825000	303.1381000	27.19450000	
BJI	591.3676000	10542.57030	4458.591000	388.7459000	1003.993100	-36.67640000	
CIJ	.2000000000	.2000000000	.2000000000	.3000000000	.3000000000	.3000000000	
DIJ	0.0	0.0	0.0	0.0	0.0	0.0	
EIJ	-20.02540000	-21.68180000	0.0	0.0	0.0	0.0	
EJI	-7.562900000	25.52320000	0.0	0.0	0.0	0.0	
FIJ	0.0	0.0	0.0	0.0	0.0	0.0	
FJI	0.0	0.0	0.0	0.0	0.0	0.0	
TLOWER	.8000000000	6.000000000	0.0	23.50000000	80.08000000	57.67000000	
TUPPER	77.00000000	65.00000000	49.50000000	50.00000000	136.1800000	97.00000000	
Property units:							

图 5-24　例 5-4 二元作用参数

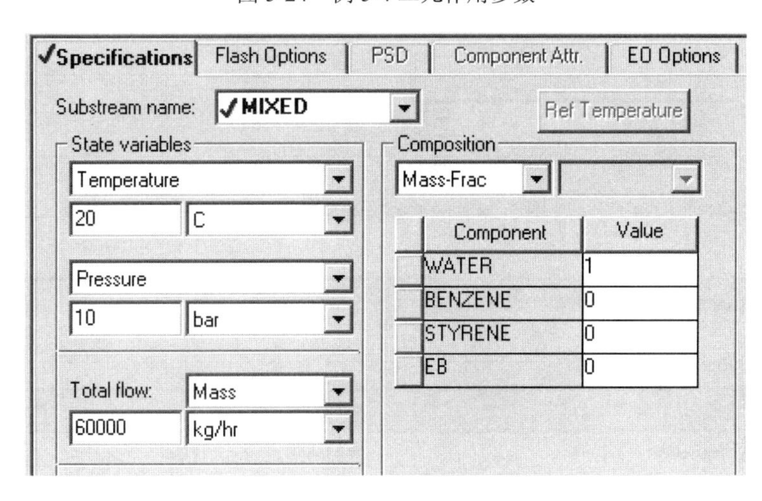

图 5-25　例 5-4 冷物流进口信息

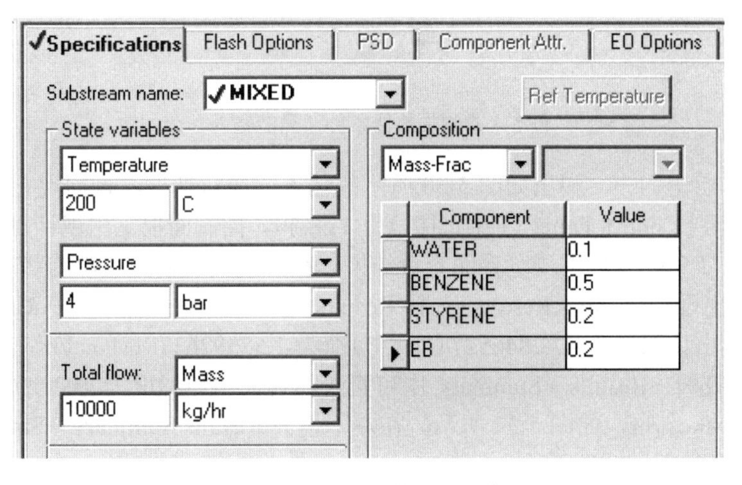

图 5-26　例 5-4 热物流进口信息

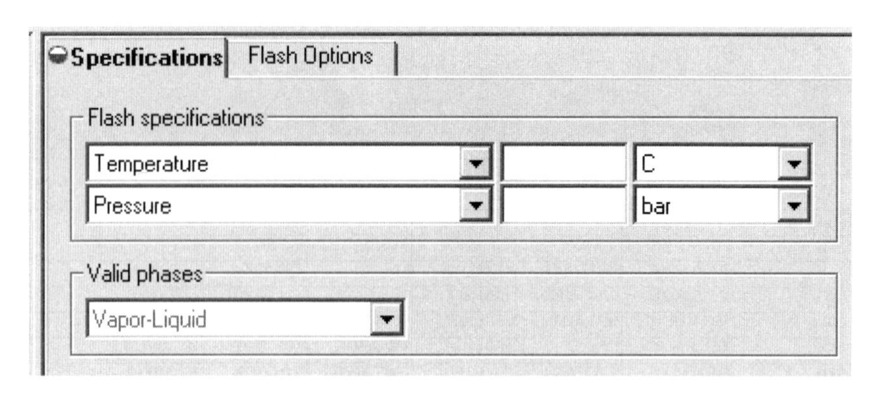

图 5-27　例 5-4 冷侧加热器条件

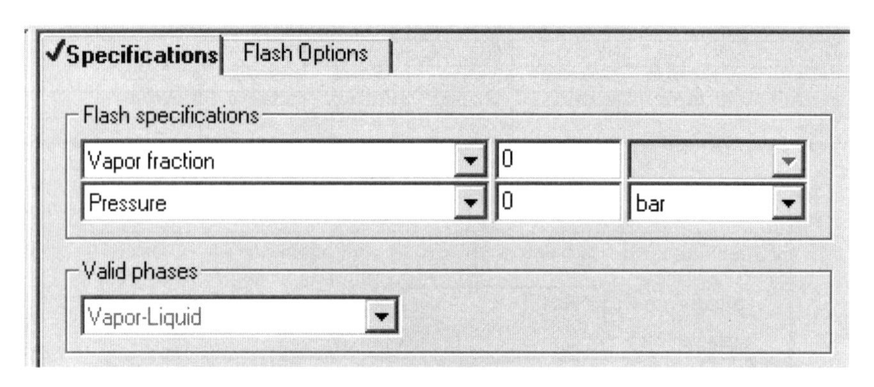

图 5-28　例 5-4 热侧加热器条件

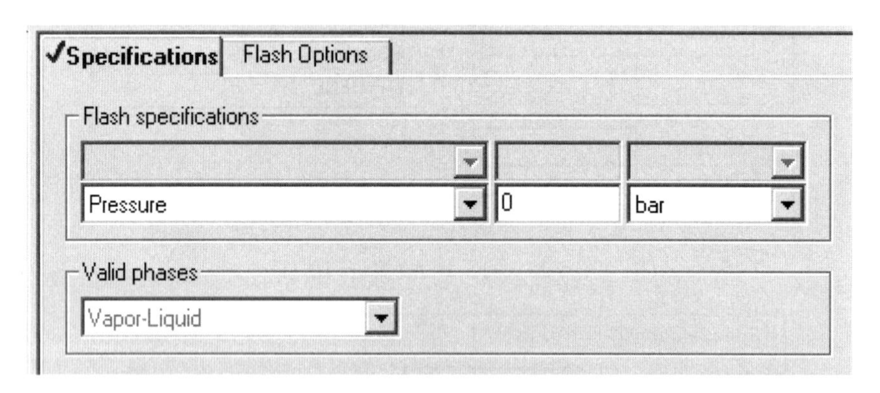

图 5-29　例 5-4 冷侧加热器条件（只能输入一个规定）

输入完毕，点击 N→，弹出如图 5-30 所示的输入完成对话框，询问现在是否运行模拟，点击“确定”，转到 Control Panel（控制面板）运行模拟，控制面板上出现计算过程记录信息。计算完成后，按 F5 回到数据浏览界面查看结果。在数据浏览窗口顶部的状态选择窗口点击黑色小三角形，出现（All,Input,Results）选择 Results，在 Blocks→HEAT-C→Results→Summary 中可查看冷物流出口温度为 47.2846527℃，热负荷为 1.52592637MMkcal/hr，如图 5-31 所示；在 Blocks→HEAT-H→Results→Summary 中可查看热物流出口温度为 102.330578℃，热负荷为−1.5259264MMkcal/hr，如图 5-32 所示。在左下角的 Results Summary→Streams→Materials 显示所有物流信息如图 5-33 所示。

Required Input Complete
All required input is complete. You can run the simulation now, or you can enter more input. To enter more input, select Cancel, then select the options you want from the Data pulldown menu.
Run the simulation now?
确定
取消

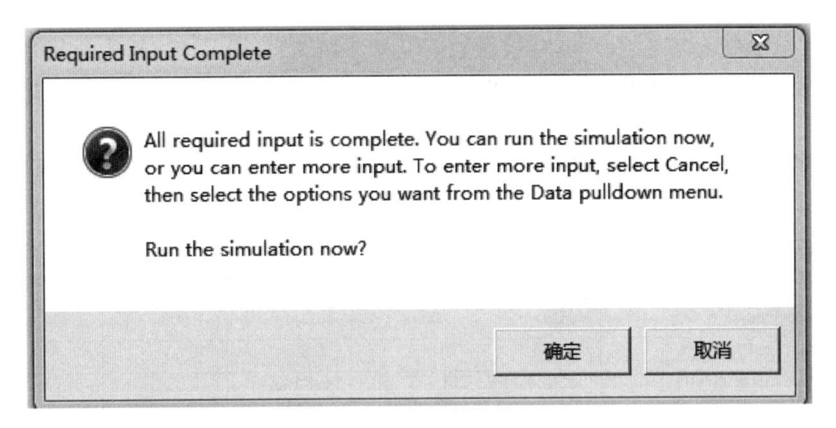

图 5-30　例 5-4 输入完成对话框

Summary
Balance
Phase Equilibrium
Block results summary
Outlet temperature:
47.2846527
C
Outlet pressure:
10
bar
Vapor fraction:
0
Heat duty:
1.52592637
MMkcal/hr
Net duty:
0
MMkcal/hr
1st liquid / Total liquid:
1
Pressure-drop correlation parameter:
0

图 5-31　例 5-4 冷侧加热器结果总结

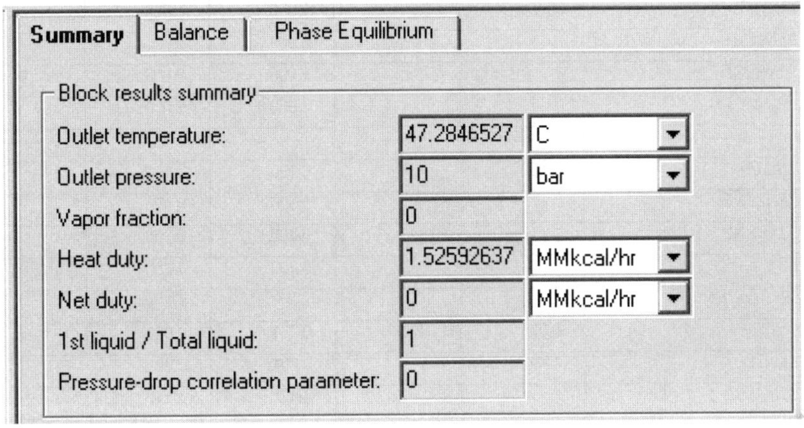

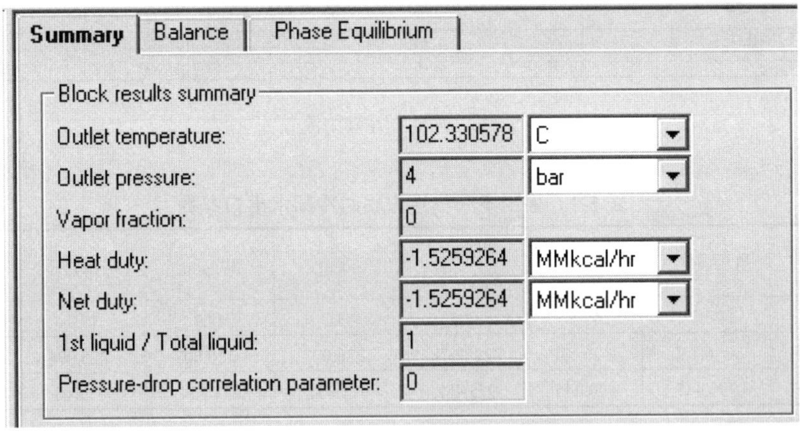

Summary
Balance
Phase Equilibrium
Block results summary
Outlet temperature:
102.330578
C
Outlet pressure:
4
bar
Vapor fraction:
0
Heat duty:
-1.5259264
MMkcal/hr
Net duty:
-1.5259264
MMkcal/hr
1st liquid / Total liquid:
1
Pressure-drop correlation parameter:
0

图 5-32　例 5-4 热侧加热器结果总结

（2）在（1）中，由于在 Properties 中选择了 NRTL-RK 为全局物性计算方法。热冷侧物流物性计算都采用这个方法。通过 Blocks→HEAT-C→Block Options 对应右侧出现的输入窗口的 Properties 中的 Property method 中选择如表 5-1 所示的 STEAM-TA、SRK 等作为冷侧加热器中物流冷却水的物性计算方法，分别重新模拟计算后，得到冷却水出口温度、焓和密度比较，可见前三项状态方程法计算结果相近，其中 STEAM-TA、 SRK 方程计算结果相同；活度系数模型 Wilson、 NRTL 和 UNIQUAC 和 Ideal 模型计算结果一致，这是因为对于纯组分水来说，并不存在过量函数，各种活度系数模型计算的焓与理想物系是一样的；但活度系数模型计算的出口温度与状态方程法计算结果相比偏高。

	COLDIN	COLDOUT	HOTIN	HOTOUT	
Temperature C	20.0	47.3	200.0	102.3	
Pressure bar	10.000	10.000	4.000	4.000	
Vapor Frac	0.000	0.000	1.000	0.000	
Mass Flow tonne/hr	60.000	60.000	10.000	10.000	
Volume Flow cum/hr	60.101	61.743	1488.148	12.069	
Enthalpy MMkcal/hr	-227.522	-225.996	-0.521	-2.047	
Density kg/cum	998.322	971.763	6.720	828.571	
Mass Flow tonne/hr					
WATER	60.000	60.000	1.000	1.000	
BENZENE			5.000	5.000	
STYRENE			2.000	2.000	
EB			2.000	2.000	
Mass Frac					
WATER	1.000	1.000	0.100	0.100	
BENZENE			0.500	0.500	
STYRENE			0.200	0.200	
EB			0.200	0.200	
Mole Flow MMscmh					
WATER	0.075	0.075	0.001	0.001	
BENZENE			0.001	0.001	
STYRENE			< 0.001	< 0.001	
EB			< 0.001	< 0.001	
Mole Frac					
WATER	1.000	1.000	0.352	0.352	
BENZENE			0.406	0.406	
STYRENE			0.122	0.122	
EB			0.120	0.120	

图 5-33　例 5-4 所有物流信息

表 5-1　采用不同物性方程时冷却水出口参数

项　目	STEAM-TA	SRK	Peng-Robin	Ideal	Wilson	NRTL	UNIQUAC
温度/℃	45.5	45.5	43.5	47.2	47.2	47.3	47.2
焓/（MMkcal/hr）	–226.130	–226.130	–227.678	–226.007	–226.007	–225.996	–226.007
密度/（kg/m^3）	990.445	990.445	975.452	971.854	971.854	971.763	971.854

（3）双击数据浏览窗口的 Blocks，在下面出现 HEAT-C，HEAT-H，双击 HEAT-C，单击 Hcurves，点击右栏出现“New”按钮，弹出如图 5-34 所示的对话框，冷侧加热器的热量曲线自动命名为 1，点击 OK，右栏出现如图 5-35 所示的窗口，默认情况是以热负荷为独立变量，表或图热量范围是 10 个数据点。压力剖形取恒定值（出口压力）；双击 HEAT-H，用同样的方法建立热侧物流热量曲线 1。输入完毕再次运行模拟，从 Blocks→HEAT-C→Hcurves→Results 中查看冷侧加热器热量曲线结果如图 5-36 所示，从 Blocks→HEAT-H→

Hcurves→Results 中查看热侧加热器热量曲线结果如图 5-37 所示，可见点 1、2 范围是过热气体（气相分率为 1），点 3 为饱和气体（气相分率为 1），显示露点温度为 150.6741℃，点 4~12 范围是气-液混合物（气相分率为小于 1），13 点是饱和液体泡点温度，（气相分率为 0）。但仔细查看图 5-37 中 Heat duty 和 Temperature 两栏，热负荷栏的绝对值是逐渐增大的，表示热物流热量逐步被移走，温度栏数值总体也是逐步降低的，但从 12 点后开始又上升，这显然是不合理的；实际上这是由于在从 Blocks→HEAT-H→Input→Specifications 中输入模块条件时，下方有个 Valid phases（合理相态）选项如图 5-38 所示，默认状态是 Vapor-Liquid（气-液）,在进行前面输入数据的时候取的是默认状态，但热物流实际上是气-液-液三相（气相-水相-油相），因此造成计算结果异常。将该选项改为 Vapor-Liquid-Liquid，再进行计算，得到如图 5-39 所示的热侧加热器热量曲线结果，可见热物流温度逐渐下降，显示出口温度（泡点）是 119.4848℃，热负荷为−1.571137 MMkcal/hr。同样方法查阅冷流出口温度为 46.28638℃。

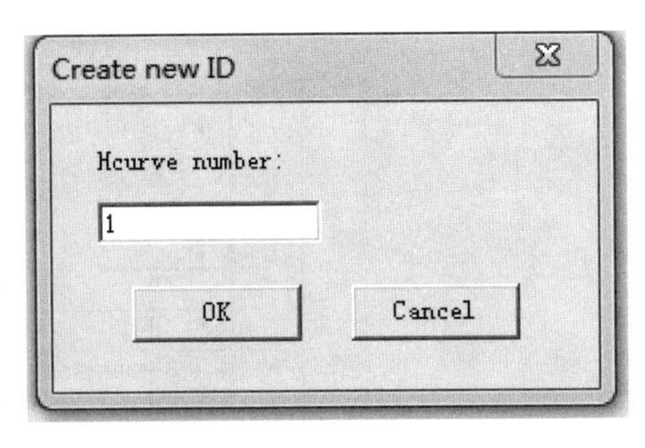

图 5-34　例 5-4 热量曲线序号

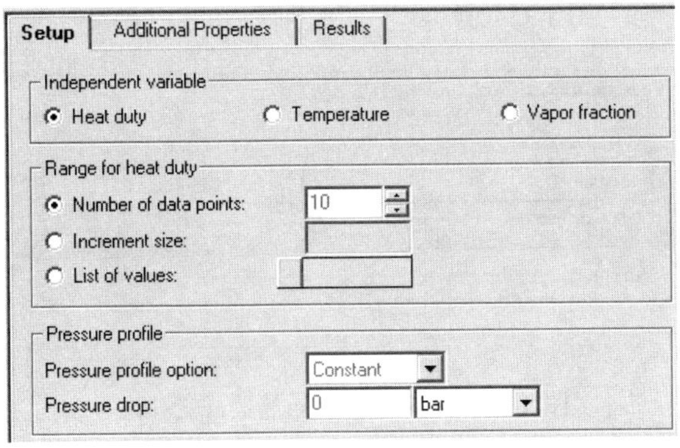

Setup | Additional Properties | Results

Independent variable: Heat duty; Temperature; Vapor fraction

Range for heat duty: Number of data points: 10; Increment size:; List of values:

Pressure profile: Pressure profile option: Constant; Pressure drop: 0 bar

图 5-35　例 5-4 热量曲线设置

Setup | Additional Properties | Results

Heating / Cooling curves tabulated results

Point No.	Status	Heat duty MMkcal/hr	Pressure bar	Temperature C	Vapor fraction
1	OK	0	10	20.00005	0
2	OK	0.1387206	10	22.31965	0
3	OK	0.2774412	10	24.63988	0
4	OK	0.4161617	10	26.96057	0
5	OK	0.5548823	10	29.28161	0
6	OK	0.6936029	10	31.60285	0
7	OK	0.8323235	10	33.92422	0
8	OK	0.9710441	10	36.24561	0
9	OK	1.109765	10	38.56695	0
10	OK	1.248485	10	40.88818	0
11	OK	1.387206	10	43.20924	0
12	OK	1.525926	10	45.53006	0

图 5-36　例 5-4 冷侧加热器热量曲线结果

Point No.	Status	Heat duty (MMkcal.)	Pressure (bar)	Temperature (C)	Vapor fraction
1	OK	0	4	200.0001	1
2	OK	-0.1387206	4	166.8158	1
3	Dew Pt.	-0.2035229	4	150.6741	1
4	OK	-0.2774412	4	147.674	0.9471458
5	OK	-0.4161617	4	141.4277	0.8493311
6	OK	-0.5548823	4	134.3806	0.7532409
7	OK	-0.6936029	4	126.549	0.6588575
8	OK	-0.8323235	4	117.9308	0.5662492
9	OK	-0.9710441	4	108.8095	0.4738245
10	OK	-1.109765	4	101.6979	0.3705493
11	OK	-1.248485	4	100.6422	0.2463976
12	OK	-1.387206	4	101.5941	0.1213844
13	OK	-1.525926	4	102.3312	0

图 5-37　例 5-4 热侧加热器热量曲线结果

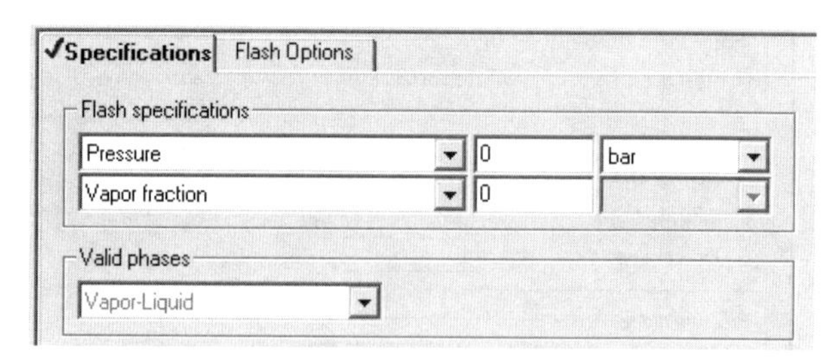

图 5-38　例 5-4 热侧加热器规定相态

Point No.	Status	Heat duty (MMkcal.)	Pressure (bar)	Temperature (C)	Vapor fraction
1	OK	0	4	200	1
2	OK	-0.1428307	4	165.8051	1
3	Dew Pt.	-0.2035229	4	150.6741	1
4	OK	-0.2856613	4	147.3264	0.9412997
5	OK	-0.428492	4	140.8335	0.8407211
6	OK	-0.5713226	4	133.4933	0.7419642
7	OK	-0.7141533	4	125.3216	0.6450283
8	OK	-0.8569839	4	122.2697	0.5421832
9	OK	-0.9998146	4	121.6816	0.4355018
10	OK	-1.142645	4	121.1008	0.3279406
11	OK	-1.285476	4	120.5363	0.2194887
12	OK	-1.428307	4	119.9957	0.1101625
13	OK	-1.571137	4	119.4848	2.3596E-06

图 5-39　例 5-4 热侧加热器重新规定为气-液-液相态时热量曲线结果

（4）双击 Properties 下的 Prop-Sets，点击右栏左下角的 New 按钮，出现如图 5-40 所示的对话框，自动指定的物性集名称是 PS-1，点击 OK，右栏出现如图 5-41 所示的窗口，点击下面的 Search 按钮，出现图 5-42 窗口，在第 1 项键入 bubble point，点击右端的 Search 按钮，在第 2 项中点击 Bubble point temperature，再点击右端的 Add 按钮，Bubble point temperature 被选择进入第 3 项，点击下面的 OK 按钮，TBUB 即出现在图 5-41 所示窗口的物性栏目，点击 Units 栏空白处，选择单位℃；点击图 5-41 窗口的第二行左端的“米”字符，再点击下端的 Search 按钮，在弹出的窗口第 1 项输入 dew point，用同样的方法（图 5-43）可以选择露点温度 TDEW 到图 5-41 所示的窗口；用类似的方法选择第一液相分率（fraction of liquid that is L1）到图 5-41 窗口第三行，搜索窗口如图 5-44 所示；三个性质选择后如图 5-45 所示。点击图 5-45 窗口的 Qualifiers，在 Phase 行后两栏分别选择 Liquid 和 Vapor（因为泡点、露点和第一液相分率物性集与气-液相都相关），如图 5-46 所示。需要包括在物性集中的性质都选择好之后，一定不要急于点击 N→按钮开始运行模拟，否则查看计算出的物流结果中仍然不包括建立物性集中的泡点、露点和第一液相分率，此时不要点击 N→按钮，而是直接进入数据浏览窗口的 Setup→Report Options 对应右栏如图 5-47 窗口，点击窗口顶部的 Stream，出现如图 5-48 所示的窗口，点击下部的 Property Sets,出现图 5-49 对话框，选中 PS-1，点击中间向右单箭头，把建立的物性集 PS-1 选择到右边的窗口（图 5-50），点击下面的 Close，关闭该窗口，按 F7 回到控制面板，按 F5 运算，结束后查看结果，如图 5-51 所示，可见物流信息最后三行包含了物流泡点、露点和第一液相分率，其中热物流出口的 BETA=0.677。

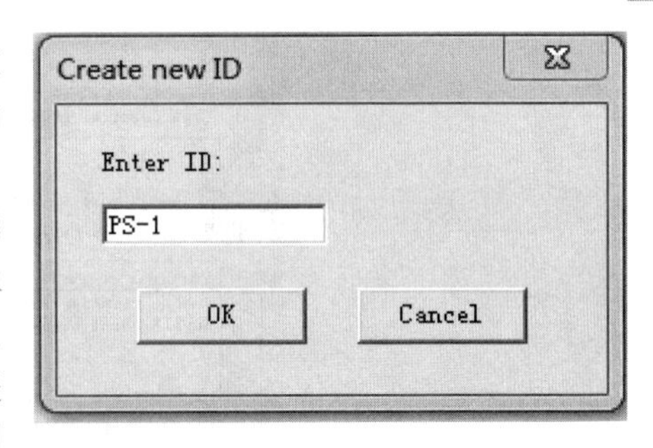

图 5-40　例 5-4 建立物性集对话框

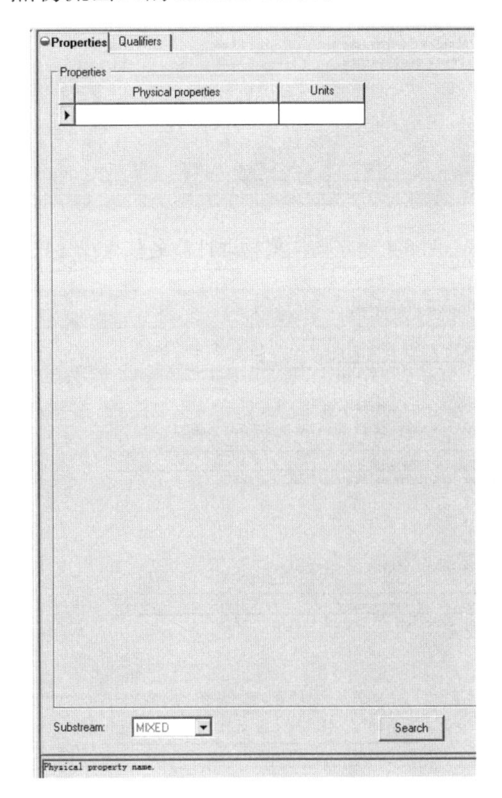

图 5-41　例 5-4 建立物性集物理性质名称查找和输入

Search Physical Properties
1 Type physical property you want to find and then
bubble point
Search
Search pure components on
2 Click one or more properties you want, and then
Physical property name
Alias
Bubble point pressure
PBUB
Bubble point temperature
TBUB
Add
3 Click OK to accept the selection.
Physical property name
Alias
Bubble point temperature
TBUB
Remove
OK
Cancel
Help

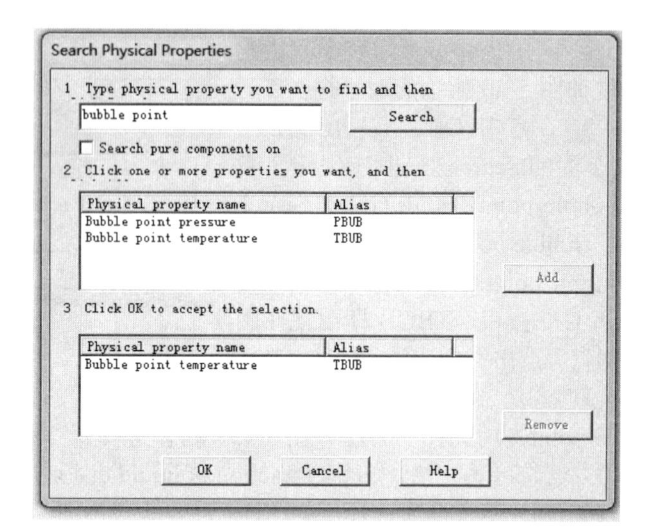

图 5-42 例 5-4 建立物性集物理性质名称查找（TBUB）

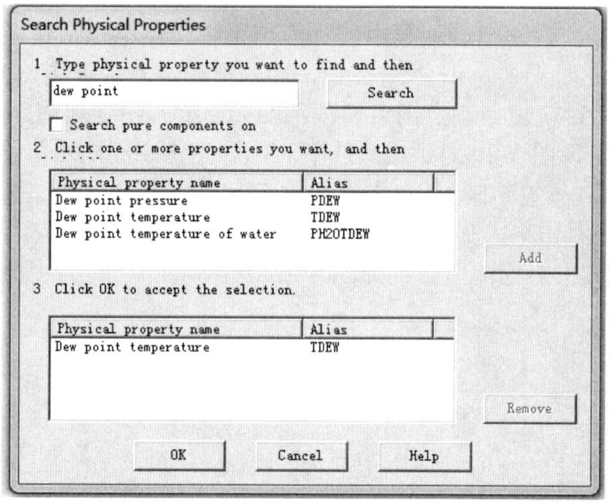

Search Physical Properties
1 Type physical property you want to find and then
dew point
Search
Search pure components on
2 Click one or more properties you want, and then
Physical property name
Alias
Dew point pressure
PDEW
Dew point temperature
TDEW
Dew point temperature of water
PH2OTDEW
Add
3 Click OK to accept the selection.
Physical property name
Alias
Dew point temperature
TDEW
Remove
OK
Cancel
Help

图 5-43 例 5-4 建立物性集物理性质名称查找（TDEW）

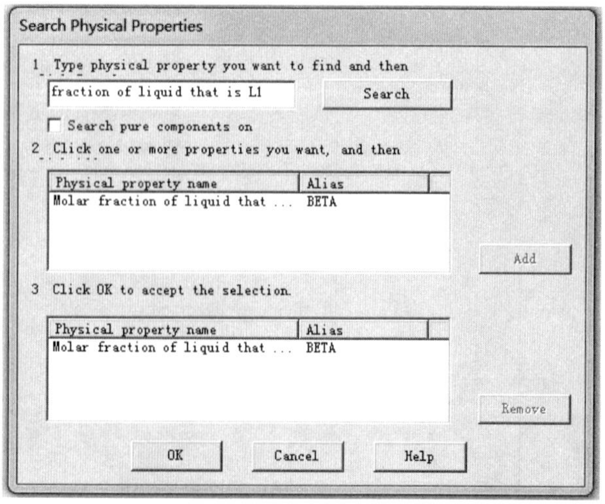

Search Physical Properties
1 Type physical property you want to find and then
fraction of liquid that is L1
Search
Search pure components on
2 Click one or more properties you want, and then
Physical property name
Alias
Molar fraction of liquid that ...
BETA
Add
3 Click OK to accept the selection.
Physical property name
Alias
Molar fraction of liquid that ...
BETA
Remove
OK
Cancel
Help

图 5-44 例 5-4 建立物性集物理性质名称查找（BETA）

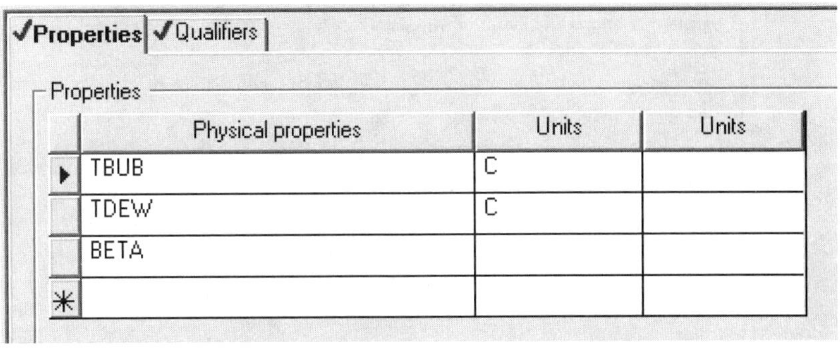

✓Properties | ✓Qualifiers

Properties

	Physical properties	Units	Units
▶	TBUB	C	
	TDEW	C	
	BETA		
*			

图 5-45　例 5-4 建立物性集三个物理性质名输入完成

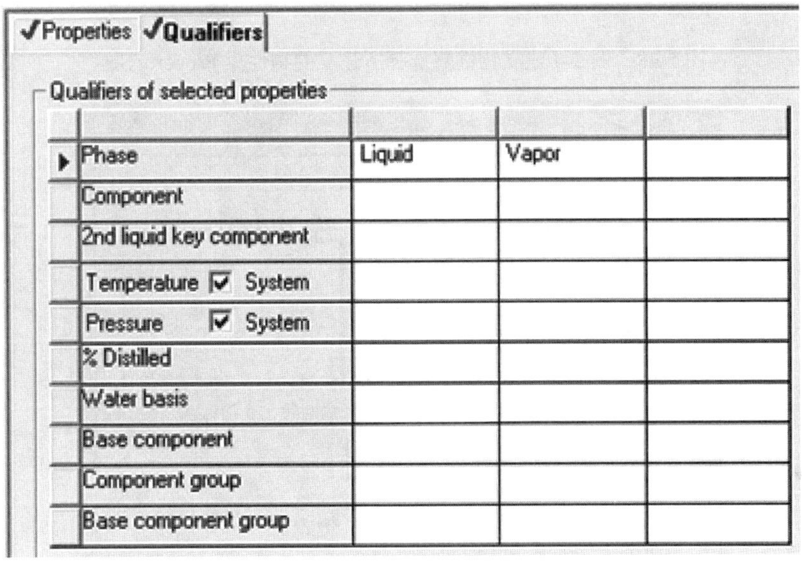

✓Properties | ✓Qualifiers

Qualifiers of selected properties

▶	Phase	Liquid	Vapor	
	Component			
	2nd liquid key component			
	Temperature ☑ System			
	Pressure ☑ System			
	% Distilled			
	Water basis			
	Base component			
	Component group			
	Base component group			

图 5-46　例 5-4 建立物性集适用相态

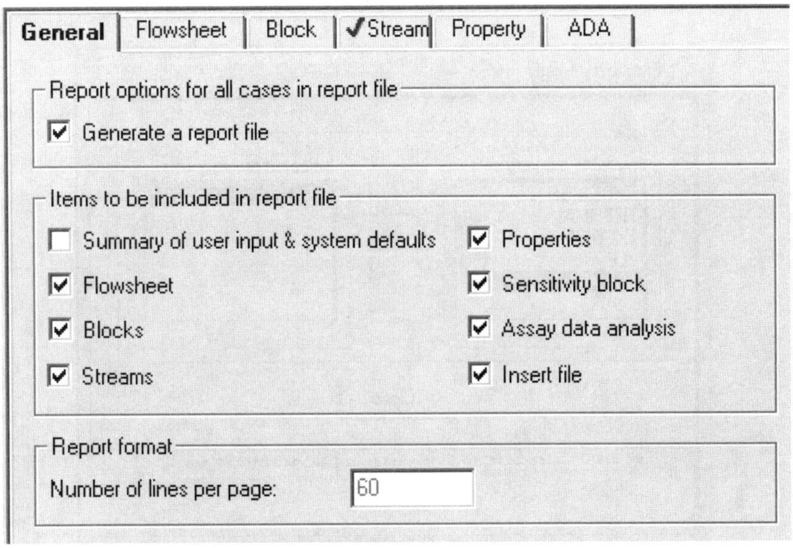

General | Flowsheet | Block | ✓Stream | Property | ADA

Report options for all cases in report file

☑ Generate a report file

Items to be included in report file

☐ Summary of user input & system defaults　☑ Properties

☑ Flowsheet　☑ Sensitivity block

☑ Blocks　☑ Assay data analysis

☑ Streams　☑ Insert file

Report format

Number of lines per page: 60

图 5-47　例 5-4 建立物性集选择所建立的物性集 Stream

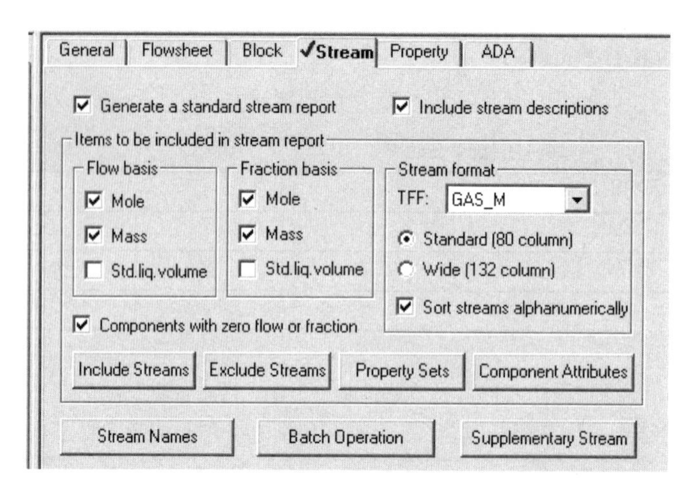

图 5-48　例 5-4 建立物性集选择所建立的物性集 Property Sets

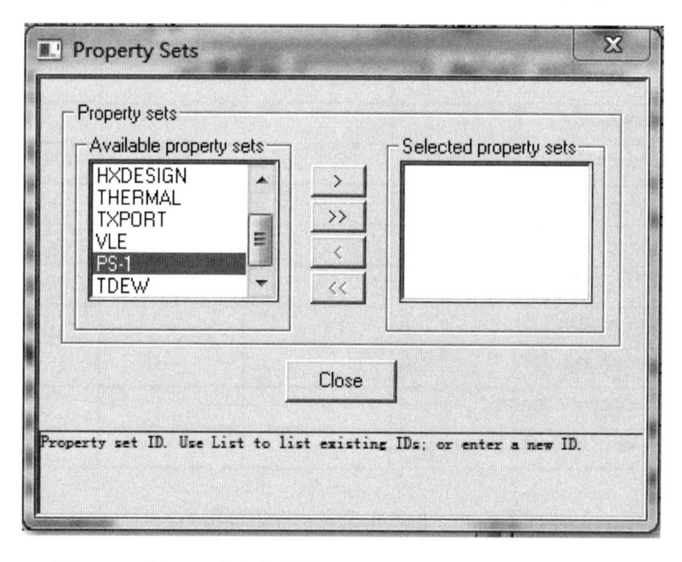

图 5-49　例 5-4 建立物性集选择所建立的物性集选中 PS-1

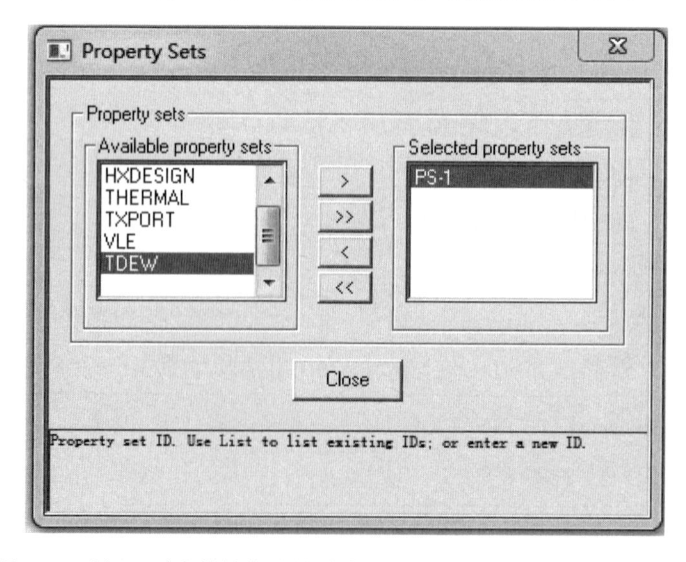

图 5-50　例 5-4 建立物性集选择所建立的物性集 PS-1 进入右侧选择窗

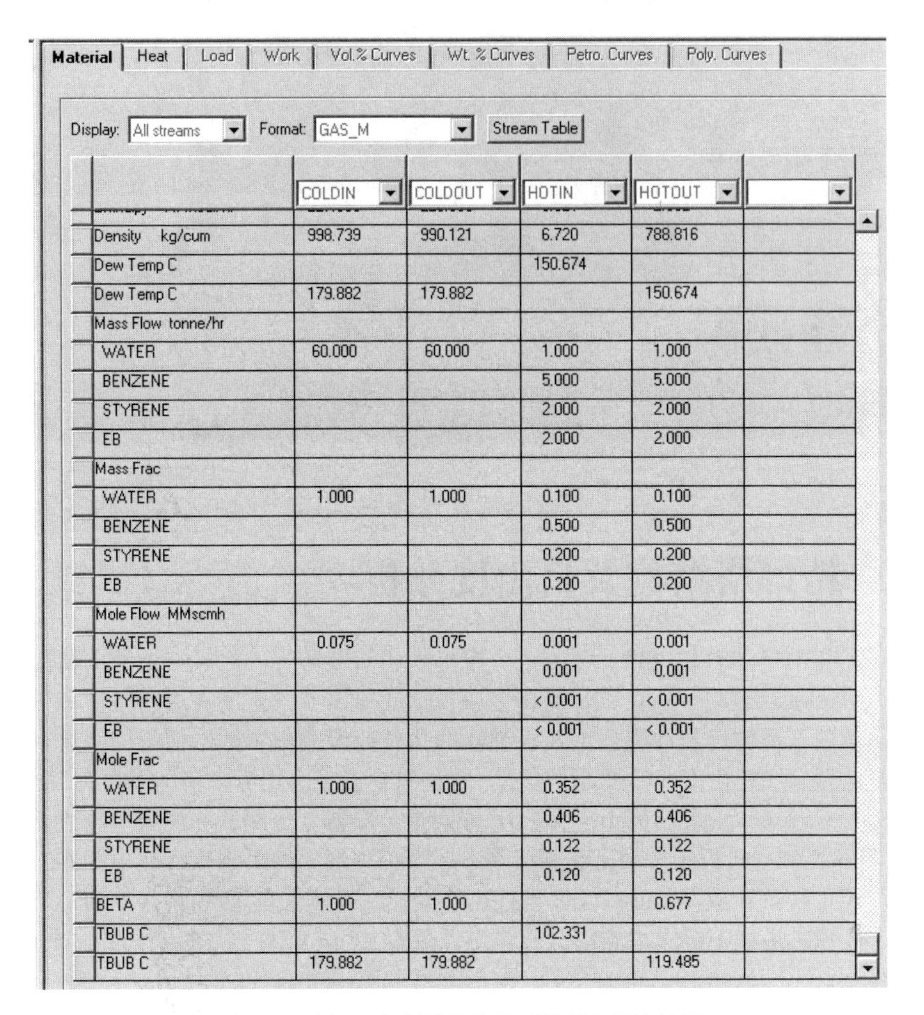
Material | Heat | Load | Work | Vol.% Curves | Wt. % Curves | Petro. Curves | Poly. Curves

Display: All streams　Format: GAS_M　Stream Table

	COLDIN	COLDOUT	HOTIN	HOTOUT	
Density kg/cum	998.739	990.121	6.720	788.816	
Dew Temp C			150.674		
Dew Temp C	179.882	179.882		150.674	
Mass Flow tonne/hr					
WATER	60.000	60.000	1.000	1.000	
BENZENE			5.000	5.000	
STYRENE			2.000	2.000	
EB			2.000	2.000	
Mass Frac					
WATER	1.000	1.000	0.100	0.100	
BENZENE			0.500	0.500	
STYRENE			0.200	0.200	
EB			0.200	0.200	
Mole Flow MMscmh					
WATER	0.075	0.075	0.001	0.001	
BENZENE			0.001	0.001	
STYRENE			< 0.001	< 0.001	
EB			< 0.001	< 0.001	
Mole Frac					
WATER	1.000	1.000	0.352	0.352	
BENZENE			0.406	0.406	
STYRENE			0.122	0.122	
EB			0.120	0.120	
BETA	1.000	1.000		0.677	
TBUB C			102.331		
TBUB C	179.882	179.882		119.485	

图 5-51　例 5-4 包括物性集性质的所有物流结果

5.3　换热器网络

化工流程中的工艺物流有的需要加热（称作冷物流），有的需要冷却（称作热物流），为了把这些冷、热物流变换到目标温度，一般有两种措施：一是通过冷、热工艺物流之间的换热（例如需要加热的进料冷物流与需要冷却的产品热物流之间的换热等），冷、热工艺物流之间的换热设备通常称作换热器；二是采用热、冷公用工程物流（如蒸汽和冷却水）分别来对冷、热工艺物流进行加热或冷却，这类换热设备通常称作加热器或冷却器。

对化工流程中给定的工艺物流，如何选择冷、热物流进行匹配换热以达到满足技术要求、经济合理的换热器网络是一个非常重要的研究课题，合成换热器网络的方法有直观经验推断法、夹点设计法、线性和非线性规划法等，其中夹点设计法合成换热器网络技术较为成熟，还可以借助 Aspen Plus 流程模拟软件里的 Energy Analyzer（能量分析器）进行辅助设计和模拟，辅助换热器网络合成和模拟的时候，采用的是上述简化的换热器模型，因为这些模型不考虑换热器的具体结构，模拟计算容易收敛。

6 塔器模拟

6.1 精馏塔结构及自由度分析

化工设备里的塔器有精馏塔、吸收塔、汽提塔和萃取塔等。对于一个简单精馏塔可以用图 6-1（a）来表示。直观分析可知，对精馏塔模拟计算需要给定所有进料条件和设备参数，才能计算出出料产品浓度和冷凝器以及再沸器的热负荷等输出参数，使得模型具有唯一解需要规定变量的数目（自由度）如表 6-1 所示，若进料含有 c 个组分，精馏塔含有 N 个平衡级，则自由度为 $C+5+2N$。图 6-1（b）～（d）分别是全凝器、分凝器和混合型冷凝器，其中图 6-1（c）、图 6-1（d）可视为一块理论板。图 6-2 为三种形式的再沸器，其中图 6-2（a）釜式再沸器相当于一块理论板，图 6-2（b）竖直热虹吸式（液体来自塔底)具有不到一个平衡级的分离作用，计算时最好不要考虑它的分离作用，图 6-2（c）竖直热虹吸式（液体来自降液管）没有分离作用。

釜式再沸器是最常用的，但是当塔底含有热敏物质、塔底产物压力很高、传热推动力很小或再沸器结垢严重等情况下需要采用热虹吸式再沸器。热虹吸式再沸器依靠塔底供给液体和再沸器中部分蒸发的液体之间的压力差作为循环动力，也可以采用泵来强化循环。精馏塔底部需要一定的持液量，底部水库的高度通常取 10ft（1ft=0.3048m），液体在底部停留时间至少 1min，通常在 5min 左右，以便液体混合稳定与控制。

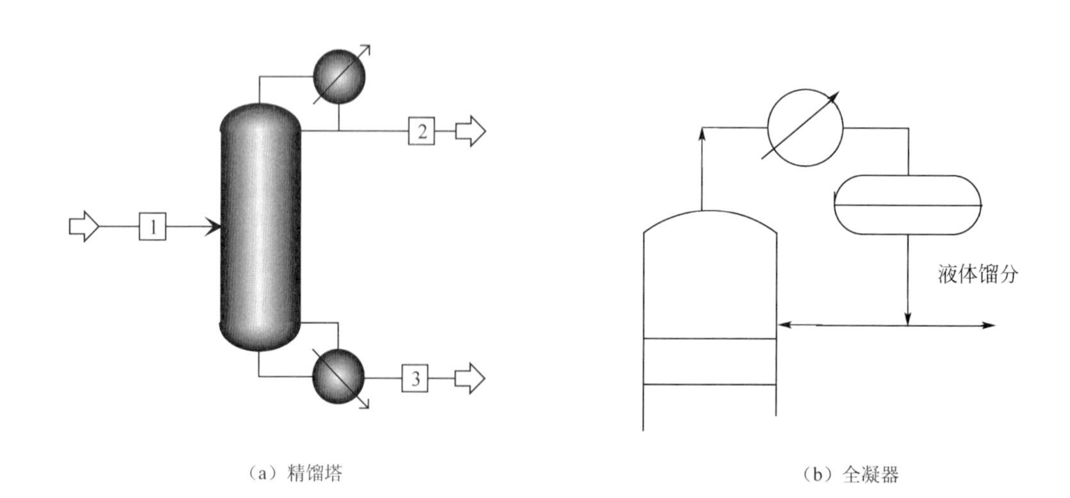

（a）精馏塔　　　　（b）全凝器

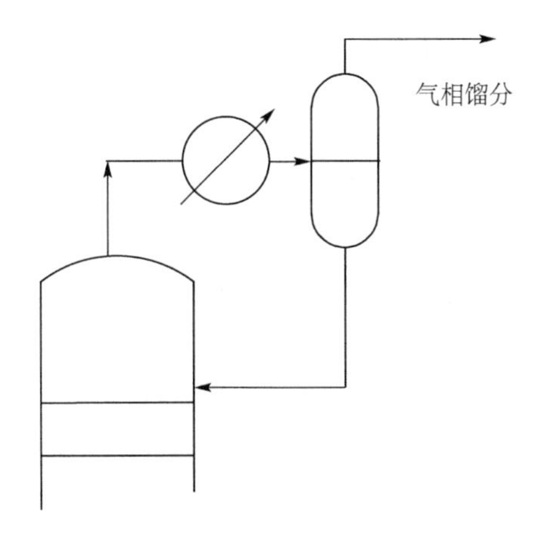

（c）分凝器

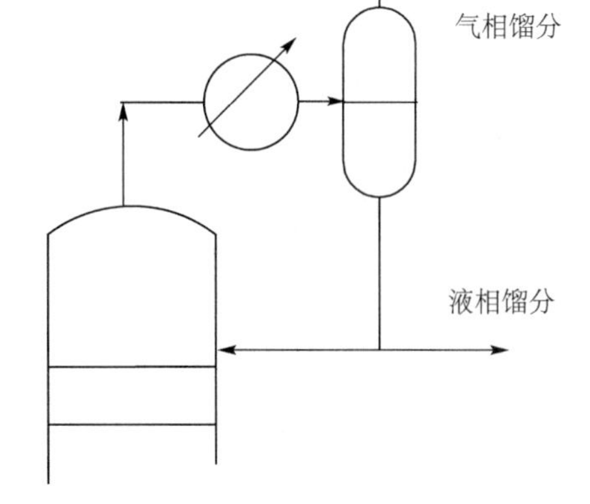

（d）混合型冷凝器

图 6-1　精馏塔

表 6-1　精馏塔自由度分析

变 量 名 称	独立变量数目
总板数 N	1
进料板位置 N_f	1
进料量 F	1
回流比 R	1
进料组成 $Z_i(i=1,2,\cdots,c-1)$	$c-1$
进料温度 T_f	1
进料压力 p_f	1
各板的压力降 Δp_j	N
各板与环境的传热量 Q_j	$\frac{N}{c+5+2N}$

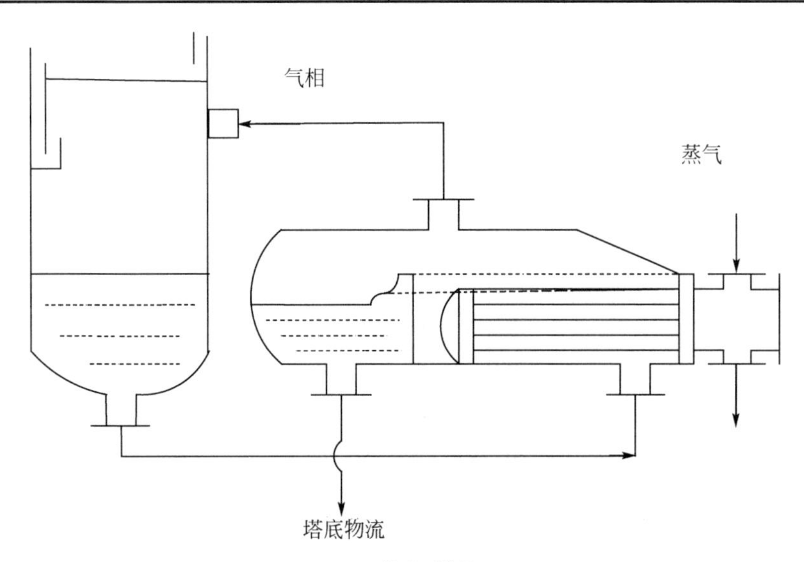

（a）釜式再沸器

图 6-2

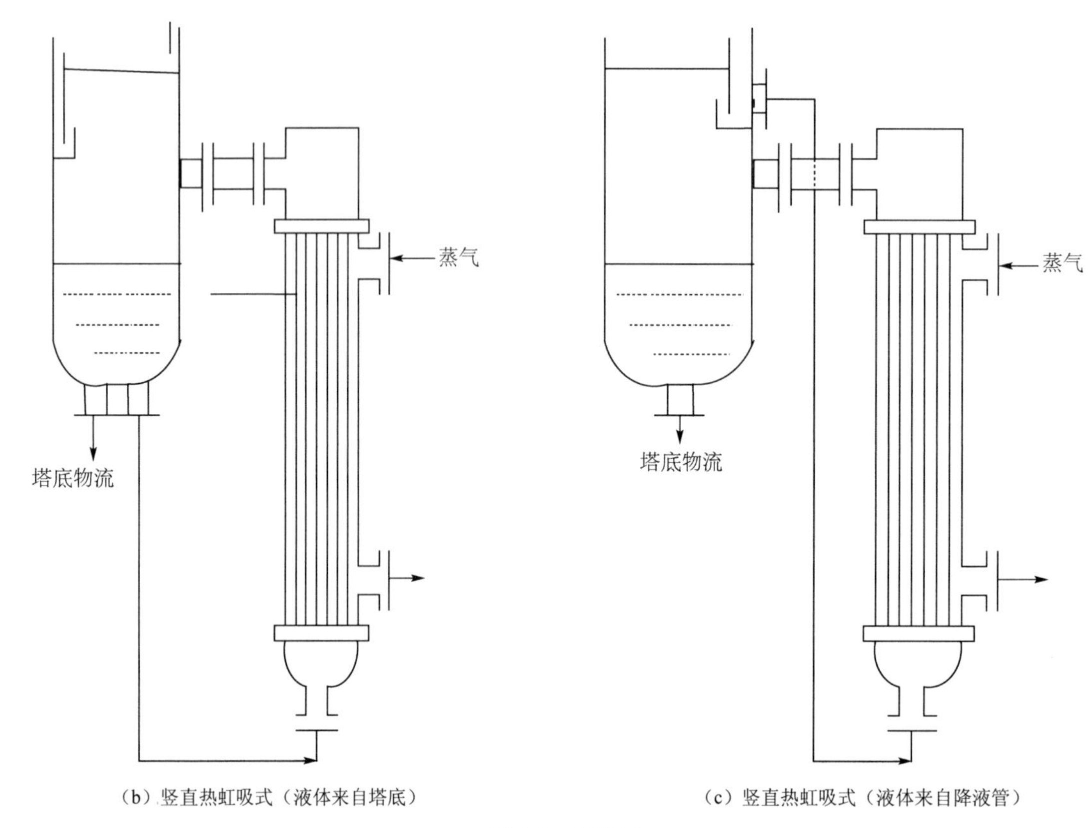

（b）竖直热虹吸式（液体来自塔底）　　（c）竖直热虹吸式（液体来自降液管）

图 6-2　再沸器

板式塔内的气-液相流动如图 6-3 所示，气体穿过塔板与从板面上横向流过的液体接触，发生物质传递，气体总体上轴向向上流动，液体宏观上在降液管里轴向向下流动，在塔板上横向流动。注意塔的总截面积等于中间活跃鼓泡面积与两边降液管面积之和。

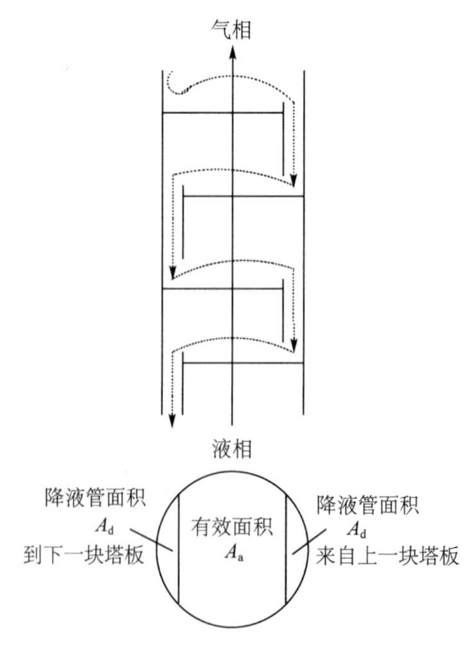

图 6-3　板式塔内气-液相流动

6.2 精馏塔操作压力估算和冷凝器类型确定

精馏塔操作压力估算和冷凝器类型确定可以参照图 6-4 所示的流程图进行。假设冷却水温度为 90℉，并且足以将塔顶蒸汽冷却到 120℉，计算塔顶产物在 120℉和已知（或估算）的组成下的泡点压力 p_D，如果该泡点压力小于 215psia（1.48MPa），塔顶可以采用全凝器（如果想得到气相塔顶产物也可以采用分凝器），如果该泡点压力小于 30psia，设定冷凝器压力为 30psia 以避免接近真空条件下的操作。如果该泡点压力大于 215psia，计算塔顶蒸汽在 120℉（或 49℃）下的露点压力，如果该露点压力小于 365psia（2.52MPa），采用分凝器；如果该露点压力大于 365psia，设定冷凝器的操作压力为 415psia 并且使用冷冻剂代替冷却水。冷凝器的压力一旦确定，令塔底压力等于塔顶压力加 10psia，再根据已知的或估算得到的塔底产物组成就可以计算出塔底产物的泡点温度，如果该塔底泡点温度超过了塔底产物的分解温度或临界温度，需要适当降低塔顶冷凝器压力，重新计算，直到塔底泡点温度小于塔底产物分解温度和临界温度。

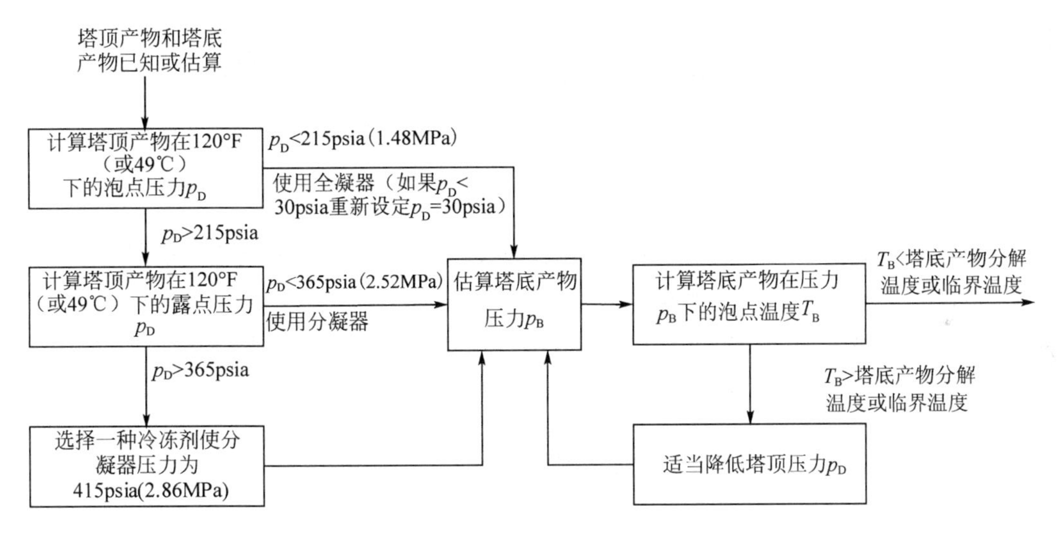

图 6-4 精馏塔操作压力估算和冷凝器类型确定

6.3 精馏塔直径计算

在精馏塔中，由于各种原因造成液相堆积超过其所处空间范围，称为液泛。液泛可分为降液管液泛、雾沫夹带液泛等。

降液管液泛是指降液管内的液相堆积至上一层塔板。造成降液管液泛的原因主要有降液管底隙高度较低、液相流量过大等。

雾沫夹带液泛是指塔板上开孔空间的气相流速达到一定速度，使得塔板上的液相伴随着上升的气相进入上一层塔板。造成雾沫夹带、液泛的原因主要是气相速率过大。

以上雾沫夹带液泛更常见，产生液泛时的操作状态称为液泛点。在设计精馏塔时，必须控制维持液泛率在一定的范围内以保证精馏塔的稳定运行，如果液泛严重而没有加以调控，会造成塔内充满液体，此谓淹塔。

出现液泛时，气液两相无法进行正常的传质，甚至出现轻重组分颠倒，若气相流量不变而塔板压降持续增加，预示液泛即将发生。具体表现在板式塔中下层塔板出现液泛时，不管是板式塔还是填料塔，都要停止或减少进料，降低塔釜温度（减少塔底加热蒸汽量），停止塔顶采出，进行全回流操作，使涌流到塔顶或上层的难挥发组分慢慢回到塔釜或塔下的正常位置。当生产不允许停止进料时，可将釜温控制在稍低于正常的操作温度下，加大塔顶采出量，减小回流比，但此时的采出质量变差。当塔压降恢复到正常值后，再将操作条件恢复正常。

产生液泛时的气相速度或连续相速率称为液泛速率，设计的气相操作速率必须小于液泛速率，二者比值称为接近液泛分率（flooding approaching fraction），接近液泛分率一般要取小于或等于 0.85。

以筛板塔为例说明塔径的计算方法。计算筛板塔中液泛速率的 Fair 关联式如下：

$$U_f = C\left(\frac{\rho_L - \rho_V}{\rho_V}\right)^{1/2} \tag{6-1}$$

式（6-1）是根据塔内液滴处于悬浮状态时所受重力、浮力和曳力平衡推导得出的，具体过程可参考 J.D.Seader,Ernest J. Henley.Separation Process Principles。北京：化学工业出版社，2002。

式中，$C = F_{ST}C_F$，表面张力因子 $F_{ST} = (\sigma / 20)^{0.2}$，表面张力 σ 单位取 dyne/cm；C_F 是 Fair 液泛容量因子，C_F 的值取决于板间距和流量参数 FP，FP 定义如下：

$$FP = \frac{L}{V}\left(\frac{\rho_V}{\rho_L}\right)^{1/2} \tag{6-2}$$

式中，L、V 分别是液相和气相质量流量；ρ_L、ρ_V 分别是液相和气相质量密度。

Fair 液泛容量因子 C_F 计算公式如下：

$$C_F = 0.0105 + 8.127 \times 10^{-4} (TS)^{0.755} \exp[-1.463(FP)^{0.842}] \tag{6-3}$$

式中，C_F 单位是 m/s；TS (Tray Spacing)表示板间距，mm。板间距一般取 610mm（=24in=2ft）。

如果接近液泛分率取 0.85，则气相速率按如下公式计算：

$$U = 0.85U_f \tag{6-4}$$

根据连续性方程，气体质量流量与气相速率的关系式如下：

$$V = UA\rho_V \tag{6-5}$$

式中，A 为气相流动的面积，它是指塔板的鼓泡面积，等于塔的总横截面积减去降液管面积。若降液管面积占塔的总横截面积的 10%，则剩下总横截面积的 90%即为鼓泡面积。因此式(6-6)成立：

$$A = 0.9\frac{\pi D^2}{4} \tag{6-6}$$

式中，D 为塔径。这样，对于给定的精馏塔的气相流量（代表精馏塔的气相负荷或气相处理能力）与塔径的关系式如下：

$$V = 0.9\frac{\pi D^2}{4}U\rho_V \tag{6-7}$$

则

$$D = \left[\frac{4V}{0.9\pi U\rho_V}\right]^{1/2} \tag{6-8}$$

另外，冷凝器的冷却水用量计算公式如下：

$$m_{cw} = \frac{Q_c}{C_p(T_{out} - T_{in})} \tag{6-9}$$

冷凝器的换热面积计算公式如下：

$$A_c = \frac{Q_c}{U_c(\Delta T_m)_c} \tag{6-10}$$

再沸器蒸汽用量计算公式如下：

$$m_{\text{steam}} = \frac{Q_R}{\Delta H_{\text{vap}}} \tag{6-11}$$

式中，ΔH_{vap} 为水蒸气的蒸发潜热。

再沸器换热面积计算公式如下：

$$A_R = \frac{Q_R}{\text{Heat} \cdot \text{flux}} \tag{6-12}$$

其 Heat · flux 为单位面积的传热速率，需要控制在临界值以下以使传热过程为核状沸腾。以上计算塔径所需的液相和气相质量流量 L 和 V 、液相和气相质量密度 ρ_L 和 ρ_V 以及表面表面张力 σ 等一般选取精馏塔第一块塔板上流动条件下的参数值，采用第一块板参数计算的塔径为设计塔径；但化工流程模拟软件 Aspen Plus 对每一块塔板条件对应塔径都进行了计算，并取最大计算直径作为设计直径。如果计算得到塔的上部和下部直径相差大于 1ft，则进料上方和下方采用不同的直径更经济。

假设实际塔板数为 N，则塔高 H 计算式为：$H = (N-1) \times TS$ +塔顶气相空间（4ft，1ft=0.3048m）+塔底水库高度（10ft），此所谓切线对切线(tangent to tangent)高度。

6.4 精馏塔全塔效率计算

精馏塔效率是塔板设计、流体性质和流动方式的复杂函数。在烃类的吸收和汽提中，液相中通常富含重组分，因此液相黏度较高、传质速率较小，导致板效率较低，通常小于 50%；而对于二元精馏，特别是对于沸点接近的二元组分分离，液相黏度低，如果精馏塔设计和操作条件合理，板效率常常高于 70%，对于大直径的精馏塔，由于存在错流效应，板效率甚至可能高于 100%。

由于离开同一块塔板的气液两项通常并未达到平衡，因此假设精馏塔中各个平衡级达到气液平衡而计算出的理论塔板数 N_t 并不能完成规定的分离要求，完成分离要求的实际塔板数 N_a 必须大于理论塔板数 N_t，全塔效率 E_o 定义如下：

$$E_o = \frac{N_t}{N_a} \tag{6-13}$$

全塔效率可以由如下四种方法估测：与工业上相同或类似的实际操作的精馏塔比较获得；使用从工业塔数据拟合得到的经验效率模型得到；使用传热传质速率的半理论模型得到或实验塔或中试塔的数据放大获得。下面介绍从工业塔数据拟合得到的经验效率模型。

Drickamer 和 Bradford 基于 41 组用于分离烃类混合物（包括若干组水和互溶有机混合物）的泡罩塔和筛板塔性能数据，得到分离两个关键组分的全塔效率与进料液相黏度的关联式如下：

$$E_o = 13.3 - 66.8 \lg \mu \tag{6-14}$$

式中，E_o 为百分数；μ 为进料在平均塔温下进料摩尔平均液相黏度，cP。以上拟合公式的数据范围是：温度 157～420℉，压力 14.7～366psia，液相黏度 0.066～0.355cP，全塔效率 41%～88%，数据拟合的平均偏差和最大偏差分别是 5.0%～13.0%。式（6-13）一般只能用于以上参数范围内的计算，物系也主要针对烃类混合物。

O'Connell 发现以上 Drickamer 和 Bradford 的关联式不适合用来关联相对挥发度很大的关键组分的分馏（这是因为组分挥发性跨度很大时，液相传质阻力和气相传质阻力的相对重要性会发生改变，传质效率不再是液相黏度的单值函数）。O'Connell 分别对精馏塔、吸收塔及汽提塔的总效率进行了关联，关联图中以黏度-挥发度乘积为横坐标，全塔效率为纵坐标，而 Lockhart and Leggett 则在一张图上关联了精馏塔和吸收塔全塔效率，横坐标为黏度-挥发度的乘积，对于精馏塔，挥发度采用关键组分的相对挥发度，对于烃类物质的吸收塔，挥发度取所选关键组分的气液平衡常数 K_{key} 的 10 倍作为计算值，关键组分必须是在塔底塔顶合理分配的组分。Lockhart and Leggett 版的 O'Connell 全塔效率关联如图 6-5 所示。

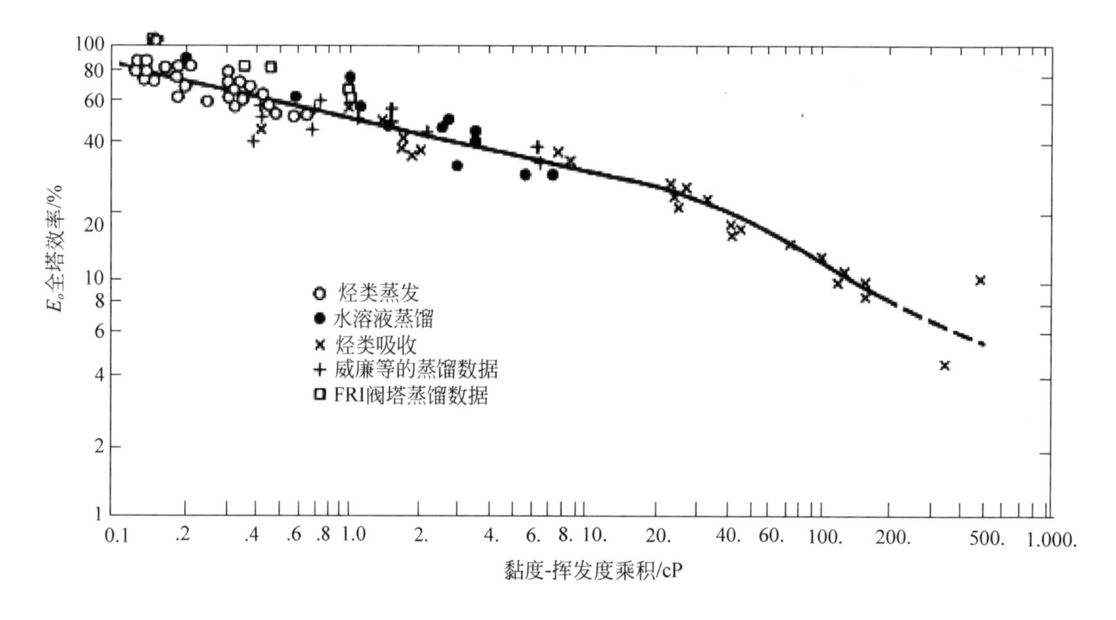

图 6-5　Lockhart and Leggett 版的精馏塔、吸收塔和汽提塔 O'Connell 全塔效率

采用图 6-5 中精馏数据可以拟合得到 O'Connell 关联经验方程：

$$E_o = 50.3(\alpha\mu)^{-0.226} \tag{6-15}$$

式中，E_o 为百分数；μ 为在平均塔温下进料摩尔平均液相黏度，cP；α 为关键组分在塔平均操作条件下的相对挥发度。注意以上公式的适用范围是 $\alpha\mu$ 乘积要小于 10cP。图 6-5 中的拟合数据大多数取自液体在塔板活跃鼓泡区域的流程为 2～3ft，对于更长流程的大直径塔，效率往往更高，这是因为对于较短的流程，液体在流程上基本上是完全混合，而对于较长流程，相当于有若干个完全混合的液体区串联存在，这样传质推动力更大，造成效率更高，甚至大于 100%。但是，当塔中液体流量很大时，大的液体流程是不利的，因为这样容易导致过大的水力学梯度，如果板上进口液体高度明显高于出口溢流堰处的液体高度，气相会优先从溢流堰处进入塔板，导致不均匀的鼓泡行为。可以采用多流型的塔板设计来克服液体梯度。

只要黏度挥发度乘积在 0.1～1cP 之间，对于更长流程的塔的效率，推荐在以上关联图或关联式估算的效率基础上增加一定的百分数，液体流程的长度为 4ft、5ft、6ft、8ft、10ft、15ft 时，对应效率增加的百分数分别是 10%、15%、20%、23%、25%、27%。

6.5 精馏塔简捷法设计

采用化工流程模拟软件 Aspen Plus 的 DSTWU(DiSTillation Shortcut Design by Winn-Underwood Correlation)模块，可以对精馏塔进行初步设计。给定进料条件，规定分离要求，再规定部分操作条件（如回流比），就可以得到分离要求所需要的理论板数、最佳进料位置和塔顶塔底热负荷等信息，下面通过示例详细说明设计操作过程。

【例 6-1】 现有总流量 100kmol/hr 的甲醇和水混合物，其中甲醇和水的摩尔比为 1∶1，温度 25℃，压力 1atm。设计一个常压精馏塔分离该混合物，要求塔顶甲醇产物的摩尔分数达到 99.5%，塔底产物水的摩尔分数达到 99.8%。

解：因为采用 DSTWU 模块进行设计时，要求分别输入轻、重关键组分在塔顶产物中的回收率，而题目中给的分离要求是塔顶和塔底产物的浓度要求，因此首先要作一个简单的物料衡算，算出塔顶产物流量 D 和塔底产物流量 B，然后计算轻、重关键组分在塔顶产物中的回收率。

对于稳态过程，以下方程成立：

总物料恒算：
$$D+B=100 \tag{6-16}$$

甲醇衡算：
$$D\times 0.995+B\times 0.002=50 \tag{6-17}$$

联立得到：D=50.15106kmol/hr，B=49.84894 kmol/hr

轻关键组分甲醇在塔顶的回收率：

$$\eta_{\text{methanol}}=\frac{\text{塔顶甲醇流量}}{\text{进料甲醇流量}}=\frac{D\times 0.995}{50}=0.998 \tag{6-18}$$

重关键组分水在塔顶的回收率：

$$\eta_{\text{water}}=\frac{\text{塔顶水流量}}{\text{进料水流量}}=\frac{D\times 0.005}{50}=0.005 \tag{6-19}$$

启动 Aspen Plus，从流程模拟窗口下端点击 Columns，点击左端的 DSTWU 模块，移动光标到窗口空白处的适当位置，点击左键，再点击左下角的 Material STREAMS，绘制进口物流和塔顶及塔底出口物流，分别重新命名为 FEED、DISTIL 和 BOTTOMS。并将默认模块名称 B1 改为 DSTWU，将文件另存为 Example6-1，扩展名选 bkp，结果如图 6-6 所示。流程图连接好以后，点击 N→，进入数据浏览界面。在 Setup→Specifications→Global→Title 里输入 E6-1，在 Setup→Specifications→Accounting 对应表格的 User name 里填写 WANG JUN，在 Account Number 里填写 123。在 Setup→Report Options→Streams 下勾选想要的流量基准和分率基准（摩尔和质量）。然后按照红色标记提示，依次定义组分甲醇和水（CH_4O、H_2O）；选择物性模型 NRTL（非随机双流体）计算液相活度系数，对应气相性质采用理想气体方程计算；输入进料 FEED 条件 25℃，1atm，甲醇和水的流量 50kmol/hr。然后双击 Blocks，再双击下面的 DSTWU，在 Blocks→DSTWU→Input→Specifications 对应窗口（如图 6-7 所示）输入简捷设计模块 DSTWU 的输入规定。在 Column specifications 中选择 Reflux ratio（回流比），这里输入−1.3，表示回流比取最小回流比的 1.3 倍（对于较容易分离组分，即关键组分相对挥发度大于 1.25，回流比可取为最小回流比的 1.3 倍，对于较难分离组分，如相对挥发度小于 1.2，可取为最小回流比的 1.1 倍），这里如果输入的是正数如 2，则表示回流比取 2。冷凝器和再沸器压力均设为 1atm。在 Key component recoveries（关键组分回收率）下的轻关键组分选 CH_4O，回收率填写 0.998，重关键组分选 H_2O，回收率填写 0.005。在 Condenser specifications 栏选择默认的全凝器，塔顶甲醇全部冷凝为液体。

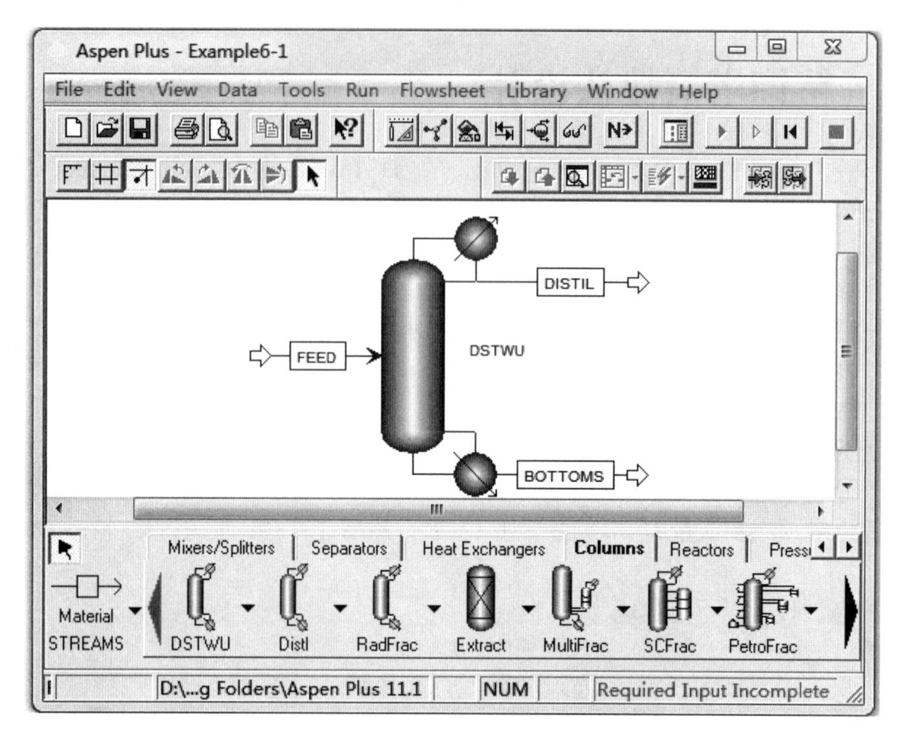

图 6-6　例 6-1 粗甲醇脱水精馏塔设计流程图

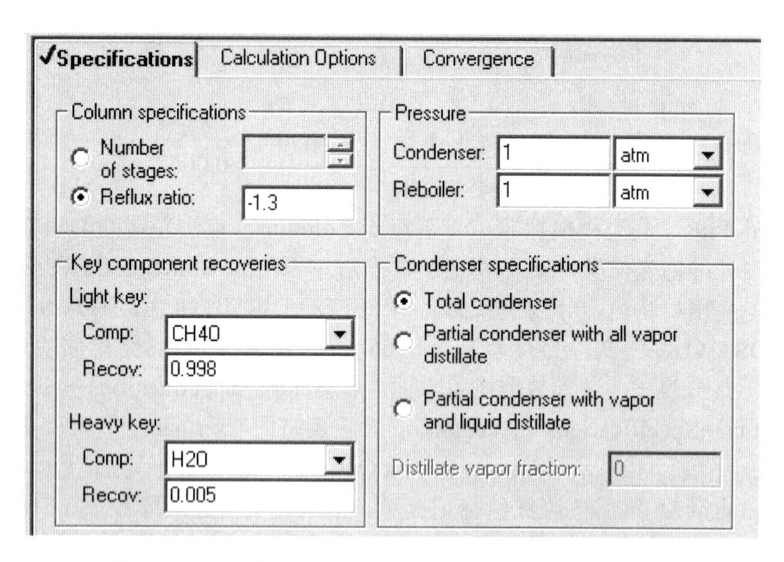

图 6-7　例 6-1 粗甲醇脱水精馏塔设计 DSTWU 模块规定

模块输入结束后，按 F7 进入控制面板，再按 F5 开始运算，运算结束后，按 F7 回到数据浏览界面，切入 Results 状态，在 Blocks→DSTWU→Results→Summary 中，设计计算结果如图 6-8 所示。从中可以找到实际回流比为 0.68221449（第二行），实际理论板数为 18.9775468（取 19，第四行），进料位置为 12.6380555（取 13，第五行），塔顶采出产物与进料比为 0.5015（第十一行），同时还给出了最小回流比、最小理论板数、塔顶塔底热负荷以及塔顶塔底温度等信息。物流结果总结如图 6-9 所示，可见塔顶甲醇的摩尔分数与塔底水的摩尔分数均满足题目给定的要求。

Summary	Balance	Reflux Ratio Profile

Results

Minimum reflux ratio:	0.52478037	
Actual reflux ratio:	0.68221449	
Minimum number of stages:	8.77791704	
Number of actual stages:	18.9775468	
Feed stage:	12.6380555	
Number of actual stages above feed:	11.6380555	
Reboiler heating required:	0.84424822	MMkcal/hr
Condenser cooling required:	0.71090952	MMkcal/hr
Distillate temperature:	64.6105378	C
Bottom temperature:	99.6291174	C
Distillate to feed fraction:	0.5015	
HETP:		

图 6-8　例 6-1 粗甲醇脱水精馏塔设计 DSTWU 计算结果总结

Material | Heat | Load | Work | Vol.% Curves | Wt. % Curves | Petro. Curves | Poly. Curves

Display: Streams　Format: GEN_M　Stream Table

	FEED	DISTIL	BOTTOMS	
Temperature C	25.0	64.6	99.6	
Pressure bar	1.013	1.013	1.013	
Vapor Frac	0.000	0.000	0.000	
Mole Flow kmol/hr	100.000	50.150	49.850	
Mass Flow kg/hr	2502.872	1603.408	899.464	
Volume Flow cum/hr	2.940	2.141	0.981	
Enthalpy MMkcal/hr	-6.277	-2.809	-3.334	
Mass Flow kg/hr				
CH4O	1602.108	1598.904	3.204	
H2O	900.764	4.504	896.260	
Mass Frac				
CH4O	0.640	0.997	0.004	
H2O	0.360	0.003	0.996	
Mole Flow kmol/hr				
CH4O	50.000	49.900	0.100	
H2O	50.000	0.250	49.750	
Mole Frac				
CH4O	0.500	0.995	0.002	
H2O	0.500	0.005	0.998	

图 6-9　例 6-1 粗甲醇脱水精馏塔设计 DSTWU 计算物流结果

如果将例 6-1 中的组分甲醇替换为乙醇，其他条件不变，此时若用 DSTWU 模块进行设计，软件控制面板会提示错误，这是因为在 1atm 下，乙醇-水会形成恒沸物，其中乙醇摩尔分数约为 89%，所以对于等摩尔比的乙醇-水混合物，采用一个简单塔分离，塔顶产物乙醇摩尔分数不可能超过 89%（对应质量分数约 95.4%），如图 6-11 所示乙醇-水混合物在 1atm 下的气-液平衡相图所示；而图 6-10 所示甲醇-水混合物没有恒沸物形成，所以采用一个简单塔可以将甲醇和水的混合物分离成较为纯净的两个组分。

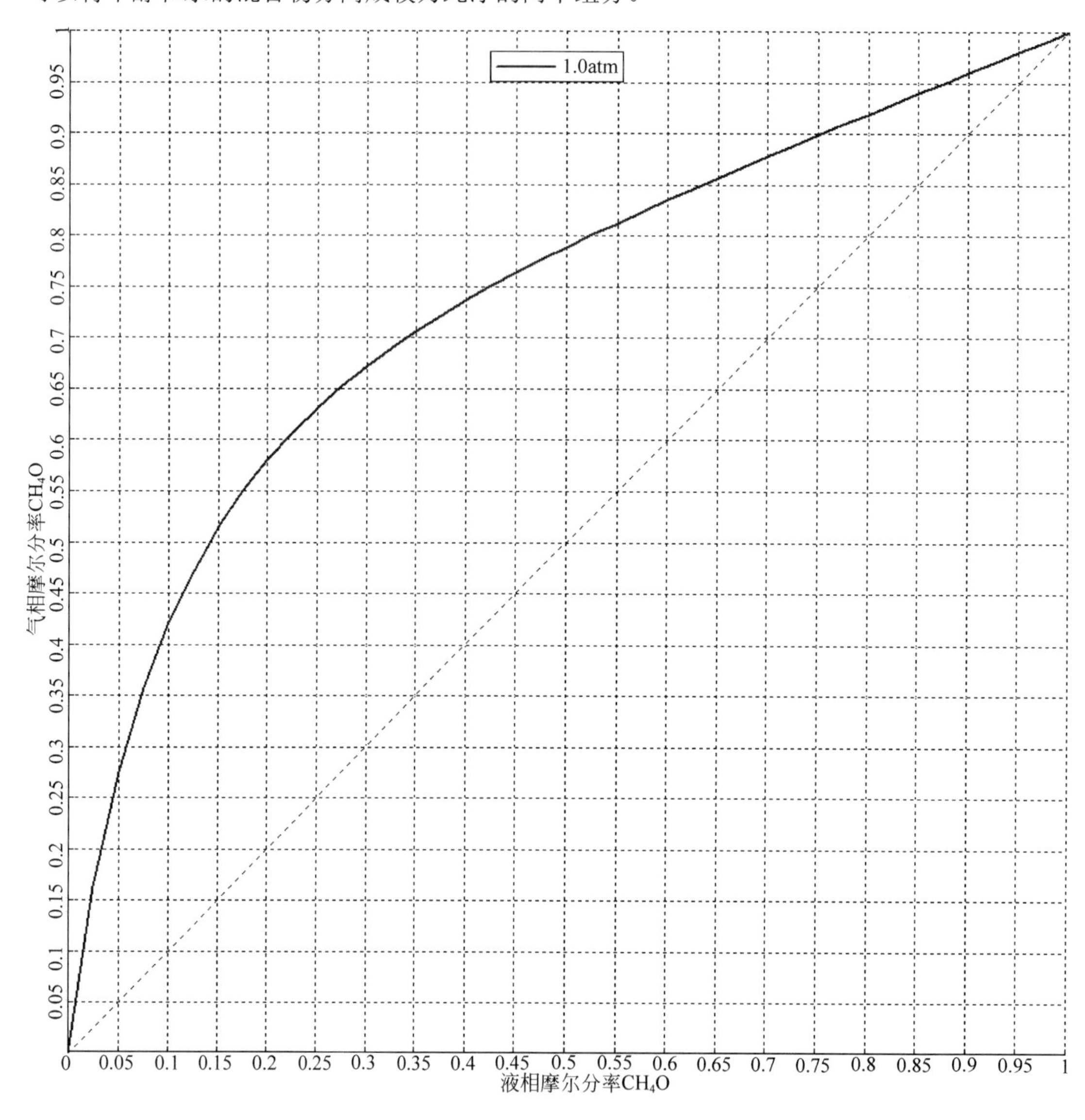

图 6-10　甲醇-水混合物在 1atm 下的气-液平衡相图（*y-x*）

对于乙醇摩尔分数在 89%以下，且偏离 89%较远的乙醇和水的混合物（如等摩尔比的混合物），可以先采用一个简单塔将混合物分离为较为纯净的塔底产物水和接近恒沸物组成的塔顶产物，这个简单塔一般称作预浓缩塔，塔顶产物再用强化精馏（如萃取精馏、恒沸精馏或变压精馏等）方法分离出较为纯净的乙醇产物。因此，要设计一个乙醇-水等摩尔比混合物的预浓缩塔，就要对塔顶产品中乙醇的摩尔分数的分离要求值加以改变，该值必须小于 89%。现在假设塔顶产物中乙醇的摩尔分数分别取 0.7～0.87，如表 6-2 第一栏所示，而相应塔底产物中水的摩尔分数仍然规定为 99.8%。采用如式（6-16）～式（6-19）所示的公式计算乙醇和水在塔顶的回收率（注意将计算式中的 0.995 作相应替换），结果如表 6-2 第二、三栏所示。分别采用 DSTWU 设计得到主要结果参数实际回流比、实际理论板数、进料位置和塔顶产品采出率以及塔顶塔底热负荷如表 6-2 第四～九栏所示。

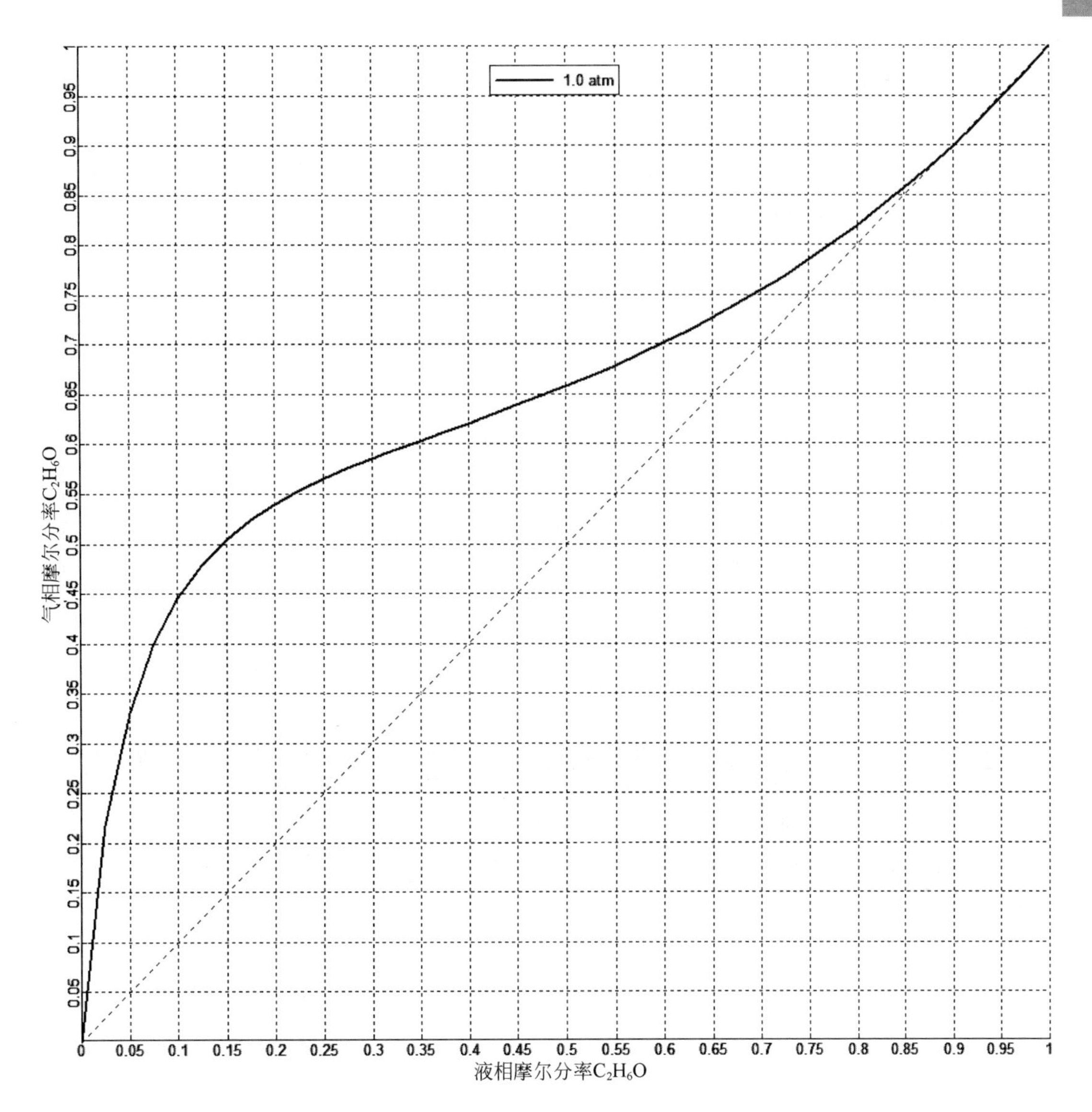

图 6-11　乙醇-水混合物在 1atm 下的气-液平衡相图（y-x）

表 6-2　乙醇-水混合物预浓缩塔计算结果

$x_{ETHANOL,D}$	$\eta_{ETHANOL,D}$	$\eta_{WATER,D}$	R_{actual}	N_{actual}	F_{stage}	D/F	Q_R /MW	Q_C /MW
0.7	0.99885	0.42808	0.13	36	13	0.7134	1.07	−0.90
0.8	0.9985	0.24962	0.13	77	41	0.6240	0.95	−0.77
0.83	0.99841	0.20449	0.088	150	88	0.6014	0.90	−0.72
0.85	0.99835	0.17618	0.195	135	84	0.5872	0.95	0.77
0.87	0.99829	0.14917	0.303	201	133	0.5737	0.99	0.81
0.87	0.99829	0.14917	2	93	62	0.5737	2.06	1.88

由于乙醇-水体系具有很强的非理想性，当 $x_{ETHANOL,D}$ 取 0.7 和 0.8 的时候，计算的最小回流比小于 0，Aspen Plus 自动将最小回流比重新调整为 0.1 后进行计算，所以这两种情况的实际回流比都是 0.13。

6.6 精馏塔严格模拟

【例 6-2】 例 6-1 采用简捷设计模块 DSTWU 设计计算得到的设计结果如图 6-8 所示，完成给定分离任务所需要的实际理论板数为 19，最佳进料位置为 13，实际回流比为 0.68，塔顶产品采出率为 0.5015，塔顶塔底温度分别为 64.6℃和 99.6℃。采用 Aspen Plus 中的 RadFrac(RAting of Distillation and FRACtionation Columns)模块对该塔进行严格模拟计算，查看设计是否达到分离要求，如果没有达到分离要求，通过改变操作条件（如增大回流比等）使精馏塔满足分离要求。

解： 打开例 6-1 中的 Aspen Plus 模拟文件 Example6-1.bkp。点击流程图中的 DSTWU 模块（选中该模块），如图 6-12 所示，点击右键，在弹出的菜单中点击 Delete Block，在弹出的小窗口中点击 OK 确认，得到如图 6-13 所示的结果。点击窗口下端模型库中的 Columns，点击其中的 RadFrac 模块，移动鼠标到窗口中原先 DSTWU 的位置，点击一次，RadFrac 模块出现在窗口中，将默认名称 B1 用 Rename Block 命令改为 RADFRAC1 并拖到适当位置，结果如图 6-14 所示（如果窗口下端模块图标不出现，可以按 F10 使模型图标显示在下方）。最后用前面介绍的 Reconnect Destination 和 Reconnect Source 命令将原来的进料物流 FEED 和出料物流 DISTIL 及 BOTTOMS 连接到 RadFrac 模块的进口和出口，结果如图 6-15 所示，另存为 Example6-2.bkp。

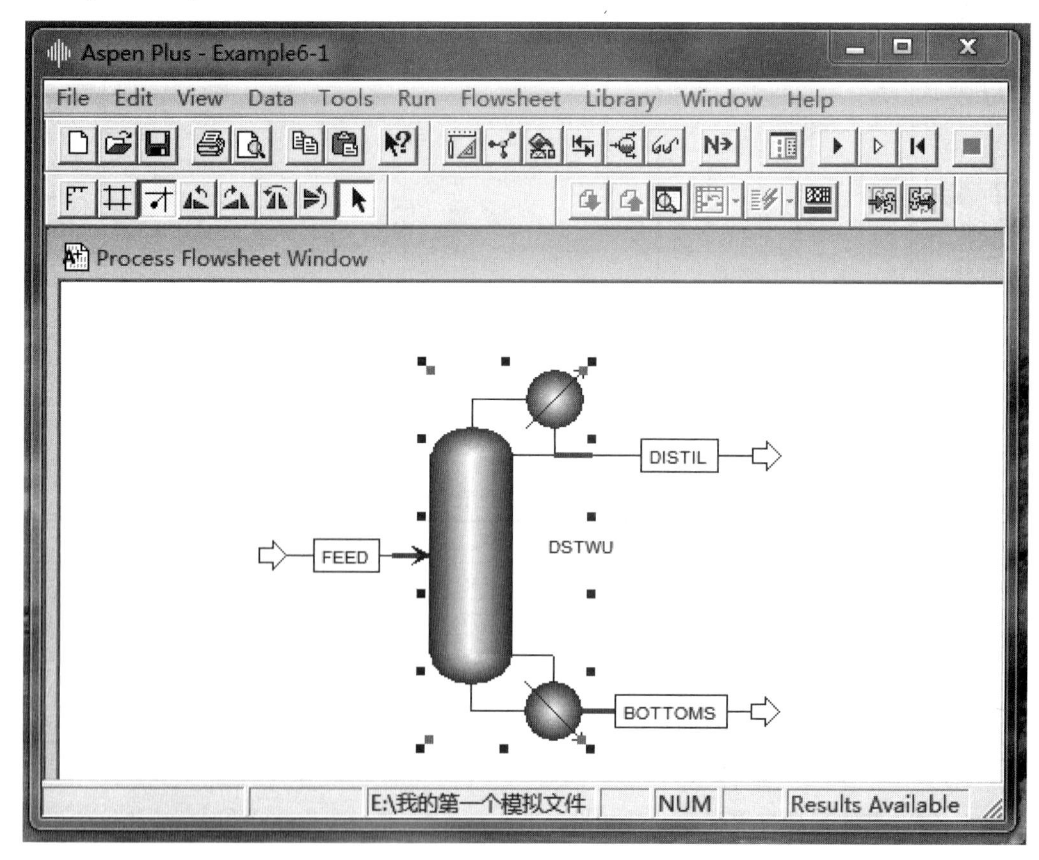

图 6-12 例 6-2 选中模块图标

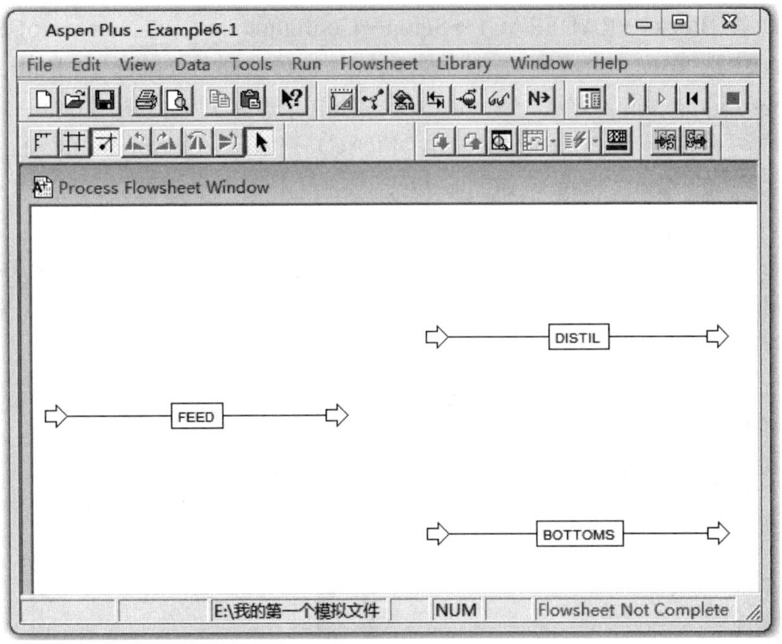

图 6-13　例 6-2 删除选中的模块图标

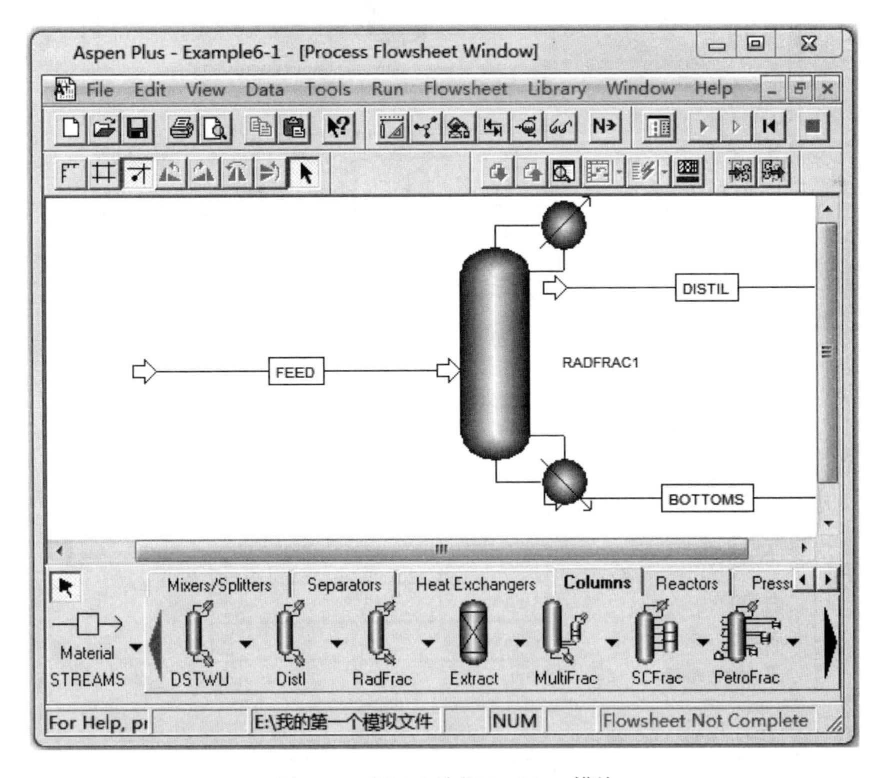

图 6-14　例 6-2 选择 RadFrac 模块

点击窗口顶部的 Data 按钮，进入数据浏览窗口（或点击窗口顶部的 N→按钮进入数据浏览窗口），此时数据浏览窗口中只有 Blocks 项有红色提示，需要重新输入 RadFrac 模块规定（其他如组分、物性和物流等各项均与与原先的 DSTWU 一样，不用重新输入或修改），打开

RadFrac 模块，在 Blocks→RADFRAC1→Setup→Configuration 中的 Number of Stages 中填写 19，Condenser 中选 Total（全凝器），其他各项选默认项，即 Reboiler 为 Kettle（釜式），有效相态为 Vapor-Liquid，收敛方法为 Standard。操作规定摩尔回流比填写 0.68，塔顶采出率写 0.5015，结果如图 6-16 所示。在 Blocks→RADFRAC1→Setup→Streams 中的 Stage 栏输入 13，进料方式采用默认的 Above Stage，如图 6-17 所示。点击下一个红色提示项目 Pressure（或点击 N→按钮），出现如图 6-18 所示的塔压力输入表格。在 View 选择窗口中有 Top/Bottom、Pressure profile 和 Section pressure drop 三种规定压力的方法，选择默认的 Top/Bottom 方式，在 Stage1/condenser pressure:后填写 1，单位选择 atm，下面两个可选项不填，则表示全塔压力取 1atm。

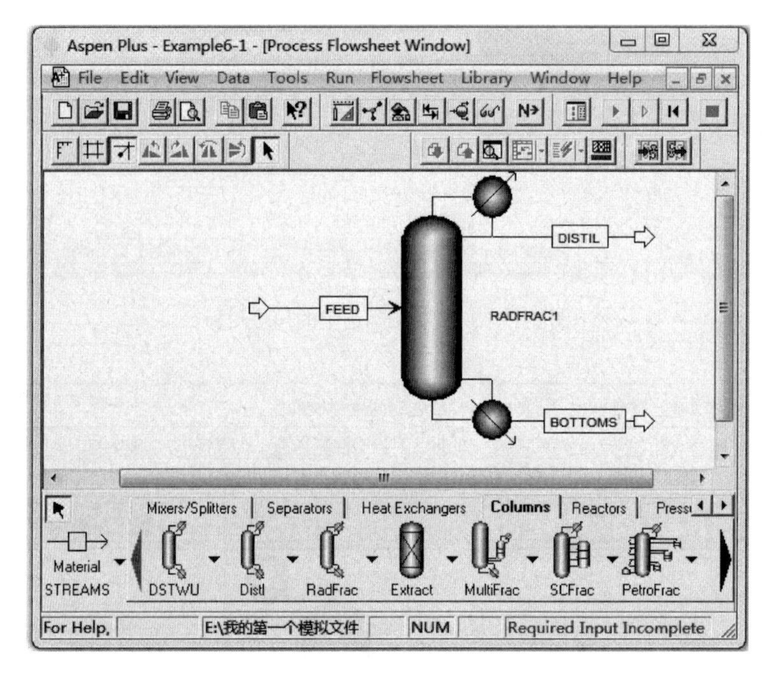

图 6-15　例 6-2 物流与 RadFrac 模块重新连接

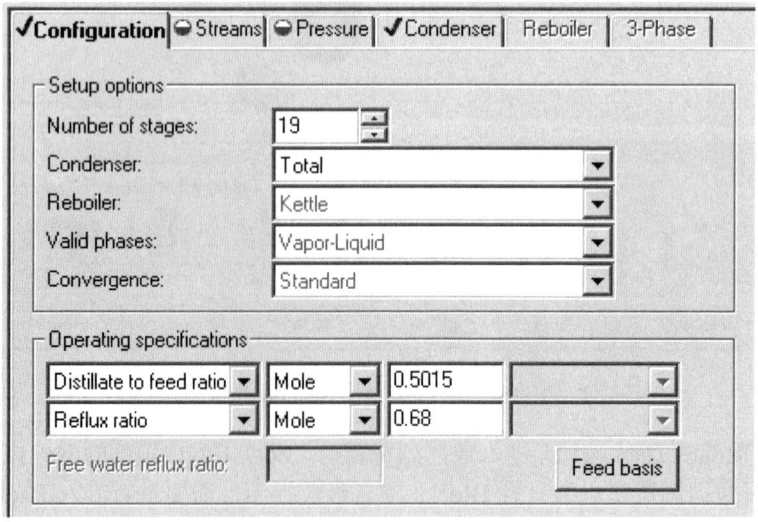

Configuration | Streams | Pressure | Condenser | Reboiler | 3-Phase

Setup options
Number of stages: 19
Condenser: Total
Reboiler: Kettle
Valid phases: Vapor-Liquid
Convergence: Standard

Operating specifications
Distillate to feed ratio | Mole | 0.5015
Reflux ratio | Mole | 0.68
Free water reflux ratio:
Feed basis

图 6-16　例 6-2 RadFrac 模块构型输入

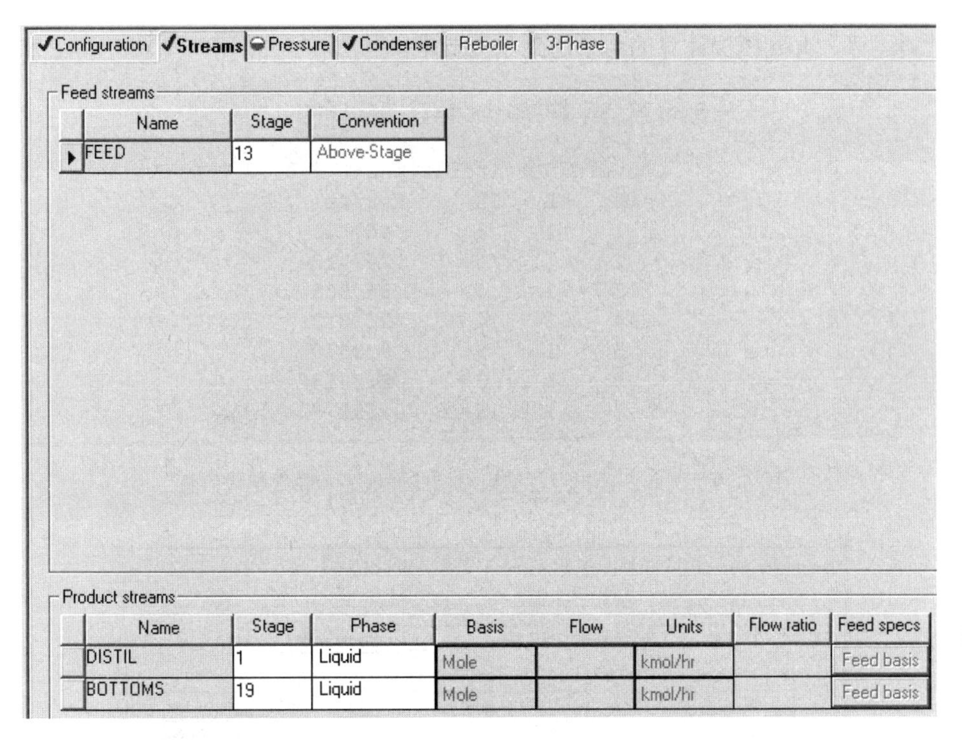

图 6-17 例 6-2 RadFrac 模块进料物流位置输入

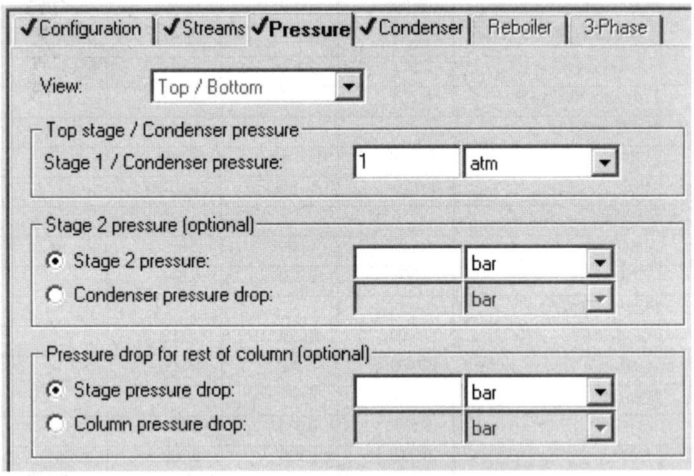

图 6-18 例 6-2 RadFrac 模块压力规定

至此，输入完毕可以开始运算。按 F7 切换到控制面板，按 F5 开始运算，结束后控制面板上显示如图 6-19 所示的收敛迭代信息。其中 OL(Out Loop)为热力学计算；ML(Middle Loop)为设计规定计算（此例没有设计规定），IL(Inner Loop)为逐板质量和能量衡算，Err/Tol 是本次迭代计算误差与容差的比，当该比值小于 1 时，迭代计算结束。

按 F7 回到数据浏览窗口，选择 Results 切换到结果页面状态，在 Results Summary→Streams→Material 窗口中，选择进料 FEED 在第二栏显示，塔顶和塔底产物分别在第三、第四栏显示，结果如图 6-20 所示，可以看到塔顶产物中甲醇摩尔分率为 0.965，塔底产物中水的摩尔分率为 0.968，均未达到题目给定的分离要求，因此需要调整操作参数（如加大回流比

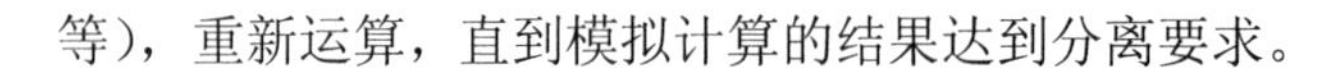

等），重新运算，直到模拟计算的结果达到分离要求。

```
Block: RADFRAC1 Model: RADFRAC

    Convergence iterations:
      OL    ML    IL      Err/Tol
       1     1     6       427.35
       2     1     6       269.12
       3     1     4       96.885
       4     1     4       28.813
       5     1     3       9.8579
       6     1     3       2.2613
       7     1     3      0.69077
```

图 6-19　例 6-2 模拟运行结束后控制面板显示收敛迭代信息

Material | Heat | Load | Work | Vol.% Curves | Wt. % Curves | Petro. Curves | Poly. Curve

Display: Streams　Format: GEN_M　Stream Table

	FEED	DISTIL	BOTTOMS	
Temperature C	25.0	65.1	94.7	
Pressure bar	1.013	1.013	1.013	
Vapor Frac	0.000	0.000	0.000	
Mole Flow kmol/hr	100.000	50.150	49.850	
Mass Flow kg/hr	2502.872	1582.195	920.677	
Volume Flow cum/hr	2.940	2.108	1.014	
Enthalpy MMkcal/hr	-6.277	-2.827	-3.322	
Mass Flow kg/hr				
CH4O	1602.108	1550.446	51.662	
H2O	900.764	31.748	869.016	
Mass Frac				
CH4O	0.640	0.980	0.056	
H2O	0.360	0.020	0.944	
Mole Flow kmol/hr				
CH4O	50.000	48.388	1.612	
H2O	50.000	1.762	48.238	
Mole Frac				
CH4O	0.500	0.965	0.032	
H2O	0.500	0.035	0.968	

图 6-20　例 6-2 物流计算结果

如果保持其他输入条件不变，而回流比分别取 0.68、0.88 和 1.08 进行计算，计算结果列于表 6-3。可见，当回流比取 1.08 时，塔顶产物中甲醇摩尔分率和塔底产物中水的摩尔分率基本达到要求。

表 6-3　例 6-2 甲醇-水混合物分离在不同回流比下严格模拟结果

R_{actual}	N_{actual}	F_{stage}	D/F	$x_{\text{METHANOL,D}}$	$x_{\text{WATER,B}}$	Q_R /MW	Q_C /MW
0.68	19	13	0.5015	0.965	0.968	0.98	−0.83
0.88	19	13	0.5015	0.987	0.990	1.08	−0.92
1.08	19	13	0.5015	0.995	0.998	1.17	−1.02

6.7 精馏塔灵敏度分析和设计规定

为了快速方便地得到如表 6-3 所示的产物浓度等随操作变量回流比等变化而变化的情况，可以利用 Aspen Plus 里 Model Analysis Tools（模型分析工具）中的 Sensitivity(灵敏度分析)工具进行分析，下面予以介绍。

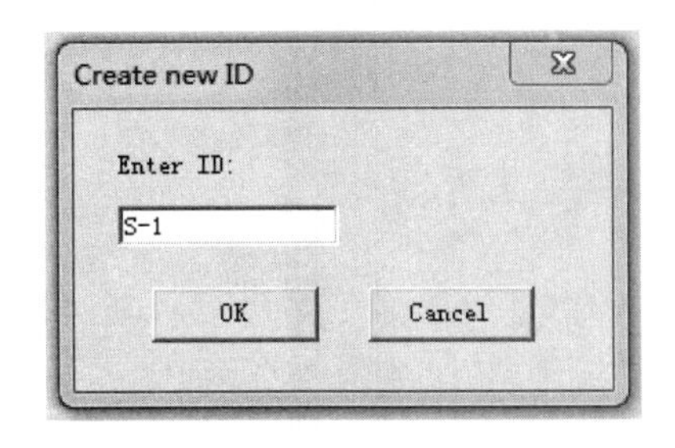

图 6-21 例 6-2 创建新建灵敏度分析名称

在输入状态下，双击数据浏览窗口左下的 Model Analysis Tools，再双击下面的 Sensitivity，窗口右栏出现带有 New 按钮的窗口，点击 New 按钮，弹出图 6-21 创建新建灵敏度分析名称菜单，采用默认的名称 S-1，点击 OK 确认，右栏转变为灵敏度分析 S-1 的 Define（定义因变量）、Vary（定义自变量及范围）Tabulate（规定作表变量）红色提示，下面逐项完成输入。

需要关心的第一个随着回流比变化的变量是塔顶甲醇浓度，在图 6-22 所示的窗口中 Flowsheet variable 下填写 XMETHA，表示塔顶甲醇摩尔分率，双击左端的黑色小三角形按钮，弹出图 6-23 所示的定义变量菜单，点击右栏参考类型（Reference Type）选择框中的黑色小三角形按

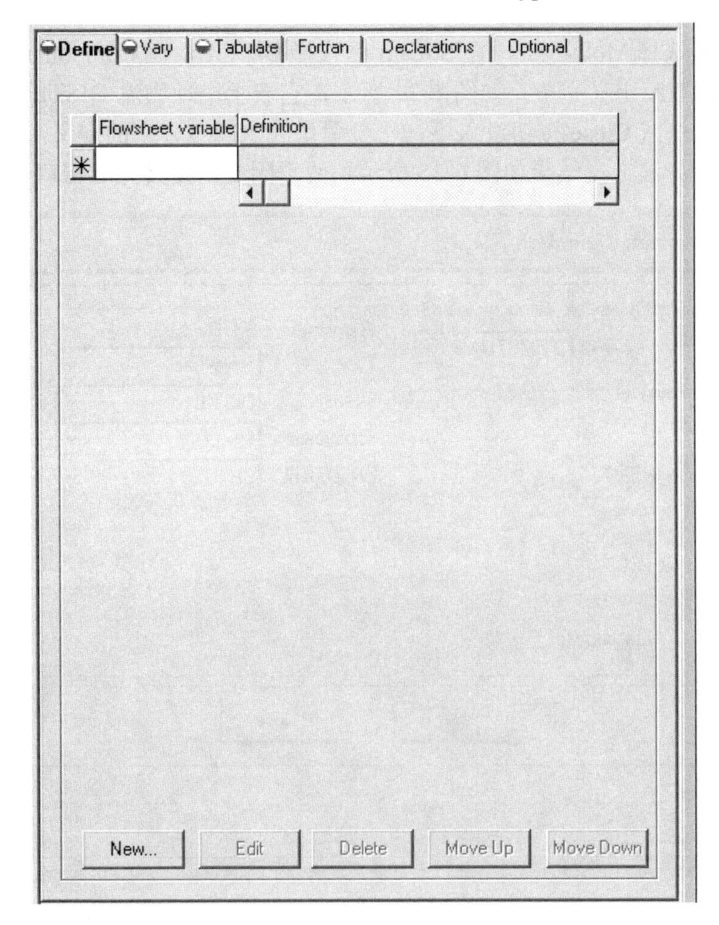

图 6-22 例 6-2 灵敏度分析定义因变量和自变量

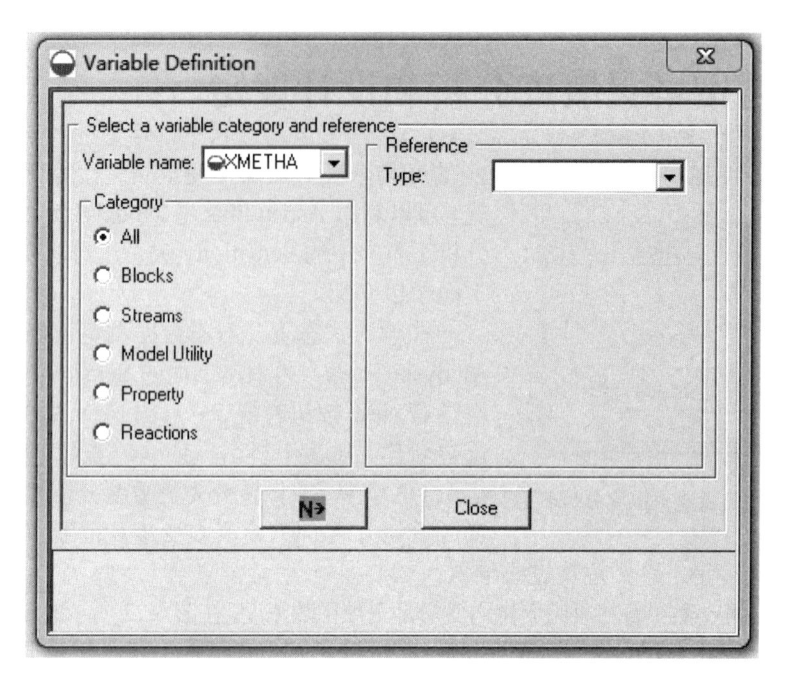

图 6-23　例 6-2 灵敏度分析定义因变量菜单

钮，在弹出的选项选择 Mole-Frac，在 Stream 后选择 DISTIL，在 Component 后选择 CH_4O。至此因变量 XMETHA 定义完毕，如图 6-24 所示，它表示塔顶物流 DISTIL 中组分 CH_4O 的摩尔分率，点击 N→或 Close 按钮进入下一个变量塔底水摩尔分率的定义，用符号 XWATER 表示，采用同样的方法定义结果如图 6-25 所示。两个因变量定义完成窗口如图 6-26 所示。

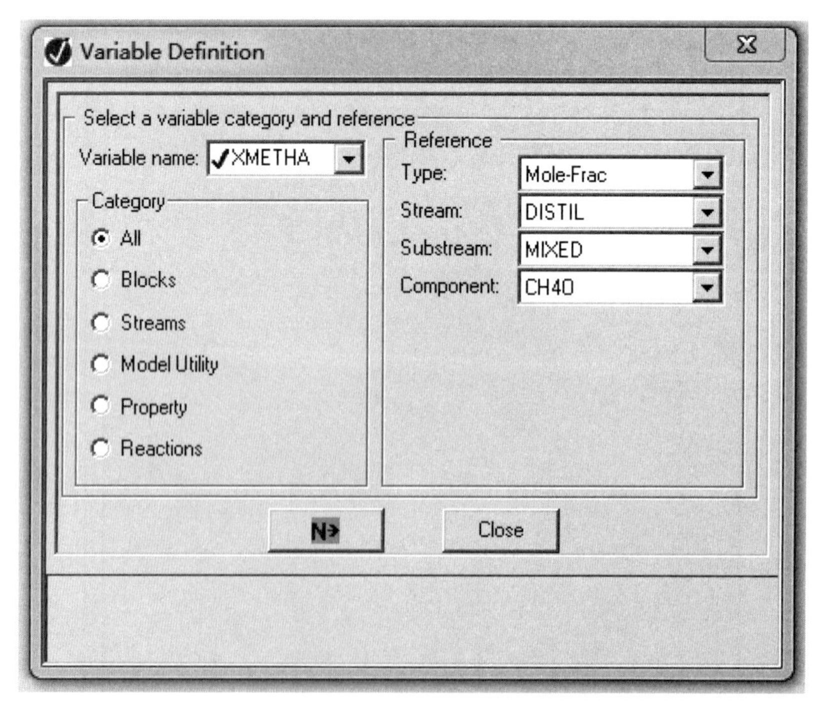

图 6-24　例 6-2 灵敏度分析定义因变量塔顶产物中甲醇摩尔分率 XMETHA

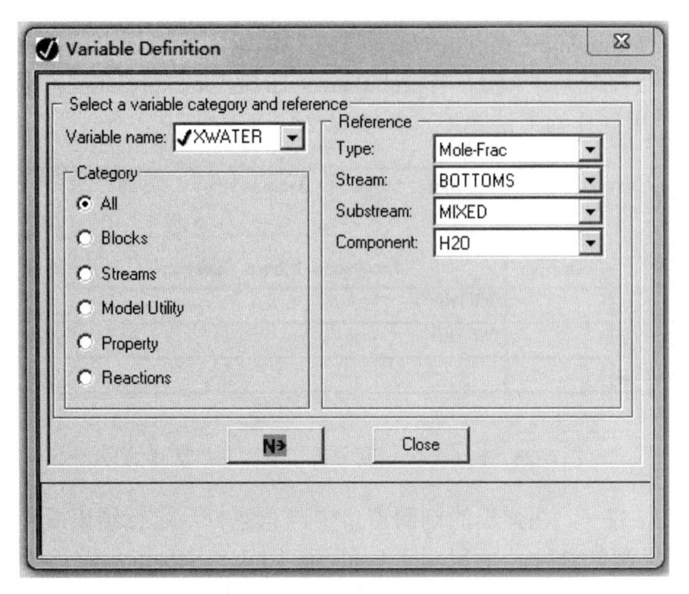

图 6-25　例 6-2 灵敏度分析定义因变量塔底产物中水摩尔分率 XWATER

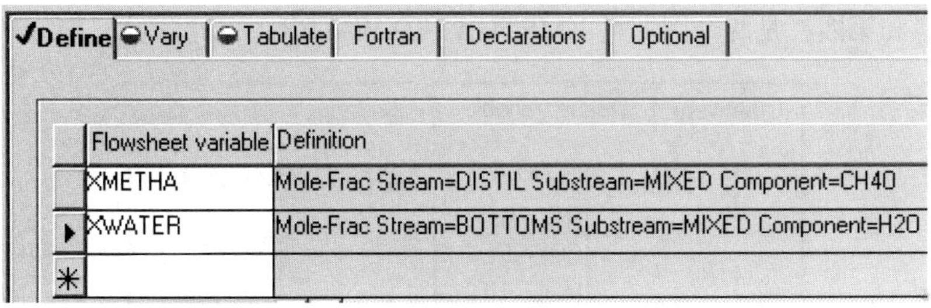

Flowsheet variable	Definition
XMETHA	Mole-Frac Stream=DISTIL Substream=MIXED Component=CH4O
XWATER	Mole-Frac Stream=BOTTOMS Substream=MIXED Component=H2O

图 6-26　例 6-2 灵敏度分析定义因变量 XMETHA 和 XWATER 完成局部窗口

点击红色提示的 Vary（或点击 N→）进入到自变量选择和变化范围规定窗口。在 Manipulated variable 下的 Type 中选择 Block-Var，Block 中选择 RADFRAC1，Variable 中选择 MOLE-RR（摩尔回流比），在右边的 Values for varied variables 下选择 Overall range 选项，规定下限为 0.68，上限为 2，在 Incr（增幅）中填写 0.1,结果如图 6-27 所示。

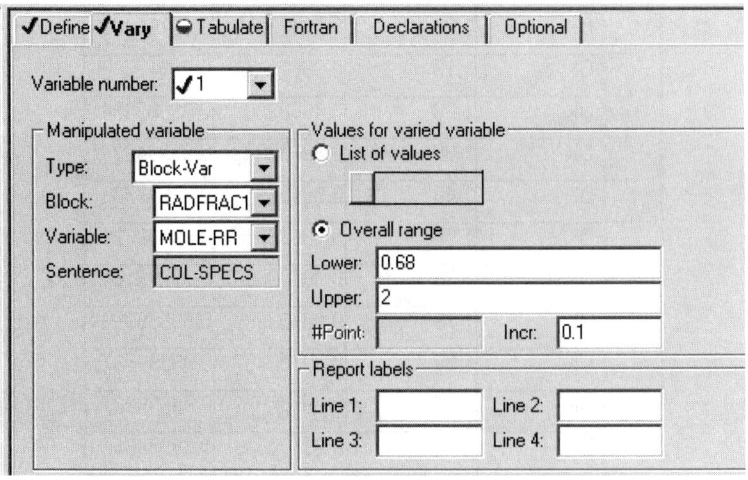

图 6-27　例 6-2 灵敏度分析选择自变量（回流比）并规定变化范围窗口

点击红色提示的 Tabulate（或点击 N→）进入到作表因变量规定填写窗口如图 6-28 所示，在 Column No.（栏目序号）下填 1，在 Tabulate variable or expression（作表变量或表达式）下填写 XMETHA；用同样的方法在下一行填写 2 和 XWATER。

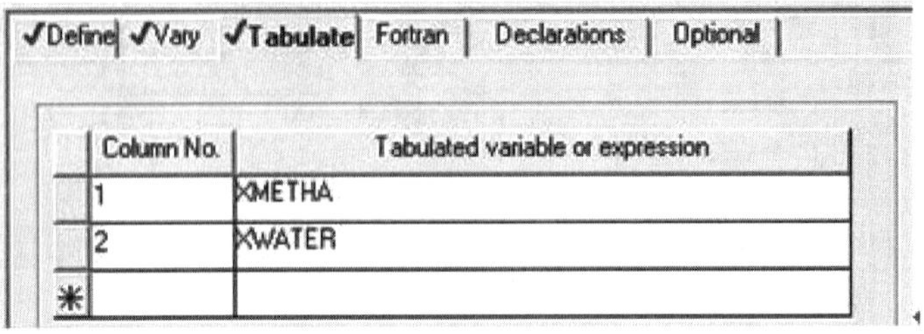

Column No.	Tabulated variable or expression
1	XMETHA
2	XWATER
*	

图 6-28　例 6-2 灵敏度分析作表因变量选择填写

填写完毕，点击 N→，在弹出的询问窗口中同意运行，运行结束后，按 F7 回到数据浏览窗口，切换到结果浏览窗口，在 Model Analysis Tools→Sensitivity→S-1→Results 对应右栏的 Summary 结果总结表如图 6-29 所示。由图 6-29 可见第一栏为计算状态栏，都显示 OK ，表示计算正常，第二栏显示自变量 1 是模块 RADFRAC1 塔规定摩尔回流比，取值范围从 0.68 到 2；第三栏和第四栏是两个因变量 XMETHA 和 XWATER。

Status	VARY 1 RADFRAC1 COL-SPEC MOLE-RR	XMETHA	XWATER
OK	0.68	0.9648762	0.96767385
OK	0.78	0.97853881	0.98141868
OK	0.88	0.98699497	0.98992573
OK	0.98	0.99186298	0.99482303
OK	1.08	0.99463758	0.99761433
OK	1.18	0.99619174	0.99917785
OK	1.28	0.99683337	0.99982334
OK	1.38	0.99695832	0.99994904
OK	1.48	0.9969865	0.99997739
OK	1.58	0.99699625	0.9999872
OK	1.68	0.99700066	0.99999164
OK	1.78	0.99700299	0.99999398
OK	1.88	0.99700437	0.99999537
OK	1.98	0.99700526	0.99999627
OK	2	0.99700539	0.9999964

图 6-29　例 6-2 灵敏度分析 S-1 结果总结表

点击选中自变量回流比所在的栏（该栏加黑），点击窗口顶部的 Plot（作图）按钮，在弹出的菜单中点击 X-axis variable，再点击同时选中因变量两栏（两栏同时变黑），点击 Plot，点击 Y-axis variable，再点击下面的 Display Plot，即显示出如图 6-30 所示的两个因变量塔顶甲醇摩尔分率和塔底水摩尔分率随着自变量摩尔回流比变化而变化的情况。从中均可以看出回流比达到 1.08 时基本满足分离要求。

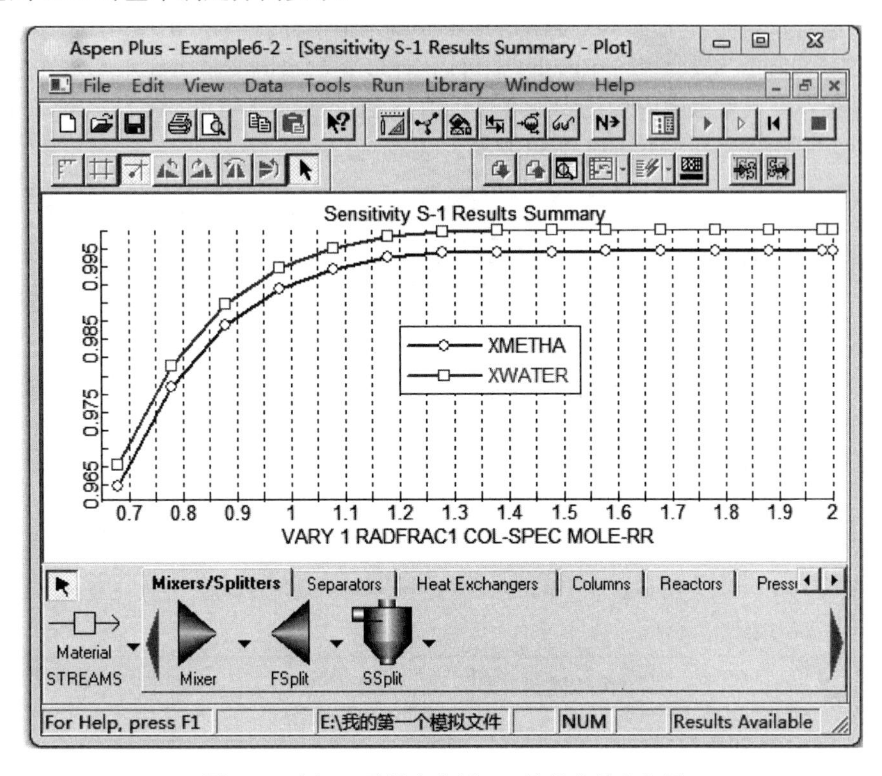

图 6-30　例 6-2 灵敏度分析 S-1 结果总结表作图

为了准确快速找到满足塔顶和塔底产品浓度要求的操作变量回流比的数值，可以利用 RadFrac 模块的设计规定完成。在 Blocks→RADFRAC1 下可以看到 Design Specs（设计规定）和 Vary 两个子菜单，Design Specs 用来定义因变量并规定因变量的目标值，Vary 用来定义调整变量（自变量）并规定其取值范围。点击 Design Specs，在右栏出现的窗口点击 New 按钮，出现如图 6-31 所示的对话框，点击 OK 进入如图 6-32 所示的定义因变量窗口，在 Type 后选择 Mole purity。在 Target（目标）后填写 0.995，下面的 Stream type 采取默认选项 Product（产品物流），此页输入完毕后，点击 N→按钮进入下一个红色提示的项目 Components,出现图 6-33 所示的界面，选中 CH_4O，用单箭头把该组分从左边窗口选择到右边窗口。点击下一个红色提示项 Feed/Product Streams，将窗口中塔顶物流 DISTIL 用单箭头选择到右边窗口，如图 6-34 所示，至此第一个因变量塔顶产物中乙醇摩尔分率定义完成。再点击 Design Specs，用同样的方法定义第二个因变量塔底产物水的摩尔分率，注意这次定义的相关信息选择组分 WATER 和塔底产品 BOTTOMS，摩尔纯度规定目标值为 0.998。

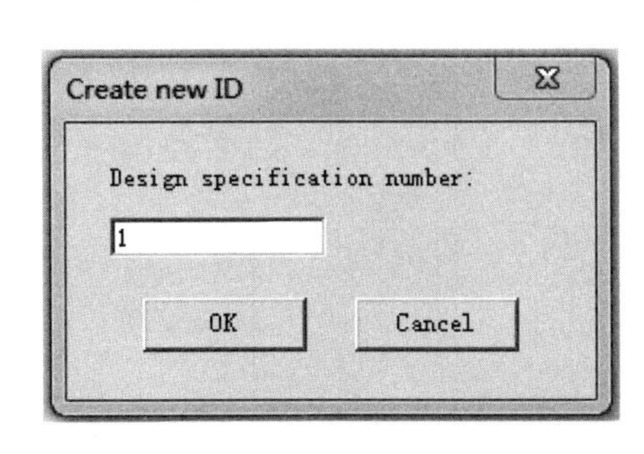

图 6-31　例 6-2 设计规定因变量序号 1

下面定义自变量回流比。点击 Blocks→RADFRAC1 下面的 Vary，在右栏窗口中点击 New 按钮，出现图 6-35 所示的对话框，点击 OK，右边出现自变量 1 的定义菜单如图 6-36 所示，在其中的 Type 后选择 Reflux ratio（回流比），在下面的上下限中填写 0.68 和 2。至此，设计规定里的两个因变量和一个自变量规定完毕，按 F7 回到控制面板，按 F5 运算。运算结束后，再按 F7 回到数据浏览界面，切换到 Results 界面，在 Blocks→RADFRAC1→Design Specs→1→Results 中可以看到，第一个因变量塔顶甲醇摩尔纯度计算值是 0.9950105，在 Blocks→RADFRAC1→Design Specs→2→Results 中可以看到，第二个因变量塔底水摩尔纯度计算值是 0.9979895，在容许误差范围内均达到规定目标值，在 Blocks→RADFRAC1→Vary→1→Results 中可以看到，回流比的最终值是 1.09910236。

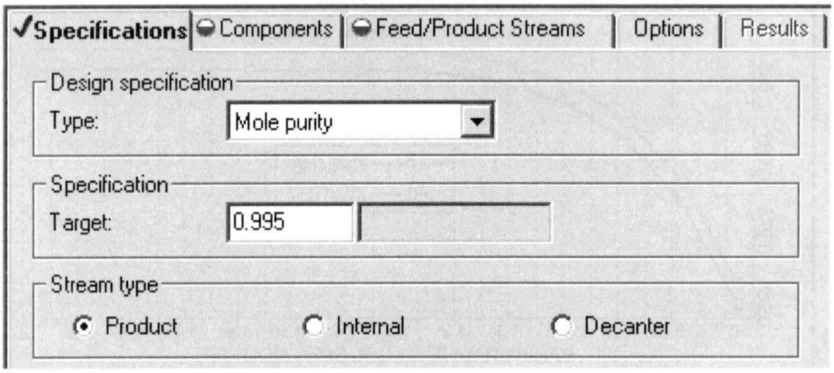

✓Specifications | Components | Feed/Product Streams | Options | Results

Design specification
Type: Mole purity

Specification
Target: 0.995

Stream type
Product　Internal　Decanter

图 6-32　例 6-2 定义因变量 1 类型并规定目标值

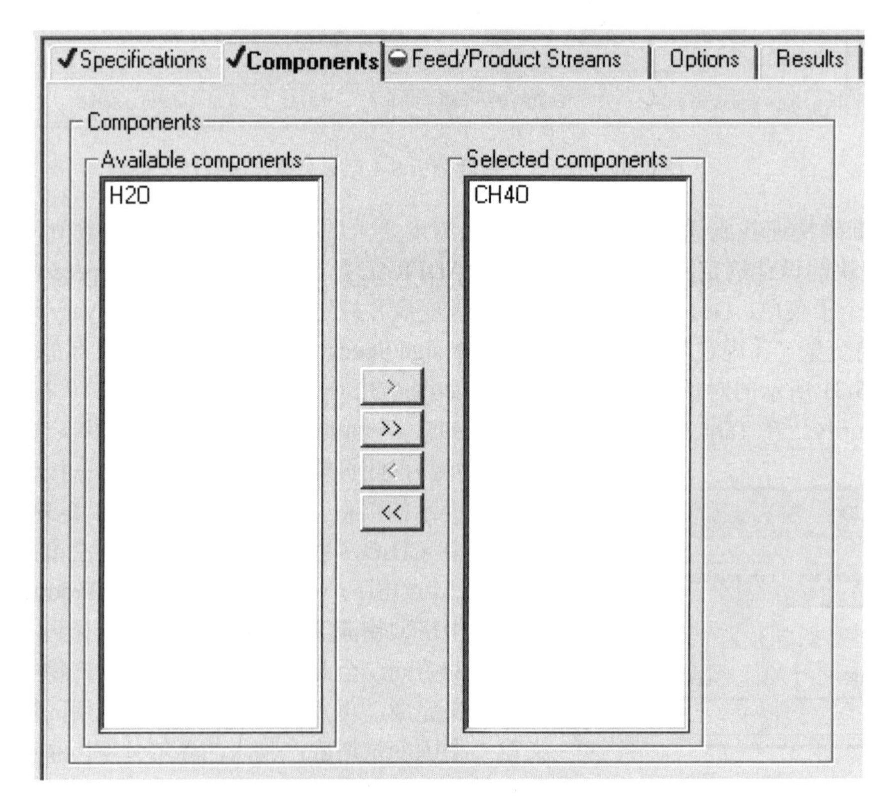

图 6-33　例 6-2 设计规定因变量 1 对应组分选择后界面

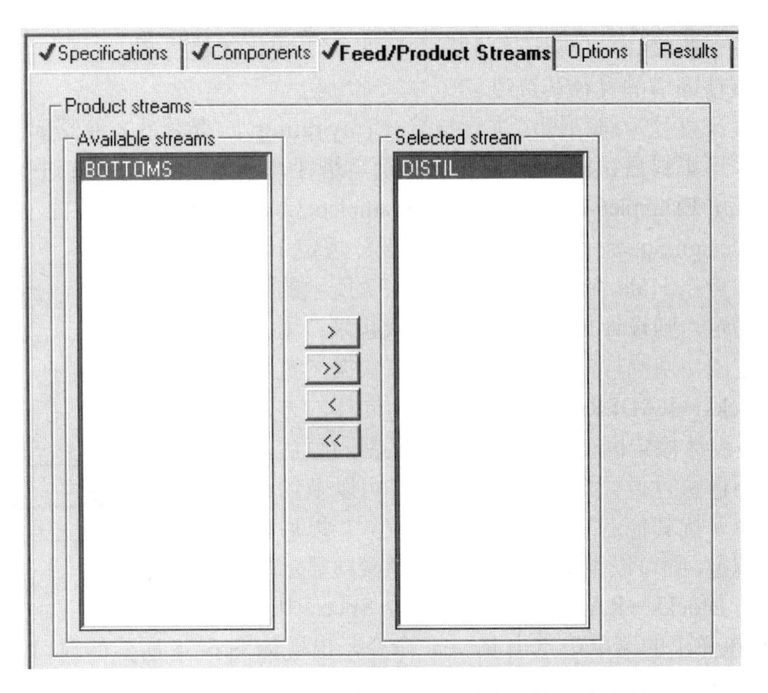

图 6-34 例 6-2 设计规定因变量 1 对应产品物流选择

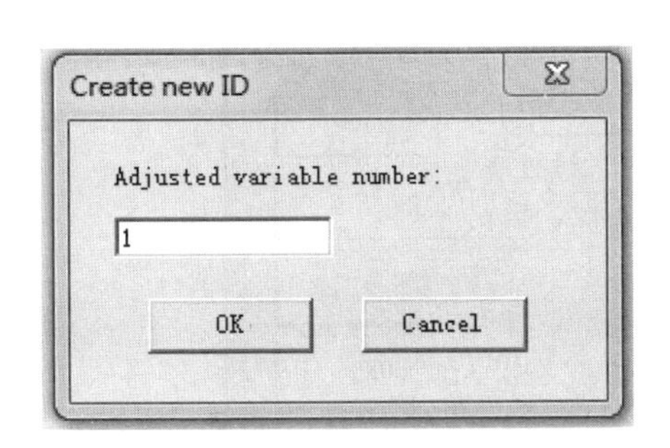

图 6-35 例 6-2 设计规定自变量 1 创建

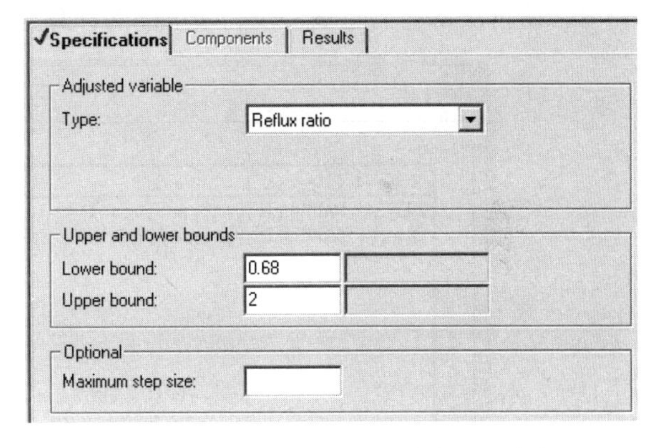

图 6-36 例 6-2 设计规定自变量 1 定义

6.8 利用模拟软件计算全塔效率和塔径

【例 6-3】 例 6-2 的灵敏度分析和设计规定均表明，回流比取约 1.1 时，可以达到规定的分离要求，打开 Example6-2.bkp，另存为 Example6-3.bkp。

（1）在精馏塔模块设置构型页面将回流比由 1.08 改为 1.1，然后隐藏设计规定和灵敏度分析（采用右键弹出的 Hide 命令），运行模拟后查看物流结果总结，找不到液相物流的黏度。

（2）建立一个包含液相物流黏度的物性集，再运行一次后查看物流结果总结，找到液相物流的黏度，其中进料黏度作为计算全塔效率的参数之一。

（3）查看各块塔板上的气-液平衡常数，采用塔顶、塔底和进料塔板上轻重关键组分的气-液平衡常数计算相对挥发度并求取几何平均值；利用 O'Connell 关联式 $E_o = 50.3(\alpha\mu)^{-0.226}$ 计算全塔效率，再计算完成分离任务所需要的实际塔板数。

（4）查看各平衡级计算信息，绘制参数随平衡级变化的趋势图。

（5）计算该精馏塔的直径和高度。

（6）根据设计直径，对精馏塔进行核算（Tray rating），查看最大液泛因子等结果。

（7）如果采用填料塔，利用 Pack Sizing 确定塔径，利用 Pack Rating 进行核算。

解：（1）打开 Example6-2.bkp，另存为 Example6-3.bkp，在数据浏览界面左侧找到 Blocks→RADFRAC1→Design Specs→1，用右键点击设计规定 1，在弹出的菜单中点击 Hide 命令，出现如图 6-37 所示的询问窗口，点击确定，则设计规定因变量 1 隐藏起来；用右键点击设计规定 2，用同样的方法隐藏 2；在数据浏览界面左侧找到 Blocks→RADFRAC1→Vary→1,用同样的方法隐藏自变量 1。设计规定因变量和自变量定义都隐藏后，再次运行时就不再执行设计规定的计算，这样可以节约计算时间以及避免干扰其他运算，有利于计算收敛。以后如果想显示设计规定，则可以用 Reveal 命令使隐藏项显示出来。用右键点击 Blocks→RADFRAC1→Design Specs 中的 Design Specs，在弹出的菜单中点击 Reveal 命令，出现如图 6-38 所示的窗口，选中其中的设计规定 1 和 2 两行（两行涂成蓝色），再点击 OK，则设计规定 1 和 2 均再次显示出来，采用类似的方法可以使 Blocks→RADFRAC1→Vary 中自变量 1 显示出来。如果你执行了上面的显示命令，请再次将它们隐藏，以利于下面的计算。

图 6-37 例 6-3 隐藏设计规定因变量 1

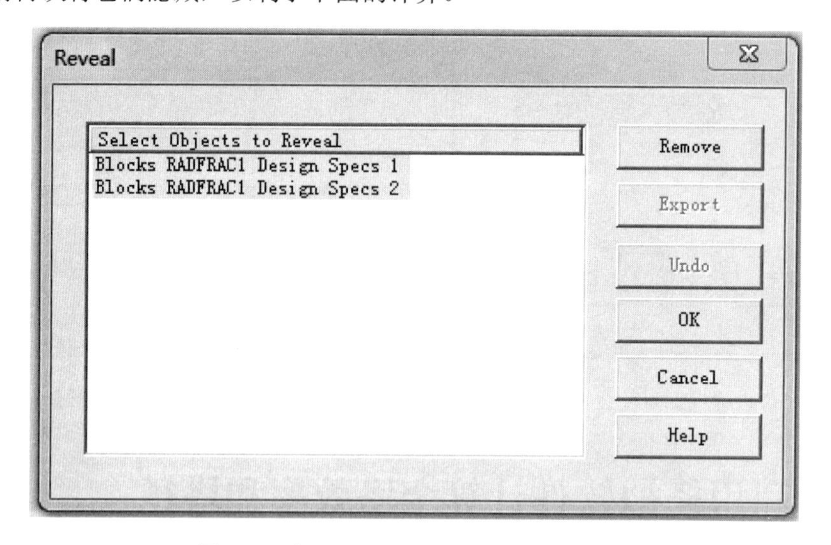

图 6-38 例 6-3 显示设计规定因变量 1 和 2

在数据浏览窗口左边找到 Model Analysis Tools→Sensitivity→S-1,用右键点击 S-1，在弹出的菜单中点击 Hide 可以把 S-1 隐藏起来。

以上将回流比改为 1.1 并将先前所做的设计规定和灵敏度分析隐藏以后，运行模拟，计算结束后查看物流模拟结果如图 6-39 所示，找不到物流的黏度信息。

（2）建立物性集，使计算物流结果包含黏度。在数据浏览窗口左侧找到 Properties→Prop-Sets,对准 Prop-Sets 点击右键，在弹出的菜单中点击 New 命令，出现图 6-40 对话框，点击 OK，Prop-Sets 下出现 PS-1，点击 PS-1，出现图 6-41 所示的窗口，点击右下角的 Search 按钮，弹出的菜单如图 6-42 所示，在第 1 项目中输入 viscosity（黏度）后点击后面的 Search

按钮，在第 2 项中出现的备选项中选择 MUMX（混合物黏度），点击右边的 Add，MUMX 即出现在第 3 项，点击下面的 OK，MUMX 出现在图 6-43 所示的物性窗口中，选择单位为 cP，再点击下一个红色提示项 Qualifiers（许可相态），在图 6-44 所示的表格第一行 Phase 后面选择 Liquid。

Material | Heat | Load | Work | Vol.% Curves | Wt. % Curves | Petro. Curves | Poly. Curves

Display: All streams　Format: GEN_M　Stream Table

	BOTTOMS	DISTIL	FEED	
Temperature C	99.6	64.6	25.0	
Pressure bar	1.013	1.013	1.013	
Vapor Frac	0.000	0.000	0.000	
Mole Flow kmol/hr	49.850	50.150	100.000	
Mass Flow kg/hr	899.457	1603.415	2502.872	
Volume Flow cum/hr	0.981	2.141	2.940	
Enthalpy MMkcal/hr	-3.334	-2.809	-6.277	
Mass Flow kg/hr				
CH4O	3.188	1598.920	1602.108	
H2O	896.269	4.495	900.764	
Mass Frac				
CH4O	0.004	0.997	0.640	
H2O	0.996	0.003	0.360	
Mole Flow kmol/hr				
CH4O	0.100	49.900	50.000	
H2O	49.750	0.250	50.000	
Mole Frac				
CH4O	0.002	0.995	0.500	
H2O	0.998	0.005	0.500	

图 6-39　例 6-3 物流模拟结果（未建立黏度物性集之前）

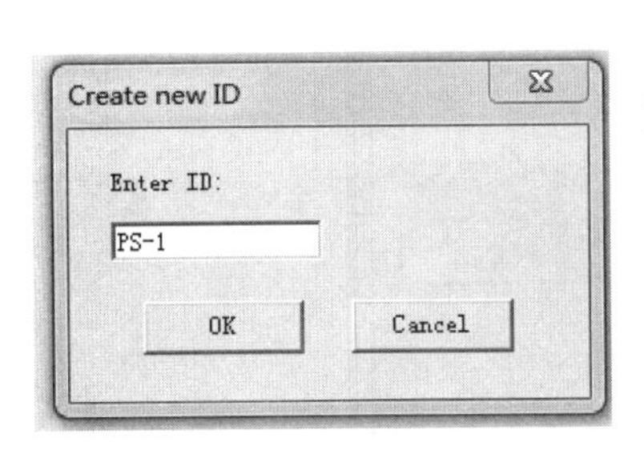

图 6-40　例 6-3 创建物性集 PS-1

此时，一定要在回到 Setup→Report Options→Streams→Property Sets,点击 Property Sets，在出现的如图 6-45 所示的窗口中将 PS-1 用单箭头选择到右边窗口，然后点击 Close。

物性集建好以后，再次运行查看物流结果如图 6-46 所示，可以看到液相物流的黏度，其中进料黏度 0.701cP 可以用来计算全塔效率。

（3）在数据浏览窗口 Blocks→RADFRAC1→Profiles→K-Values 窗口可以看到如图 6-47 所示的表格，显示了每一平衡级上各组分的气-液平衡常数。轻关键组分相对于重关键组分的相对挥发度取塔顶、塔底和进料位置的几何平均值如式（6-20）。

$$\alpha_{\mathrm{LK,HK}}=\left[\left(\frac{K_{\mathrm{LK}}}{K_{\mathrm{HK}}}\right)_{\mathrm{TOP}}\left(\frac{K_{\mathrm{LK}}}{K_{\mathrm{HK}}}\right)_{\mathrm{TFEEDSTAGE}}\left(\frac{K_{\mathrm{LK}}}{K_{\mathrm{HK}}}\right)_{\mathrm{BOTTOM}}\right]^{1/3} \tag{6-20}$$

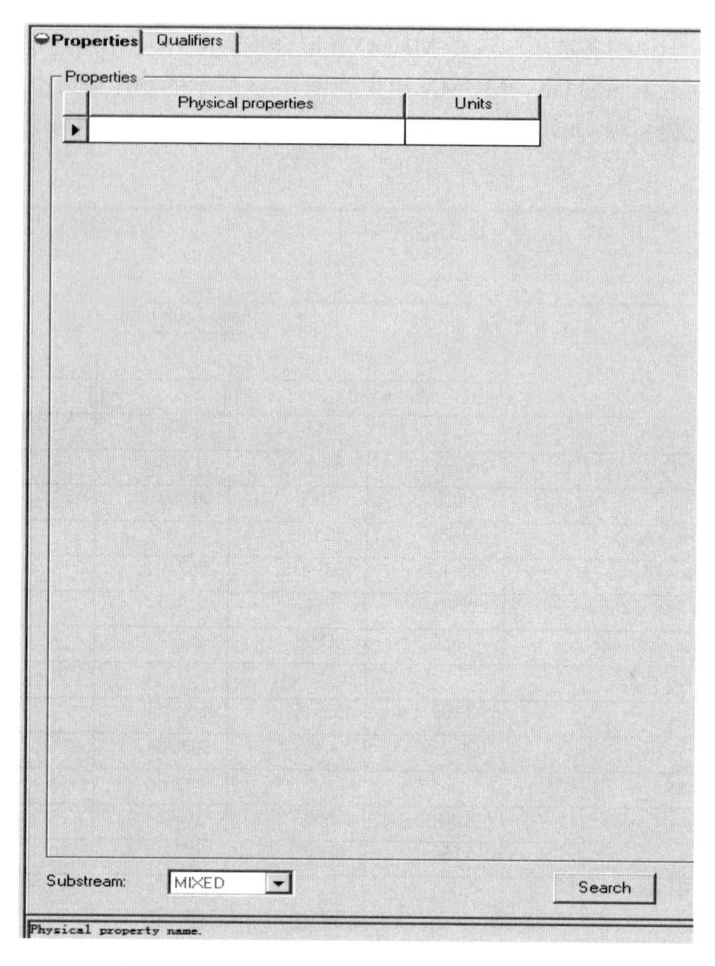

图 6-41　例 6-3 创建物性集 PS-1 物性选择窗口

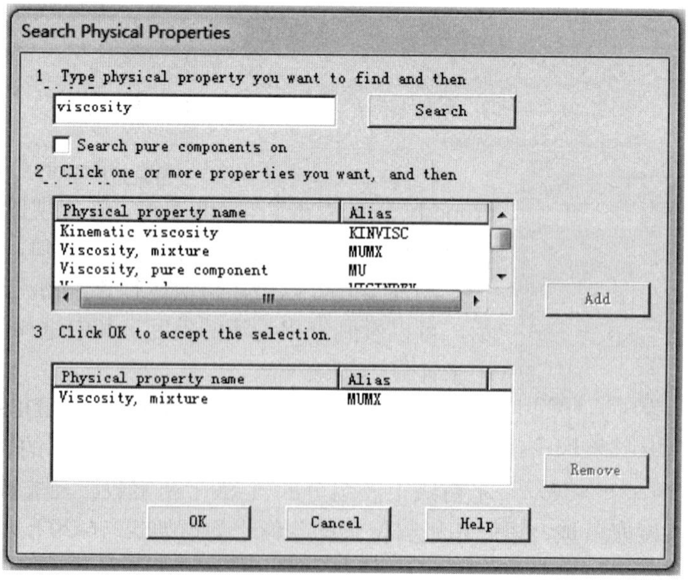

图 6-42　例 6-3 创建物性集 PS-1 物性查找窗口

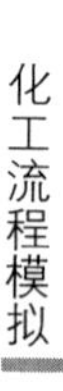

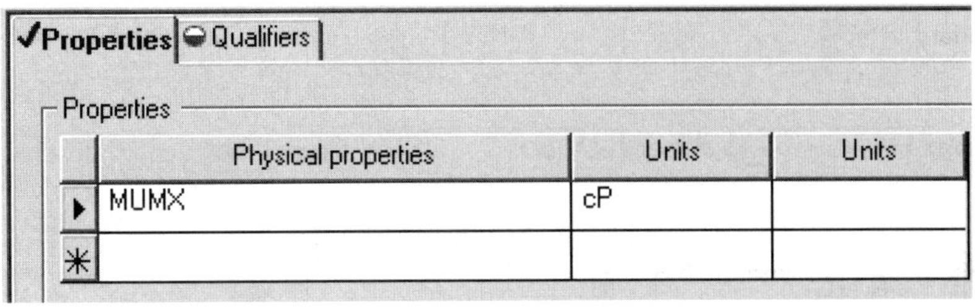

✔Properties | Qualifiers

Properties

	Physical properties	Units	Units
▶	MUMX	cP	
✳			

图 6-43 例 6-3 创建物性集 PS-1 混合物黏度 MUMX 及单位 cP

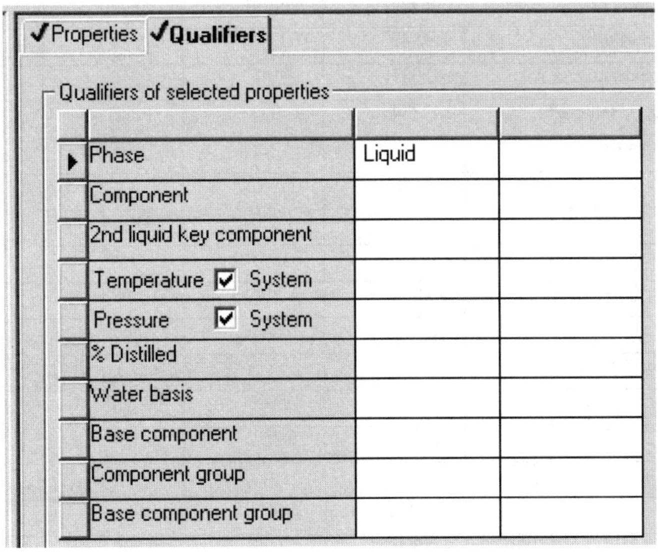

✔Properties | ✔Qualifiers

Qualifiers of selected properties

▶	Phase	Liquid	
	Component		
	2nd liquid key component		
	Temperature ☑ System		
	Pressure ☑ System		
	% Distilled		
	Water basis		
	Base component		
	Component group		
	Base component group		

图 6-44 例 6-3 创建物性集 PS-1 混合物黏度相态选液相

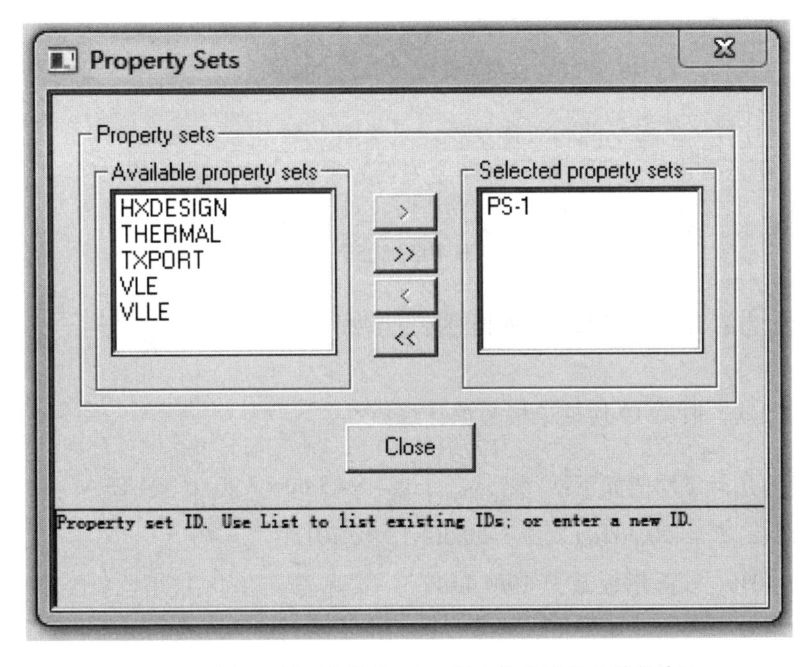

图 6-45 例 6-3 创建物性集 PS-1 混合物黏度进入选择窗口

Material | Heat | Load | Work | Vol.% Curves | Wt. % Curves | Petro. Curves | Poly. Curves

Display: All streams Format: GEN_M Stream Table

	BOTTOMS	DISTIL	FEED	
Temperature C	99.6	64.6	25.0	
Pressure bar	1.013	1.013	1.013	
Vapor Frac	0.000	0.000	0.000	
Mole Flow kmol/hr	49.850	50.150	100.000	
Mass Flow kg/hr	899.457	1603.415	2502.872	
Volume Flow cum/hr	0.981	2.141	2.940	
Enthalpy MMkcal/hr	-3.334	-2.809	-6.277	
Mass Flow kg/hr				
CH4O	3.188	1598.920	1602.108	
H2O	896.269	4.495	900.764	
Mass Frac				
CH4O	0.004	0.997	0.640	
H2O	0.996	0.003	0.360	
Mole Flow kmol/hr				
CH4O	0.100	49.900	50.000	
H2O	49.750	0.250	50.000	
Mole Frac				
CH4O	0.002	0.995	0.500	
H2O	0.998	0.005	0.500	
*** LIQUID PHASE ***				
Viscosity cP	0.281	0.345	0.701	

图 6-46 例 6-3 创建物性集 PS-1 混合物黏度后物流结果

利用式（6-20）计算甲醇对水的相对挥发度，采集图 6-47 中轻、重关键组分（分别是甲醇和水）的气-液平衡常数进行计算。塔顶（即全凝器）平衡常数取图 6-47 中第 1 级的数值，此处相对挥发度如下：$\alpha_{CH_4O,H_2O}=\dfrac{K_{CH_4O}}{K_{H_2O}}=\dfrac{1.00298823}{0.40235053}=2.48$

进料板位置为第 13 块理论板，此处相对挥发度如下：$\alpha_{CH_4O,H_2O}=\dfrac{K_{CH_4O}}{K_{H_2O}}=\dfrac{1.47714283}{0.41014129}=3.60$

塔底（再沸器）取第 19 块理论板数据计算：$\alpha_{CH_4O,H_2O}=\dfrac{K_{CH_4O}}{K_{H_2O}}=\dfrac{7.85478964}{0.98629038}=7.96$

则相对挥发度的几何平均值如下：$\alpha_{CH_4O,H_2O}=(2.48\times3.60\times7.96)^{1/3}=4.13$

全塔效率百分数：$E_o=50.3(\alpha\mu)^{-0.226}=50.3(4.13\times0.701)^{-0.226}=40$

即全塔效率为 40%。实际塔板数为 19/0.4=47.5，实际需要约 48 块塔板才能完成给定的分离任务。可见全塔效率较低，如果将进料条件改为泡点进料（图 6-48），则可以提高全塔效率。具体操作如下：在数据浏览窗口 Streams→FEED→Input→Specifications 对应的 State variables

下点击温度栏右边的黑色三角形按钮，选择 Vapor fraction，在下面的空白处填写 0（0 表示饱和液体，如果填写 1 则表示饱和气体，即露点进料），这样，进料温度与进料位置塔板温度很接近，约为 73℃。重新运行模拟，查看物料黏度为 0.352cP，比原来的 0.701cP 有很大下降，重新计算平均相对挥发度为 4.17，全塔效率为 46%。

TPFQ | Compositions | K-Values | Hydrau

View: Vapor-Liquid

K-value profiles

Stage	CH4O	H2O
1	1.00298823	0.40235053
2	1.00748284	0.40233933
3	1.01343141	0.4023305
4	1.02133066	0.40232918
5	1.0318655	0.40234559
6	1.04599259	0.40239941
7	1.06506767	0.40252812
8	1.09104091	0.40280238
9	1.12675299	0.40335424
10	1.1763679	0.40442451
11	1.24586131	0.40644463
12	1.34329497	0.41014129
13	1.47714283	0.41654044
14	1.56011313	0.42114095
15	1.84742816	0.43960342
16	2.8977341	0.52396118
17	5.31413274	0.74567078
18	7.2503765	0.92888315
19	7.85478964	0.98629038

图 6-47　例 6-3 气-液平衡常数

（4）在 Blocks→RADFRAC1→Profiles→TPFQ 窗口可以看到各平衡级上的温度、压力、热负荷以及气-液流量，如图 6-49 所示；在 Blocks→RADFRAC1→Profiles→Compositions 窗口可以看到各平衡级上各组分气-液相组成，如图 6-50 所示；在 Blocks→RADFRAC1→Profiles→K-Values 窗口可以看到各平衡级上各组分气-液平衡常数，如图 6-47 所示。在当前窗口为 Blocks→RADFRAC1 对应结果状态下，可以点击窗口顶部的 Plot 命令，在出现的下拉菜单中点击 Plot Wizard，出现如图 6-51 窗口，点击 Next，进入到如图 6-52 所示的窗口，其中 12 个类型分别是温度、组成、流率、压力、气-液平衡常数（K 值）、相对挥发度、分离因子、流量比、温-焓图、熵-焓图、水力学和有效能图。点击图 6-52 中的第一项温度，出现图 6-53 所示的窗口，采用默认的温度单位℃，点击下面的 Next，出现图 6-54 所示的窗口，规定作图类型、标题和坐标名称，各选项均采用默认值，点击下部的 Finish，即可作出图 6-55 例 6-3 塔温分布图。

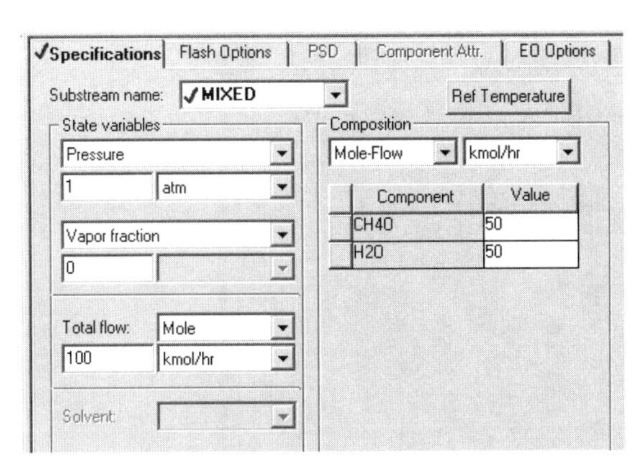

图 6-48　例 6-3 进料条件改为泡点进料

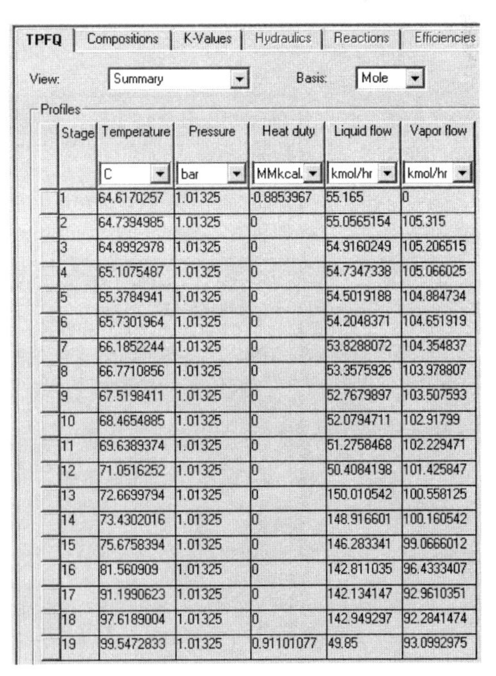

TPFQ | Compositions | K-Values | Hydraulics | Reactions | Efficiencies

View: Summary　Basis: Mole

Profiles

Stage	Temperature	Pressure	Heat duty	Liquid flow	Vapor flow
	C	bar	MMkcal/	kmol/hr	kmol/hr
1	64.6170257	1.01325	-0.8853967	55.165	0
2	64.7394985	1.01325	0	55.0565154	105.315
3	64.8992978	1.01325	0	54.9160249	105.206515
4	65.1075487	1.01325	0	54.7347338	105.066025
5	65.3784941	1.01325	0	54.5019188	104.884734
6	65.7301964	1.01325	0	54.2048371	104.651919
7	66.1852244	1.01325	0	53.8288072	104.354837
8	66.7710856	1.01325	0	53.3575926	103.978807
9	67.5198411	1.01325	0	52.7679897	103.507593
10	68.4654885	1.01325	0	52.0794711	102.91799
11	69.6389374	1.01325	0	51.2758468	102.229471
12	71.0516252	1.01325	0	50.4084198	101.425847
13	72.6699794	1.01325	0	150.010542	100.558125
14	73.4302016	1.01325	0	148.916601	100.160542
15	75.6758394	1.01325	0	146.283341	99.0666012
16	81.560909	1.01325	0	142.811035	96.4333407
17	91.1990623	1.01325	0	142.134147	92.9610351
18	97.6189004	1.01325	0	142.949297	92.2841474
19	99.5472833	1.01325	0.91101077	49.85	93.0992975

图 6-49　例 6-3 TPFQ 信息

TPFQ | **Compositions** | K-Values | Hydrau

View: Vapor Basis:

Composition profiles

Stage	CH4O	H2O
1	0.99782271	0.00217728
2	0.99458855	0.00541144
3	0.99038181	0.00961819
4	0.98492159	0.01507841
5	0.97785441	0.02214559
6	0.96874191	0.03125808
7	0.95705224	0.04294776
8	0.94216171	0.05783828
9	0.92338056	0.07661943
10	0.90003363	0.09996636
11	0.87158077	0.12841923
12	0.83796105	0.16203894
13	0.80006486	0.19993514
14	0.78239347	0.21760653
15	0.73034727	0.26965273
16	0.58945286	0.41054715
17	0.31828886	0.68171114
18	0.09453862	0.90546137
19	0.01905066	0.98094934

TPFQ | **Compositions** | K-Values | Hydrau

View: Liquid Basis:

Composition profiles

Stage	CH4O	H2O
1	0.99458855	0.00541144
2	0.98654995	0.01345005
3	0.97609357	0.02390642
4	0.96252193	0.03747807
5	0.94495906	0.05504094
6	0.92232383	0.07767616
7	0.8933179	0.1066821
8	0.85645338	0.14354662
9	0.81017012	0.18982988
10	0.7531304	0.2468696
11	0.68477295	0.31522705
12	0.60653889	0.39346111
13	0.5232061	0.4767939
14	0.4866794	0.5133206
15	0.3894134	0.6105866
16	0.20803732	0.79196268
17	0.06223577	0.93776422
18	0.01325637	0.98674363
19	0.00243498	0.99756502

图 6-50　例 6-3 气-液组成信息

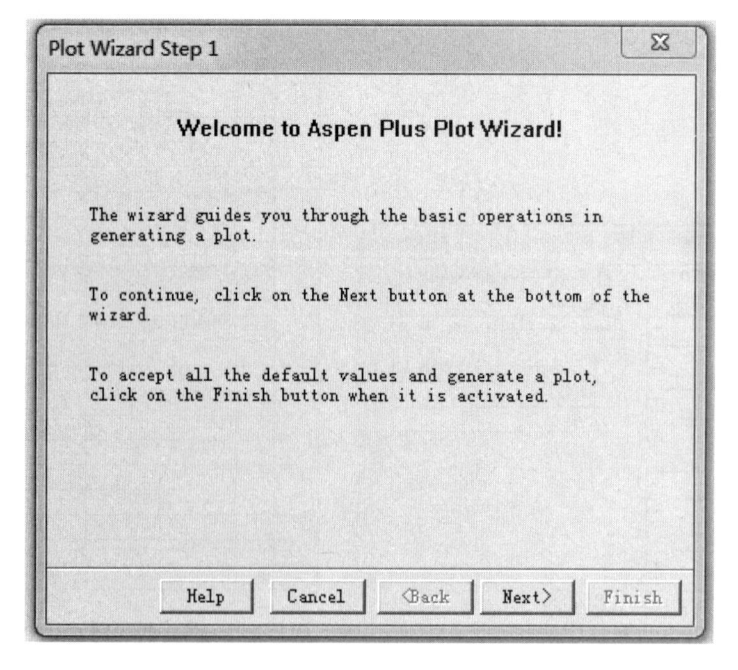

图 6-51　例 6-3 作图向导步骤 1——点击 Next 进入

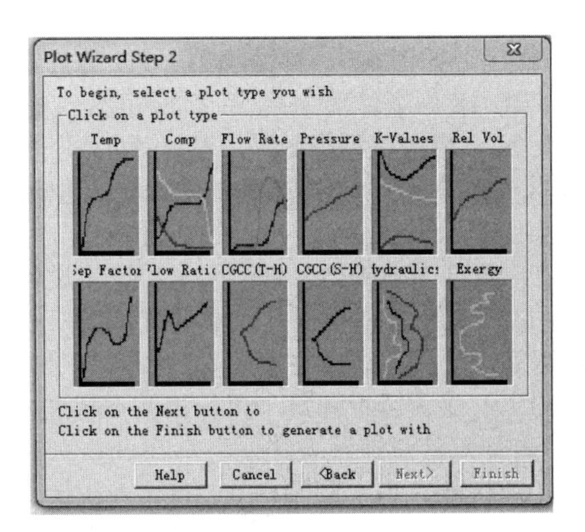

图 6-52　例 6-3 作图向导步骤 2——选择作图类型

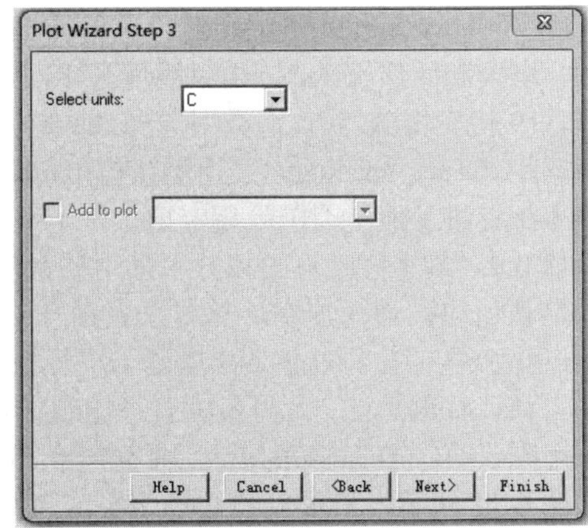

图 6-53　例 6-3 作图向导步骤 3——选择塔板温度单位

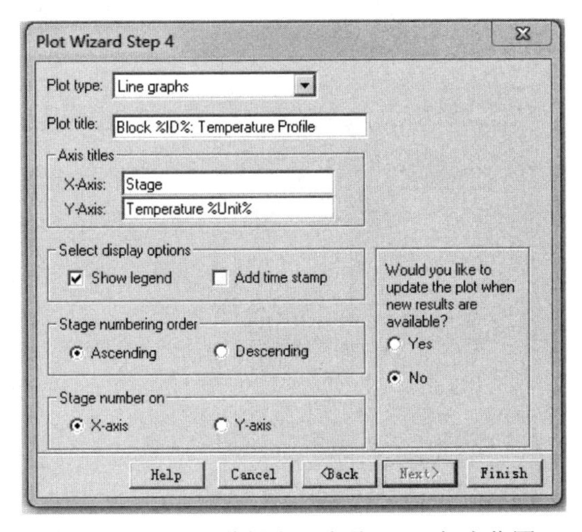

图 6-54　例 6-3 作图向导步骤 4——规定作图类型、标题坐标名称

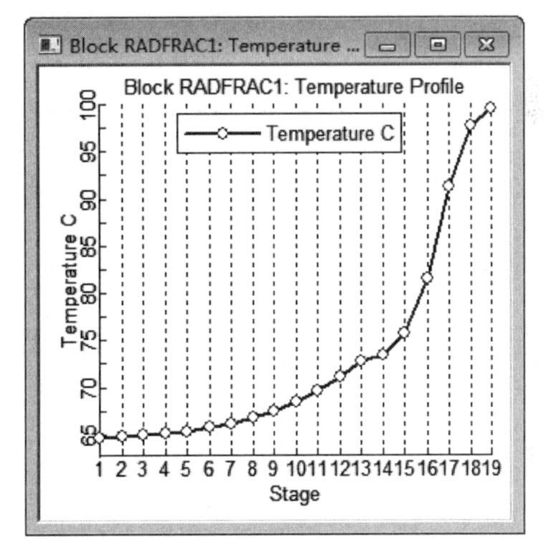

图 6-55　例 6-3 塔温分布图

点击窗口顶部 Plot，在弹出的菜单中点击 Plot Wizard，在出现的作图向导步骤 1 窗口点击 Next，在出现的作图向导步骤 1 窗口点击第二项（Compositions）图标，再点击下面的 Next，出现如图 6-56 所示界面，采取其中默认选项气相和摩尔分率基准，将左边窗口的两个组分都选择到右边如图 6-57 所示，点击下面的 Next，出现图 6-58 窗口，全部采用默认选项，点击右下角的 Finish 按钮，出现图 6-59 两组分的气相组成分布，如果在如图 6-56 所示的窗口相态选择液相，则可以作出液相两组分在塔中的组成分布图。用类似的方法可以作出图 6-60～图 6-62 的流量、压力和 K 值分布图。

点击窗口顶部 Plot，在弹出的菜单中点击 Plot Wizard，在出现的作图向导步骤 1 窗口点击 Next，在出现的作图向导步骤 1 窗口点击第六项（Rel Vol）图标，再点击下面的 Next，出现图 6-63 所示界面，选择水为基础组分，甲醇为作图组分，结果如图 6-64 所示，点击下面的 Next，在弹出的窗口中点击 Finish 按钮，得到如图 6-65 所示的相对挥发度分布图。

（5）打开 Blocks→RADFRAC1→Tray Sizing，左键点击 Tray Sizing，右栏下面出现 New 按钮，点击 New 按钮，出现如图 6-66 所示的例 6-3 塔板尺寸塔段序号对话框（或者右键点击 Tray Sizing，在弹出的下拉菜单中点击 New 命令，同样出现图 6-66 所示的对话框）。点击

OK，则左栏 Tray Sizing 下出现红色标记的 1，右栏出现如图 6-67 所示的该塔段 1 的规定输入窗口，塔段起始级输入 2，结束级填写 18（因为 2～18 为塔体部分共 17 个平衡级，1 代表冷凝器，19 代表再沸器），塔类型选择 Sieve（筛板塔），塔板流型程数采用默认值 1，塔板构型的板间距（Tray spacing）采用默认值 0.6096m（=2ft=24in）；点击顶部的 Design，出现图 6-68 例 6-3 塔段 1 液泛因子等规定窗口，定尺寸标准栏（Sizing Crieriria）的接近液泛分率采用默认值 0.8，最小降液管面积分率采用默认值 0.1；设计参数的体系发泡因子和过度设计因子均取默认值 1，液泛速率计算方法采用 Fair 关联式。运行模拟后，在数据浏览窗口点击 Results，可以得到图 6-69 例 6-3 塔段 1 塔径计算结果，点击 Profiles，可以看到图 6-70 例 6-3 塔段 1 塔径计算剖形图，可见最大直径出现在第 13 级，最大直径和最小直径相差不超过 1ft，全塔采用同一直径 0.72847614m，圆整到 0.73m。若计算液泛速率方法采用 Glitsch，则计算结果如图 6-71 所示，最大直径在第 2 级，为 0.73164934m，也可圆整到 0.73m。进料状态为泡点进料时，全塔效率为 46%，实际塔板为 19/0.46=42，塔板数为 N 塔高 H 计算式为：$H=(N-1)\times TS$ +塔顶气相空间（4ft）+塔底水库高度（10ft），42 块塔板中，塔主体板数目为 40，计算公式中 N 取 40，板间距取 0.6096m（2ft），则塔高 $H=(40-1)\times TS$ +塔顶气相空间（4ft）+塔底水库高度（10ft）=92ft=28m。

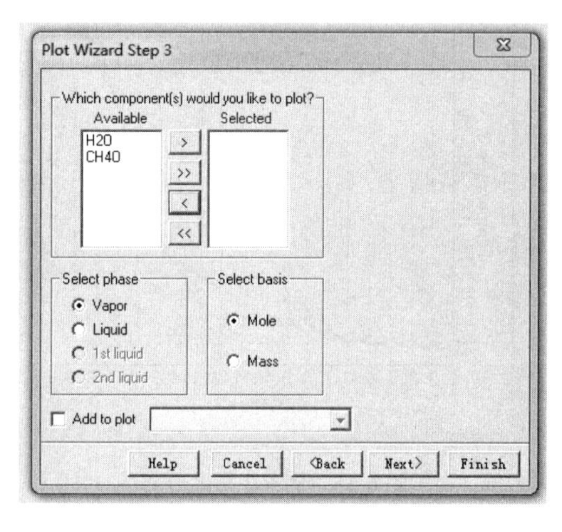

图 6-56　例 6-3 选择组成作图组分前

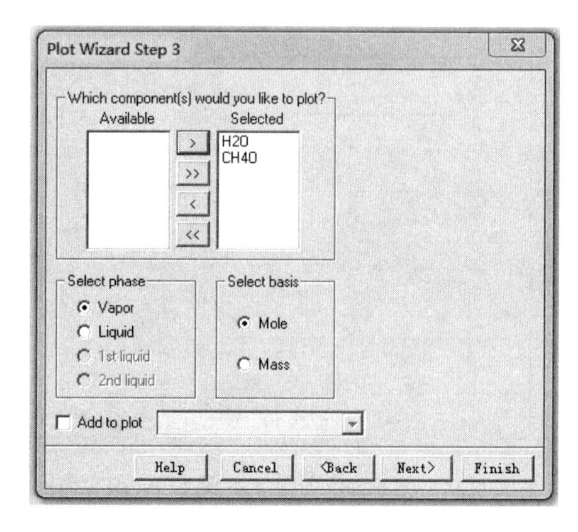

图 6-57　例 6-3 选择组成作图组分后

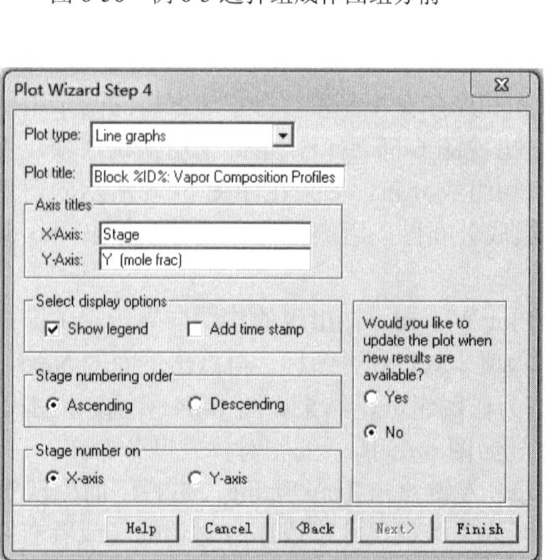

图 6-58　例 6-3 选择组成作图类型和坐标名称

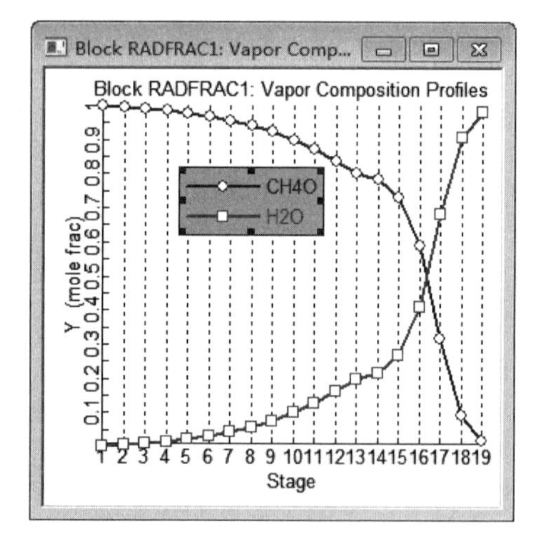

图 6-59　例 6-3 甲醇和水两组分气相组成分布

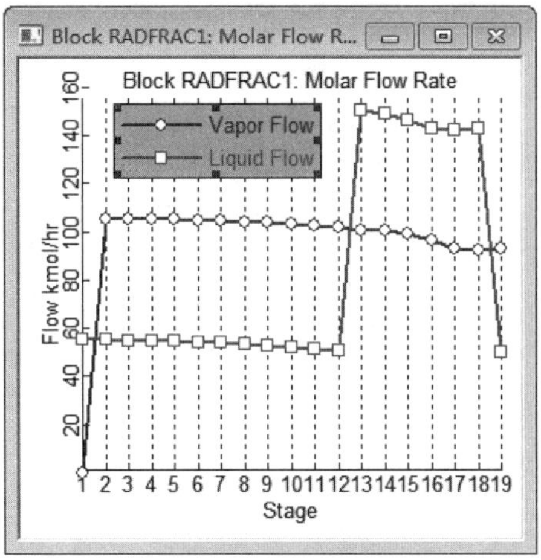

图 6-60　例 6-3 气-液流量分布

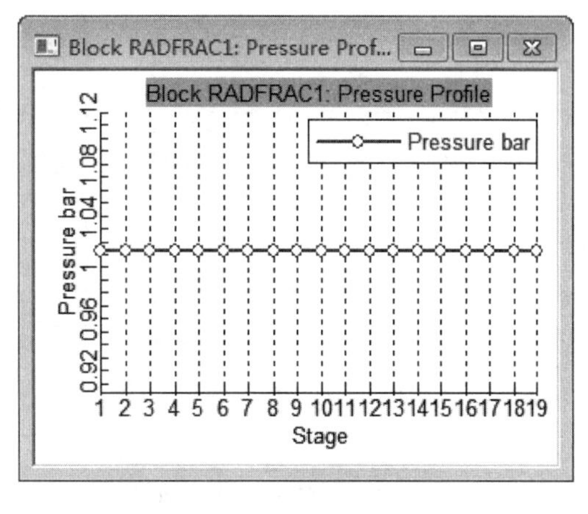

图 6-61　例 6-3 塔压分布

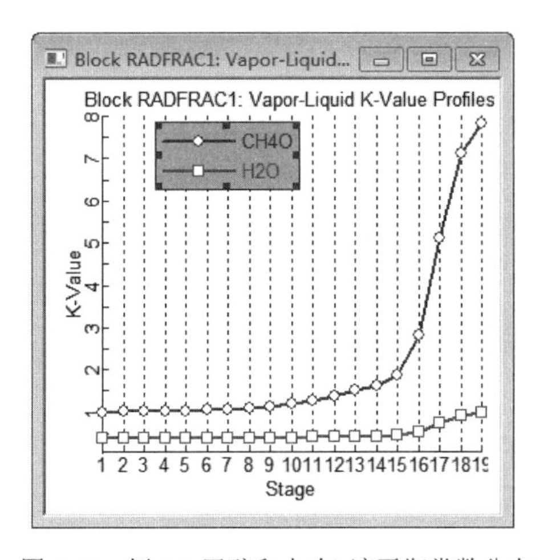

图 6-62　例 6-3 甲醇和水/气-液平衡常数分布

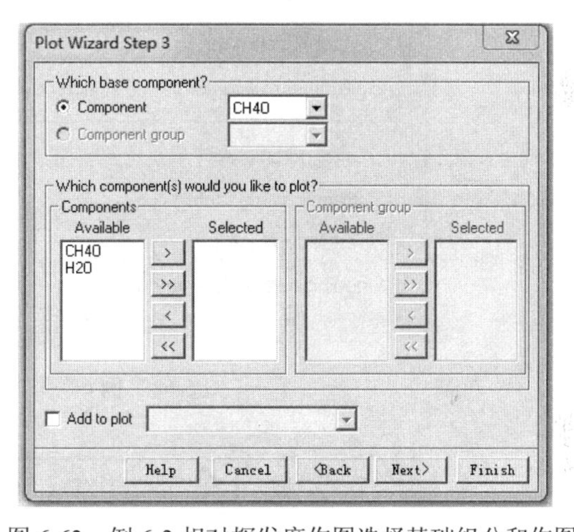

图 6-63　例 6-3 相对挥发度作图选择基础组分和作图组分前

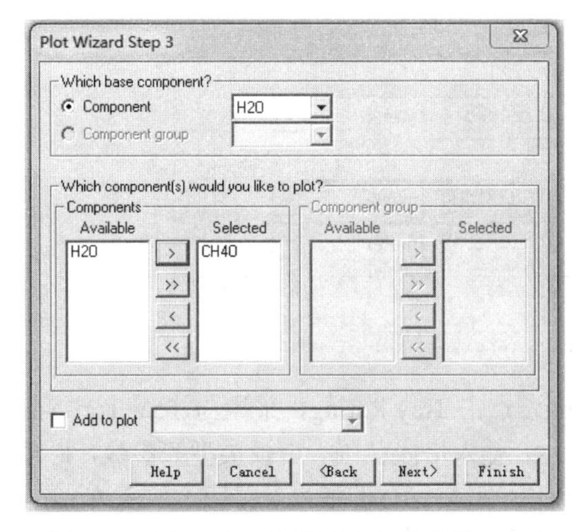

图 6-64　例 6-3 相对挥发度作图选择基础组分和作图组分后

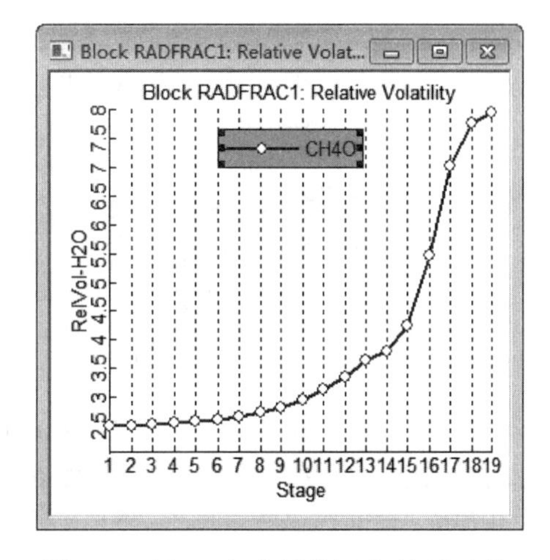

图 6-65　例 6-3 组分甲醇相对于组分水的相对挥发度分布

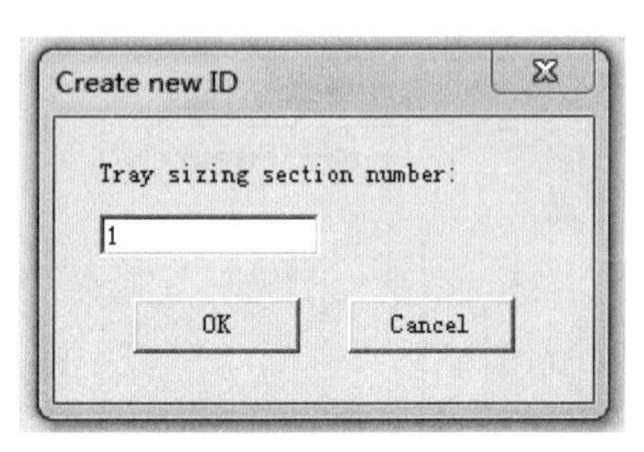

图 6-66　例 6-3 塔板尺寸塔段序号

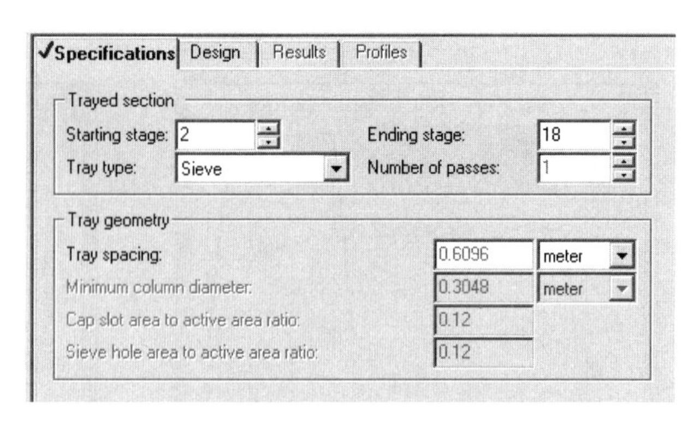

图 6-67　例 6-3 塔段 1 的范围和类型规定

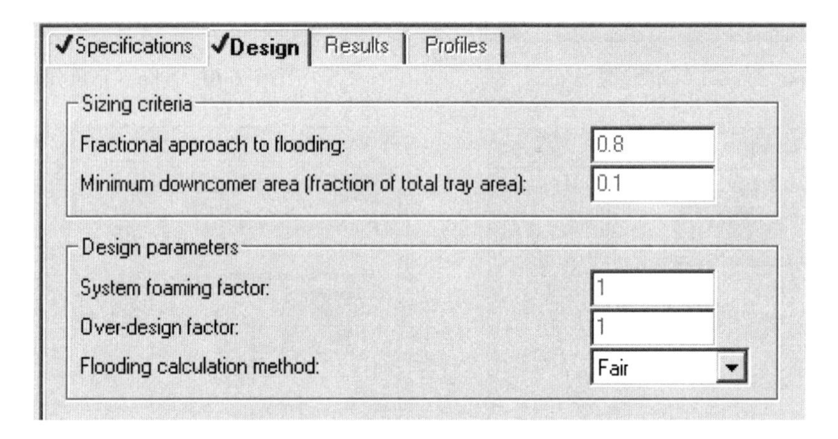

图 6-68　例 6-3 塔段 1 液泛因子等规定

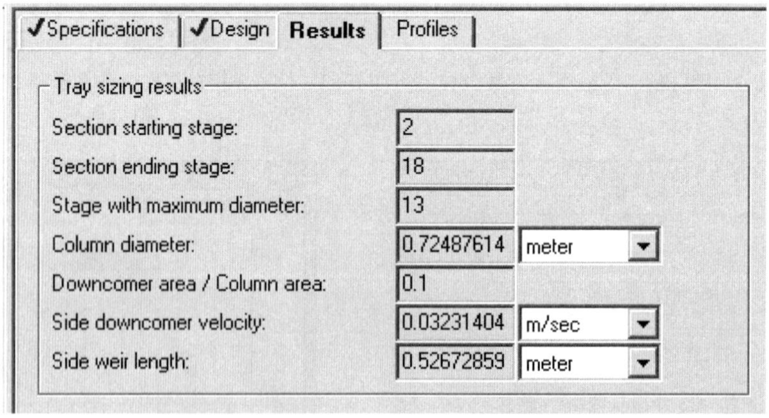

Specifications | Design | Results | Profiles

Tray sizing results

Section starting stage:	2	
Section ending stage:	18	
Stage with maximum diameter:	13	
Column diameter:	0.72487614	meter
Downcomer area / Column area:	0.1	
Side downcomer velocity:	0.03231404	m/sec
Side weir length:	0.52672859	meter

图 6-69　例 6-3 塔段 1 塔径计算结果

（6）打开 Blocks→RADFRAC1→Tray Rating，点击 Tray Rating，采用与（5）Tray Sizing 类似的方法建立塔段 1 的核算窗口如图 6-72 所示，输入塔段范围、塔板类型等参数，再输入塔径 0.73m，板间距仍然采用同（5）一样的默认值，最后一行的堰高（对应于通道 A）不填，采用默认值。点击顶部的 Design/Pdrop，出现图 6-73 所示的窗口，设计参数发泡因子取默认值 1，塔段效率采用默认值 1（理论板），液泛计算方法采用 Fair,在下面的压力降栏目勾选更新塔段压力剖形，选择固定塔顶压力。完成后，重新运行模拟后回到数据浏览窗口，点击

Results，可以得到图 6-74 例 6-3 塔段 1 核算结果，可见最大液泛因子约 0.77（该值不超过设计时规定的 0.8，符合要求），出现在第 13 个平衡级；塔段压降约 0.107bar；在降液管结果中可以看到，最大降液管液位/板间距=0.2487（该比值应在 0.2～0.5 之间，核算值符合要求）。点击 Profiles，可以看到图 6-75 例 6-3 塔段 1 核算剖形图，可以看到每个平衡级上的液泛因子等核算结果。

✓Specifications | ✓Design | Results | **Profiles**

Tray sizing profiles

Stage	Diameter (meter)	Total area (sqm)	Active area (sqm)	Side downcomer area (sqm)
2	0.71754312	0.40437648	0.32350118	0.04043764
3	0.71461542	0.40108337	0.32086669	0.04010833
4	0.71286929	0.3991257	0.31930055	0.03991256
5	0.7108068	0.39681953	0.31745562	0.03968195
6	0.70814627	0.39385451	0.31508361	0.03938545
7	0.70473136	0.39006508	0.31205206	0.03900650
8	0.7003772	0.38525997	0.30820797	0.03852599
9	0.69485198	0.37920537	0.30336429	0.03792053
10	0.68807909	0.37184899	0.29747919	0.03718489
11	0.67987078	0.3630301	0.29042408	0.03630301
12	0.6704161	0.35300329	0.28240263	0.03530032
13	0.72487614	0.41268387	0.33014709	0.04126838
14	0.7155693	0.40215482	0.32172385	0.04021548
15	0.6908107	0.37480726	0.2998458	0.03748072
16	0.64516942	0.32691695	0.26153355	0.03269169
17	0.61098455	0.2931908	0.23455264	0.02931908
18	0.60199608	0.28462773	0.22770219	0.02846277

图 6-70　例 6-3 塔段 1 塔径计算剖形图（Fair）

✓Specifications | ✓Design | Results | **Profiles**

Tray sizing profiles

Stage	Diameter (meter)	Total area (sqm)	Active area (sqm)	Side downcomer area (sqm)
2	0.73164934	0.42043209	0.33634909	0.04204363
3	0.73087687	0.41954478	0.33563922	0.04195490
4	0.72987368	0.41839384	0.33471844	0.04183980
5	0.72857078	0.41690142	0.33352779	0.04169097
6	0.72689422	0.41498492	0.33199447	0.04149930
7	0.72474081	0.41252979	0.33003023	0.04125377
8	0.72199126	0.40940558	0.32753069	0.04094133
9	0.71848576	0.40543964	0.32435771	0.04054471
10	0.7141977	0.4006146	0.32049741	0.04006217
11	0.70897287	0.39477452	0.31582502	0.03947812
12	0.7029323	0.38807608	0.3104659	0.03880823
13	0.70131362	0.38629085	0.30903876	0.03862984
14	0.69459684	0.37892695	0.30314712	0.03789339
15	0.67679277	0.35975041	0.28780457	0.03597557
16	0.64430075	0.3260372	0.26083379	0.03260422
17	0.6212737	0.30314877	0.24252347	0.03031543
18	0.61653345	0.29854044	0.23883498	0.02985437

图 6-71　例 6-3 塔段 1 塔径计算剖形图（Glitsch）

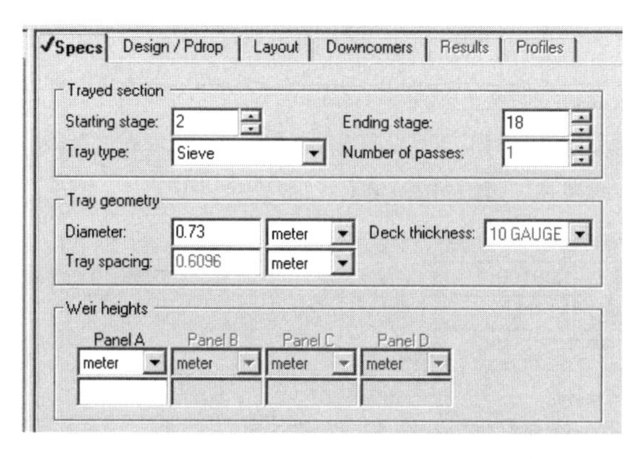

图 6-72　例 6-3 塔段 1 核算塔径等输入规定

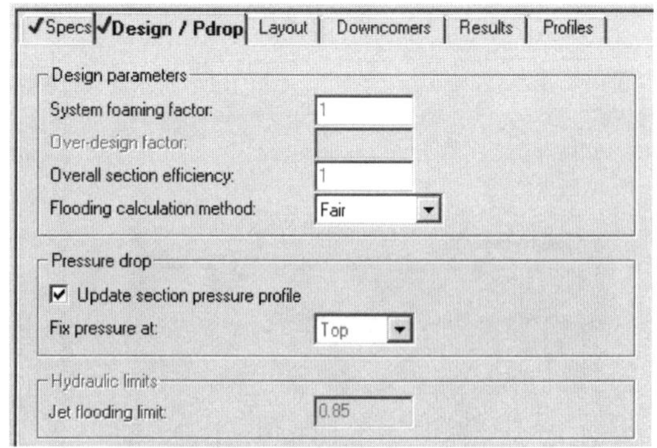

图 6-73　例 6-3 塔段 1 核算计算方法等规定

（7）打开 Blocks→RADFRAC1→Pack Sizing，点击 Pack Sizing，在右栏窗口下端出现 New 按钮，点击该按钮，出现如图 6-76 所示的对话框，点击 OK，Pack Sizing 下出现红色提示的序号 1，右栏对应的是如图 6-77 所示的例 6-3 填料塔塔段 1 直径计算规定，填料区起始和结束平衡级分别输入 2 和 18，填料类型选诺顿公司的 IMTP，填料特性栏目的供应商选

NORTON，材质选 METAL，尺寸选择 1in 或 25mm。最后的装填高度选择填写前一项 HETP（等板高度，即相当于一块理论塔板的分离效果时需要的填料装填高度）。各种填料的等板高度 HETP 可查阅填料手册里的 HETP 曲线，根据实际的操作条件读取对应的 HETP 值，合适的填料应该是在你所设计的操作条件附近范围内，曲线上对应的 HETP 值比较平缓，经查阅本题 IMTP 填料 HETP 值为 15in。如果没有或找不到填料 HETP 曲线，则可根据以下方法估算填料的 HETP 值。

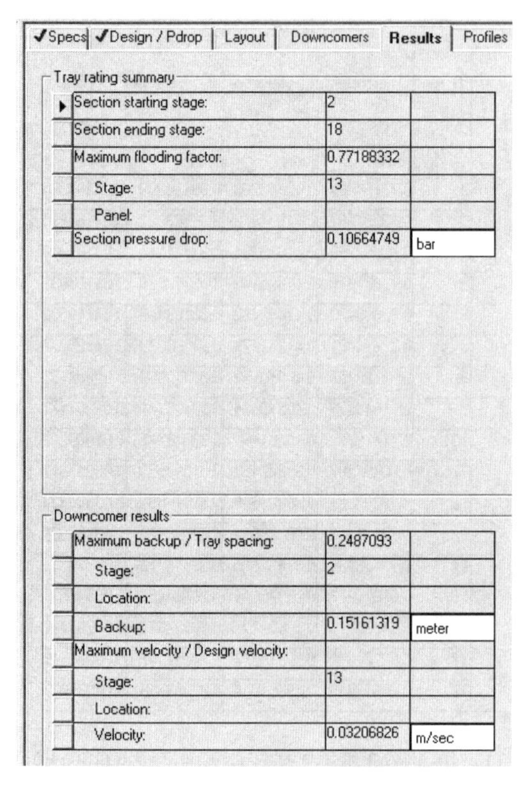

图 6-74　例 6-3 塔段 1 核算结果

✓Specs ✓Design / Pdrop | Layout | Downcomers | Results | Profiles

View: Panel A

Tray rating profiles

Stage	Flooding factor	Downcomer velocity	Downcomer backup	Backup / Tray space	Pressure drop
		m/sec	meter		bar
2	0.77025402	0.01551177	0.15161319	0.2487093	0.00682285
3	0.76199445	0.01538850	0.15091214	0.24755929	0.00677813
4	0.7566639	0.01522786	0.15011522	0.246252	0.00672915
5	0.75036461	0.01502039	0.14919711	0.24474592	0.00667487
6	0.74285122	0.01475499	0.14812847	0.24299289	0.00661419
7	0.73383905	0.01441917	0.14687638	0.24093894	0.00654606
8	0.72301577	0.01399987	0.14540656	0.23852783	0.00646969
9	0.71007534	0.01348540	0.14368841	0.23570933	0.00638493
10	0.69477186	0.01286861	0.14170181	0.23245048	0.00629271
11	0.67709874	0.01215466	0.13945951	0.22877216	0.00619615
12	0.65901736	0.01136780	0.13727064	0.22518149	0.00611960
13	0.77188332	0.03206826	0.14702883	0.24118903	0.00640221
14	0.75234602	0.03107272	0.14456038	0.23713972	0.00627412
15	0.70330707	0.02845475	0.13864489	0.22743584	0.00599100
16	0.61426401	0.02371908	0.12880634	0.2112965	0.00558751
17	0.54665476	0.02011593	0.12200849	0.20014515	0.00539430
18	0.52793478	0.01905477	0.12018583	0.19715523	0.00536994

图 6-75　例 6-3 塔段 1 核算剖形图

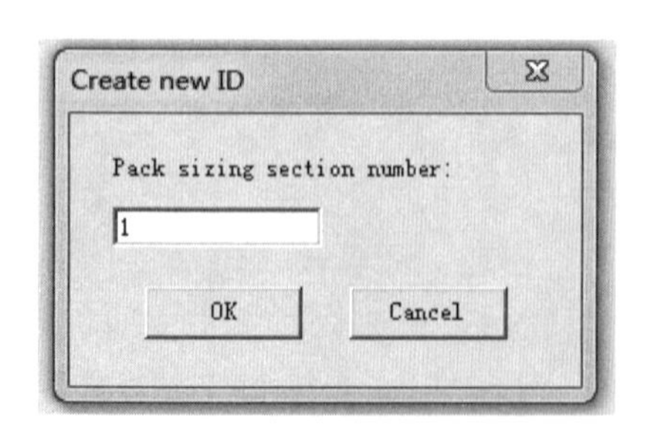

图 6-76　例 6-3 填料塔直径塔段序号 1

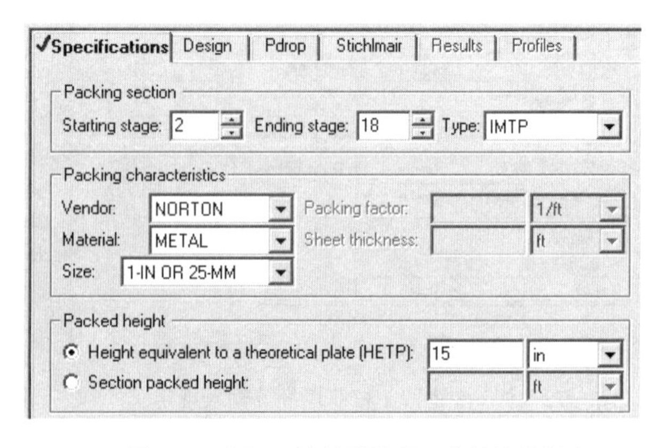

图 6-77　例 6-3 填料塔塔段 1 直径计算规定

对于鲍尔环或类似的高效散堆填料和低黏度流体，HETP,ft = 1.5*D*, in;对于低压至中压和低黏度液体条件下的结构填料，HETP = 100/a, ft^2/ft^3 + 4/12；对于黏性液体的吸收塔，HETP = 5～6ft；对于真空操作 HETP,ft = 1.5*D*, in +0.5；对于压力大于 200psia 的高压操作，结构填料的 HETP 取值一般应大于 HETP = 100/a, ft^2/ft^3 + 4/12 的计算值；对于直径小于 2ft 的塔，HETP= 塔径（但不小于 1ft）。以上各式中 *D* 为填料尺寸，*a* 为填料比表面积。

填写完毕，运行模拟，再回到数据浏览界面，点击 Results，可以得到如图 6-78 所示的计算结果界面，可见填料塔直径为 0.72836363m，可以圆整到 0.73m，点击 Profiles，可以得到如图 6-79 所示的剖形图，可见接近最大容量因子都在 0.62 以下，填料高度为 6.096m。

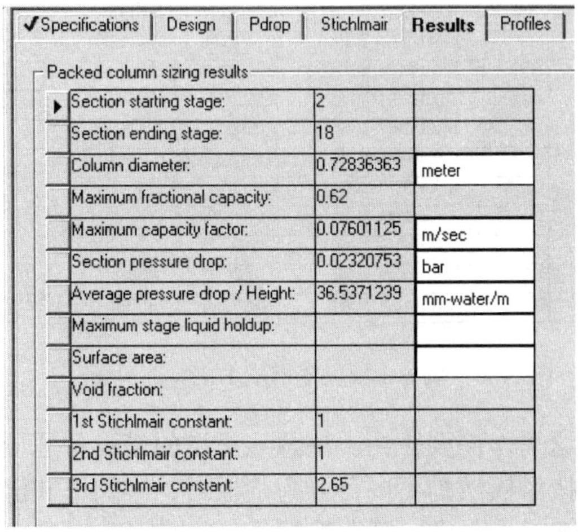

✔Specifications | Design | Pdrop | Stichlmair | **Results** | Profiles

Packed column sizing results

Section starting stage:	2	
Section ending stage:	18	
Column diameter:	0.72836363	meter
Maximum fractional capacity:	0.62	
Maximum capacity factor:	0.07601125	m/sec
Section pressure drop:	0.02320753	bar
Average pressure drop / Height:	36.5371239	mm-water/m
Maximum stage liquid holdup:		
Surface area:		
Void fraction:		
1st Stichlmair constant:	1	
2nd Stichlmair constant:	1	
3rd Stichlmair constant:	2.65	

图 6-78　例 6-3 填料塔塔段 1 直径计算结果

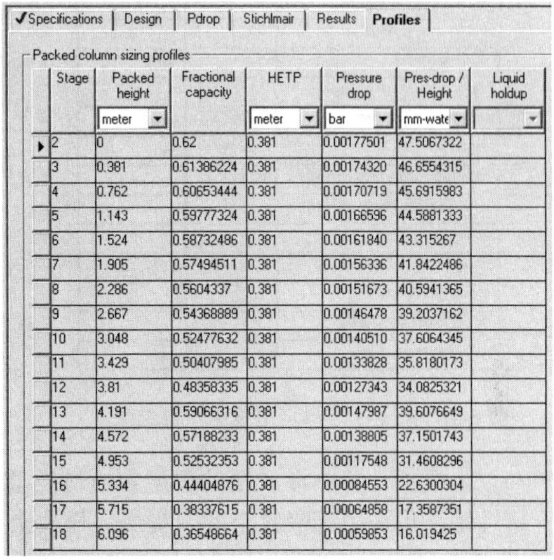

✔Specifications | Design | Pdrop | Stichlmair | Results | **Profiles**

Packed column sizing profiles

Stage	Packed height	Fractional capacity	HETP	Pressure drop	Pres-drop / Height	Liquid holdup
	meter		meter	bar	mm-wate	
2	0	0.62	0.381	0.00177501	47.5067322	
3	0.381	0.61386224	0.381	0.00174320	46.6554315	
4	0.762	0.60653444	0.381	0.00170719	45.6915983	
5	1.143	0.59777324	0.381	0.00166596	44.5881333	
6	1.524	0.58732486	0.381	0.00161840	43.315267	
7	1.905	0.57494511	0.381	0.00156336	41.8422486	
8	2.286	0.5604337	0.381	0.00151673	40.5941365	
9	2.667	0.54368889	0.381	0.00146478	39.2037162	
10	3.048	0.52477632	0.381	0.00140510	37.6064345	
11	3.429	0.50407985	0.381	0.00133828	35.8180173	
12	3.81	0.48358335	0.381	0.00127343	34.0825321	
13	4.191	0.59066316	0.381	0.00147987	39.6076649	
14	4.572	0.57188233	0.381	0.00138805	37.1501743	
15	4.953	0.52532353	0.381	0.00117548	31.4608296	
16	5.334	0.44404876	0.381	0.00084553	22.6300304	
17	5.715	0.38337615	0.381	0.00064858	17.3587351	
18	6.096	0.36548664	0.381	0.00059853	16.019425	

图 6-79　例 6-3 填料塔塔段 1 直径计算各平衡级剖形图

打开 Blocks→RADFRAC1→Pack Rating，点击 Pack Rating，用类似的方法建立填料塔核算窗口如图 6-80 所示，填写塔径 0.73m 等信息后，运行模拟，再回到数据浏览窗口点击 Results，可见图 6-81 所示的结果，可见接近最大容量分率为 0.617；点击 Profiles，可以得到如图 6-82 所示的剖形图，可见接近最大容量分率均小于 0.62。

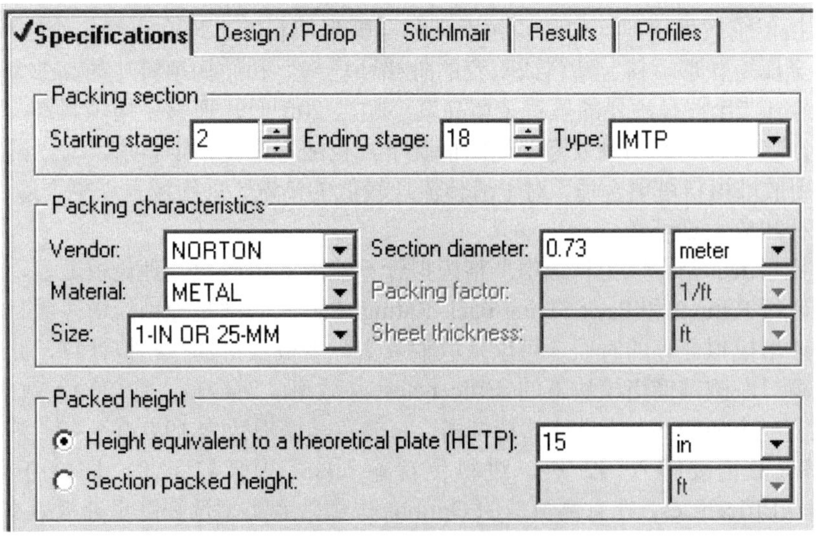

图 6-80　例 6-3 填料塔塔段 1 核算规定

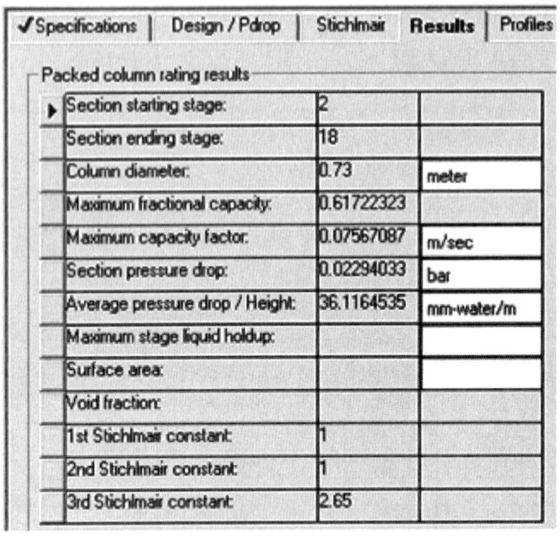

✔Specifications | Design / Pdrop | Stichlmair | **Results** | Profiles

Packed column rating results

Section starting stage:	2	
Section ending stage:	18	
Column diameter:	0.73	meter
Maximum fractional capacity:	0.61722323	
Maximum capacity factor:	0.07567087	m/sec
Section pressure drop:	0.02294033	bar
Average pressure drop / Height:	36.1164535	mm-water/m
Maximum stage liquid holdup:		
Surface area:		
Void fraction:		
1st Stichlmair constant:	1	
2nd Stichlmair constant:	1	
3rd Stichlmair constant:	2.65	

图 6-81 例 6-3 填料塔塔段 1 核算结果

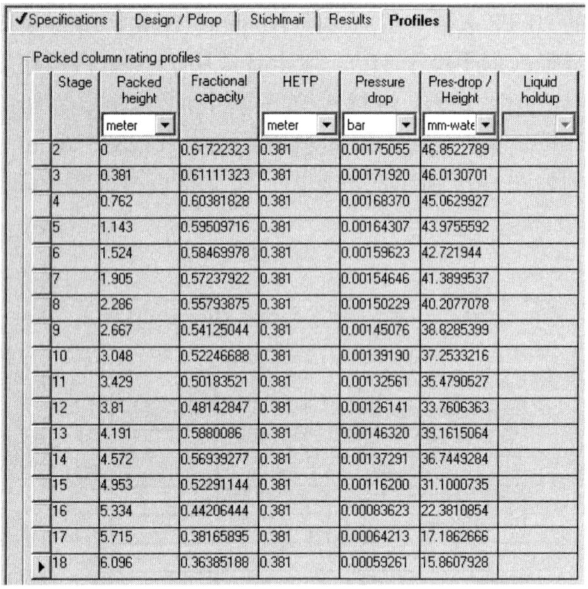

✔Specifications | Design / Pdrop | Stichlmair | Results | **Profiles**

Packed column rating profiles

Stage	Packed height	Fractional capacity	HETP	Pressure drop	Pres-drop / Height	Liquid holdup
	meter		meter	bar	mm-wate	
2	0	0.61722323	0.381	0.00175055	46.8522789	
3	0.381	0.61111323	0.381	0.00171920	46.0130701	
4	0.762	0.60381828	0.381	0.00168370	45.0629927	
5	1.143	0.59509716	0.381	0.00164307	43.9755592	
6	1.524	0.58469978	0.381	0.00159623	42.721944	
7	1.905	0.57237922	0.381	0.00154646	41.3899537	
8	2.286	0.55793875	0.381	0.00150229	40.2077078	
9	2.667	0.54125044	0.381	0.00145076	38.8285399	
10	3.048	0.52246688	0.381	0.00139190	37.2533216	
11	3.429	0.50183521	0.381	0.00132561	35.4790527	
12	3.81	0.48142847	0.381	0.00126141	33.7606363	
13	4.191	0.5880086	0.381	0.00146320	39.1615064	
14	4.572	0.56939277	0.381	0.00137291	36.7449284	
15	4.953	0.52291144	0.381	0.00116200	31.1000735	
16	5.334	0.44206444	0.381	0.00083623	22.3810854	
17	5.715	0.38165895	0.381	0.00064213	17.1862666	
18	6.096	0.36385188	0.381	0.00059261	15.8607928	

图 6-82 例 6-3 填料塔塔段 1 核算剖形图

以上模拟计算中涉及塔的类型和填料类型。这里作简要介绍。注意这里讲的塔设备适用于精馏塔，也适用于吸收塔和汽提塔。塔器类型按塔板结构不同可分为筛板塔、浮阀塔和泡罩塔，对应塔板上的气体通道分别是筛孔、金属阀和金属泡罩。筛孔最简单，通常直径 0.125～0.5in，阀塔塔板开孔较大，直径通常 1.5～2in，每一个开孔上安装一个由阀帽和阀腿组成的阀，在一定气体流量范围内，气体流量越大，阀的开度越大；泡罩塔塔板的开孔更大，每一个开孔上装有周围带有孔槽的罩帽。筛板塔成本低、压降较小，但效率也低、操作弹性（可用能够稳定操作的最大和最小气体流量比表示）较小，泡罩塔成本高、压力降较大，但效率高，操作弹性大，除了严格防止漏液或需要长的停留时间以利于化学反应的场合，泡罩塔很少被采用；浮阀塔的性能介于两者之间，浮阀塔和筛板塔都有广泛的应用。

填料包括传统散堆填料（如陶瓷拉西环和马鞍形填料等，现在已经很少应用）、高效散堆填料（如金属矩鞍形填料、塑料或陶瓷的阶梯环填料）和结构填料（如高效金属罩填料）。

当塔径小于 2ft 并且需要的填料装填高度不超过 20ft 时，通常采用填料塔，而不采用板式塔。另外，在腐蚀和或物系发泡严重的情况下，也应考虑使用填料塔，对于液体流速很高的情况，采用散堆填料塔更合适，对于液体流速较低的情况，采用板式塔更合适。一般来说，板式塔的设计和放大更可靠。

需要特别指出的是：以上精馏塔严格模拟计算输入的塔板数是理论板数目，包括其中的 Tray Sizing/Tray Rating 和 Pack Sizing/Pack Rating 中输入的都是理论板塔段数目；如果对一个实际的工业塔模拟计算的时候，可以采取输入实际塔板数目进行模拟计算，此时，一定要在数据浏览窗口左侧精馏塔模块下的 Efficencies （效率）对应输入窗口输入效率。

比如现有一个如例 6-3 所设计的精馏塔，它的实际塔板数为 19/0.46≈42，则模拟计算输入时实际塔板数需要输入 42 块，进料位置输入(13/19)×42≈29，同时打开 Blocks→RADFRAC1→Efficencies，在右侧窗口的 Options 选项效率类型选择默里弗板效率，方法选择规定塔段效率，如图 6-83 所示；在 Vapor-Liquid 窗口规定塔段范围第 2～41 块板，效率填写 0.46，如图 6-84 所示。这样，模拟计算的结果与输入 19 块理论板（不输入效率，相当于默认 100%效率）和进料位置 13 的计算结果是一致的。如果实际运行塔的效率不明确，可以合理假设后进行计算，计算结果如果与生产实际结果一致，则假设的效率合理；否则，重新假设效率，直到计算结果与实际相符，在此基础上再进行工艺改造或优化。

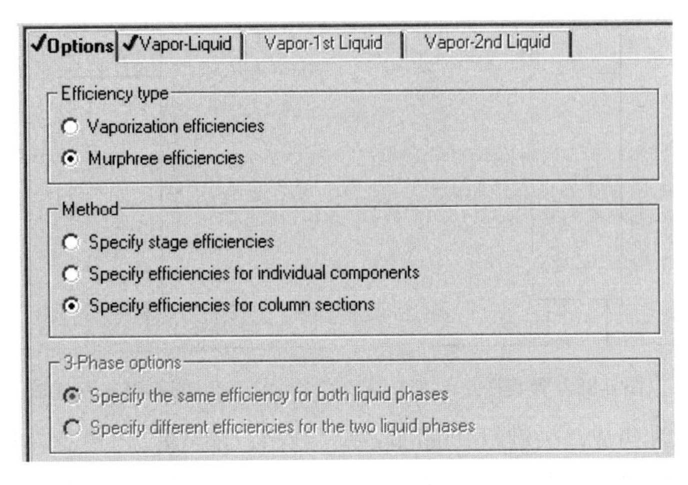

图 6-83　例 6-3 效率类型和方法选择

✓Options ✓Vapor-Liquid　Vapor-1st Liquid　Vapor-2nd Liquid

Section efficiency

Murphree

	Section	Starting stage	Ending stage	Efficiency
	1	2	41	0.46
*				

图 6-84　例 6-3 塔段和效率填写

6.9　吸收塔和汽提塔效率

6.9.1　吸收和汽提过程的重要概念

在吸收过程中，气体混合物与液体吸收剂接触，气体中的一种或若干种组分被吸收剂选择性溶解而转移到液相，转移到液相的组分被称作溶质。吸收过程用于净化气体或回收气体中有用的组分。与吸收相反的过程是汽提过程（或叫解析过程），在汽提过程中，液体在与气体接触的过程中，液体中的一种或若干种组分转移到气相。汽提塔常和吸收塔联合使用进行吸收剂再生，实现吸收剂的循环利用，当采用水作吸收剂时，通常用精馏的方法分离回收吸收剂，而不用汽提的方法。吸收塔和汽提塔如图 6-85 和图 6-86 所示。

吸收因子 $A_i \equiv \dfrac{L}{K_i V}$，其中 L、V 分别为液相和气相流量；K_i 为被吸收组分的气-液平衡常数；汽提因子 $S_i \equiv \dfrac{1}{A_i} = \dfrac{K_i V}{L}$。从经济角度考虑，被吸收或被气提的关键组分（主要组分）的吸收因子和气提因子一般推荐采用 1.4 左右。

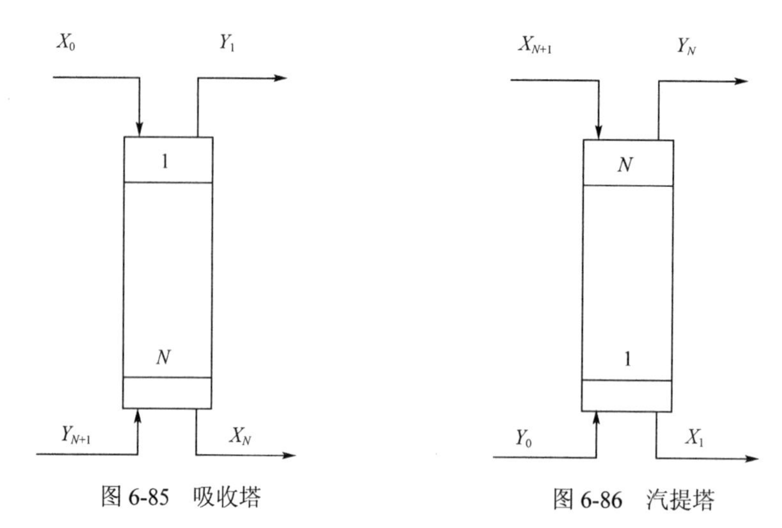

图 6-85　吸收塔　　　　图 6-86　汽提塔

给定气体流量和组成，关键组分的回收率（或出口浓度 Y_1），最小吸收剂用量对应于和气体进口关键组分浓度 Y_{N+1} 平衡的关键组分液相浓度 X_N，达到此平衡需要的塔板数为无穷大；而另一个极限是吸收剂用量无穷大，此时需要的理论板数为 0，实际采用的吸收剂用量应该介于最小用量和无穷大之间，图 6-87 给出了吸收塔的操作线和气-液平衡线。实际吸收剂用量推荐值为最小吸收剂用量的 1.5 倍左右。类似地，对于汽提塔，存在最小汽提剂用量，实际的汽提剂用量推荐值为最小汽提剂的 1.5 倍。

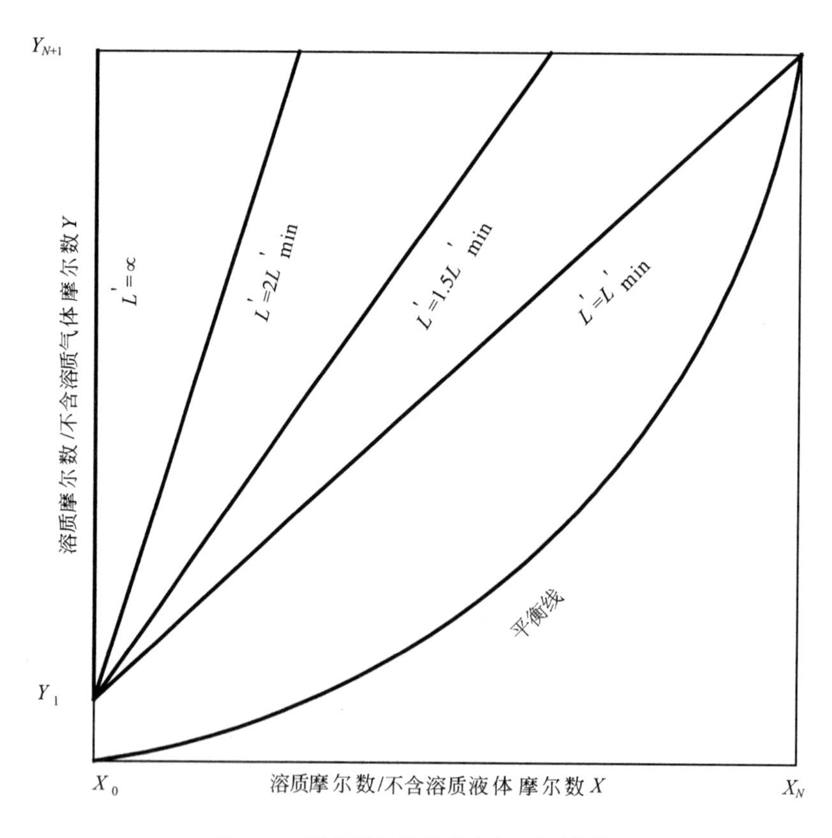

图 6-87　吸收塔的操作线和气-液平衡线

综合运用吸收塔的操作线和平衡线，可得到对于给定气体负荷流量和组成时、关键组分气相中的出口浓度（或回收率）以及吸收剂组成时的最小吸收剂用量表达式为式（6-21）所示：

$$L'_{\min}=\frac{G'(Y_{N+1}-Y_1)}{\left\{Y_{N+1}/\left[Y_{N+1}(K_N-1)+K_N\right]\right\}-X_0} \tag{6-21}$$

式中，$L'_{\min}$ 为不含溶质的最小吸收剂摩尔流量；G' 为不含溶质的气体摩尔流量；Y_{N+1} 为待处理气体中关键组分进口摩尔比浓度（气体中被吸收关键组分摩尔流量/不含被吸收组分的载气摩尔流量）；Y_1 为被吸收关键组分出口摩尔比浓度；X_0 为被吸收关键组分在吸收剂中的摩尔比浓度，如果进口吸收剂不含被吸收关键组分，则该浓度值为 0；K_N 为被吸收关键组分在吸收塔平均温度压力条件下的气-液平衡常数。

对于稀溶液的情况，摩尔比浓度近似等于相应的摩尔分率浓度，即$Y\approx y$，$X\approx x$，式（6-21）可以简化为式（6-22）：

$$L'_{\min}=G'\left(\frac{y_{N+1}-y_1}{\frac{y_{N+1}}{K_N}-x_0}\right) \tag{6-22}$$

若 $X_0=0$，则式（6-22）可以进一步简化为式（6-23）：

$$L'_{\min}=G'K_N\eta \tag{6-23}$$

式中，$\eta=\frac{y_{N+1}-y_1}{y_{N+1}}$ 为关键组分被吸收分率（回收率）。

类似地，对于汽提塔，最小汽提剂用量如式（6-24）所示：

$$G'_{\min}=\frac{L'}{K_N}\eta \tag{6-24}$$

式中，$\eta=\frac{x_{N+1}-x_1}{x_{N+1}}$ 为关键组分被汽提分率（或叫蒸出率、去除率）。

当吸收剂不含溶质时，对吸收塔逐板衡算可得到关键组分吸收因子、理论塔板数和关键组分吸收率之间的关系式如下：

$$\frac{A^{N+1}-A}{A^{N+1}-1}=\eta \tag{6-25}$$

由式（6-25）可以解得关键组分回收率达到规定值时所需要的理论塔板数计算式如下：

$$N=\frac{\lg\left(\frac{A-\eta}{1-\eta}\right)}{\lg A}-1 \tag{6-26}$$

类似地，对于汽提塔，通过逐板衡算可得到关键组分汽提（蒸出）因子、理论塔板数和关键组分蒸出率之间的关系式如下：

$$\frac{S^{N+1}-S}{S^{N+1}-1}=\eta \tag{6-27}$$

由式（6-27）可以解得关键组分蒸出率达到规定值时所需要的理论塔板数计算式如下：

$$N=\frac{\lg\left(\frac{S-\eta}{1-\eta}\right)}{\lg S}-1 \tag{6-28}$$

6.9.2 吸收塔和汽提塔效率

吸收塔和汽提塔的效率一般都较低，通常低于 50%。全塔效率可以由如下四种方法估测：与工业上相同或类似的实际操作的塔比较获得；使用从工业塔数据拟合得到的经验效率模型得到；使用传热传质速率的半理论模型得到或实验塔或中试塔的数据放大获得。下面介绍从工业塔数据拟合得到的经验效率模型。Drickamer 和 Bradford 基于 20 组烃类混合物工业吸收塔和汽提塔性能数据，得到关键组分被吸收或汽提的全塔效率与富油（离开吸收塔的液体或进入汽提塔的液体）在平均塔温下摩尔平均黏度的关联式如下：

$$E_o = 19.2 - 57.8\lg \mu_L \tag{6-29}$$

式中，E_o 为百分数；μ_L 的取值范围为 0.19～1.58cP。数据拟合的平均偏差和最大偏差分别是 5.0%～13.0%。 式（6-29）一般只能用于以上参数范围内的计算，物系也主要针对烃类混合物。O'Connell 发现以上 Drickamer 和 Bradford 的关联式不适合用来关联相对挥发度或气-液平衡常数范围很宽的物系的吸收塔和汽提塔（这是因为组分挥发性跨度很大时，液相传质阻力和气相传质阻力的相对重要性会发生改变，传质效率不再是液相黏度的单值函数）。O'Connell 采用被吸收或解吸关键组分的黏度、密度和亨利定律常数为拟合参数得到了更通用的关联式，Edmister,Lockhart 和 Leggett 对 O'Connell 关联式略作修改，允许使用气-液平衡常数作为拟合变量，称作 O'Connell 吸收塔和汽提塔板效率关联式，如图 6-88 所示。

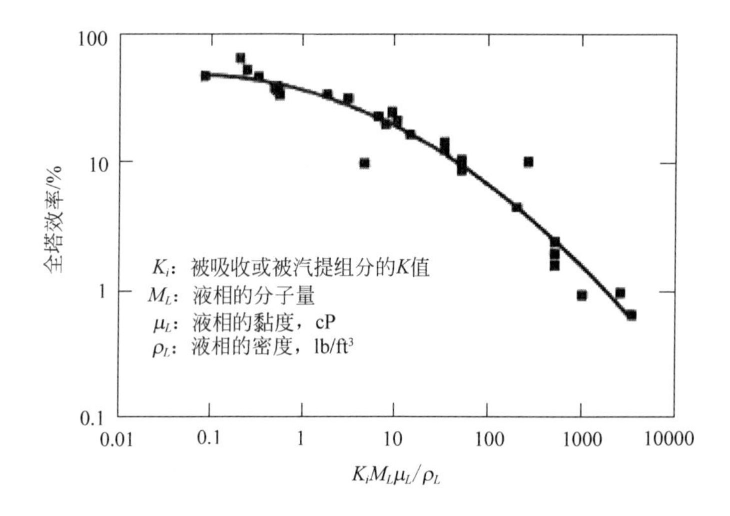

图 6-88 O'Connell 吸收塔和汽提塔板效率关联图

采用图 6-88 中数据可以拟合得到 O'Connell 吸收塔和汽提塔板效率经验方程：

$$\lg E_o = 1.597 - 0.199\lg\left(\frac{KM_L\mu_L}{\rho_L}\right) - 0.0896\left[\lg\left(\frac{KM_L\mu_L}{\rho_L}\right)\right]^2 \tag{6-30}$$

关联参数 $\dfrac{KM_L\mu_L}{\rho_L}$ 中，K 为被吸收或解吸关键组分的气-液平衡常数；M_L 为液相的分子量；μ_L 为液相黏度，cP；ρ_L 为液相密度，lb/ft^3。式（6-30）拟合的平均误差 16.3%，最大误差 157%。超过 50%数据点的拟合误差范围在 10%以内。O'Connell 吸收塔和汽提塔板效率关联基于 33 组工业塔数据，吸收剂包括烃类物质和水。采用以上关联图或关联式计算，K 值和吸收剂性质最好取塔端富液的性质，这是比较保守谨慎的估算。大部分用作以上关联的数据来源的工业塔中，液体流过活跃鼓泡板面积的流程是 2～3ft，对于更长流程的大直径塔，效率往往更高，这是因为对于较短的流程，液体在流程上基本上是完全混合，而对于较长流程，相当于有若干个完全混合的液体区串联存在，这样传质推动力更大，造成效率更高，甚至大于 100%，比如对于一个塔板上液体流程为 10ft 的塔，实际效率比用以上关联图或关联式预测的效率高 25%。但是，当塔中液体流量很大时，大的液体流程是不利的，因为这样容易导致过大的水力学梯度，如果板上进口液体高度明显高于出口溢流堰处的液体高度，气相会优先从溢流堰处进入塔板，导致不均匀的鼓泡行为。可以采用多流型的塔板设计来克服液体梯度，多流型的塔板形式和设计方法可参看图 6-89（两流型）和图 6-90 流型关联图。

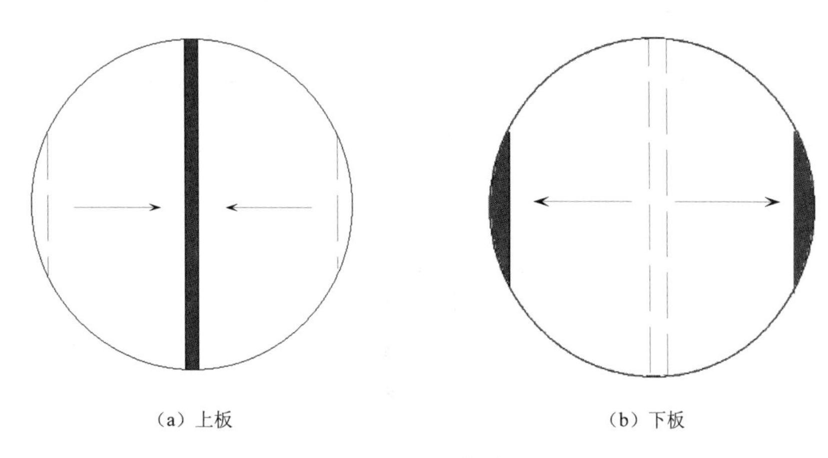

图 6-89　两流型

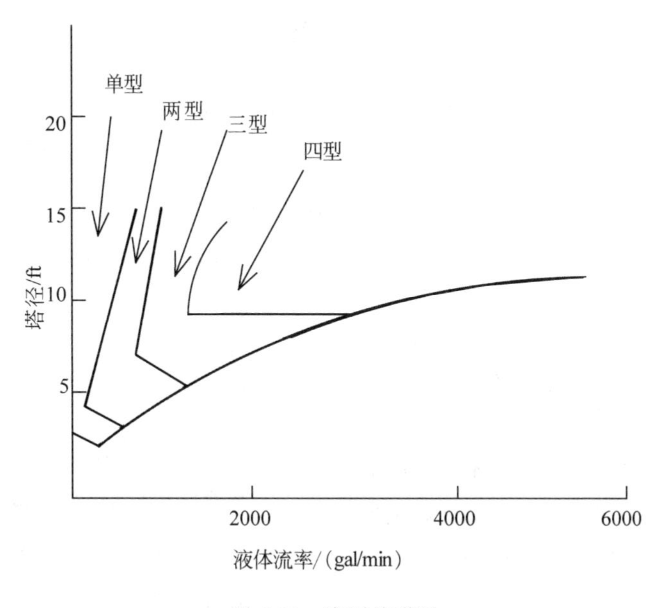

图 6-90　流型关联图

6.10　吸收塔和汽提塔模拟

【例 6-4】 离开醋酸纤维素干燥器的气体温度为 25℃，压力为 101.3kPa，流量组成：氯气 6.9kmol/hr，氧气 144.3kmol/hr，氮气 536.0kmol/hr，水 5.0kmol/hr，丙酮 10.3kmol/hr。采用同温同压、流量为 1943kmol/hr 的清水作为吸收剂吸收气体中的丙酮，假设吸收塔相当的理论板为 10 块，计算出口贫气和富液中丙酮的含量。

解：题目给定了吸收塔的进料条件和理论板数，这是一个操作性计算问题。

打开 Aspen Plus 用户界面，进入过程流程窗口，将新文件另存为 Example6-4.bkp。点击底部的 Columns，在展开的模块中找到 RadFrac，点击其右边的黑色三角形按钮，在弹出的菜单中，点击第七个图标 ABSBR1，光标变成十字，移动鼠标使十字光标处于空白窗口中的适当位置，再点击一下左键，吸收塔模块即出现。再点击左下角的物流，吸收塔上显示四个红色物流，一进三出，在红色进料处画出两股进料，气体进料和吸收剂进料，再把进料口分别拉到塔底和塔顶；在塔顶箭头向上的红色出口物流处画出气体出口物流，在底部的红色物流处画出吸收剂出口物流，结果如图 6-91 所示。

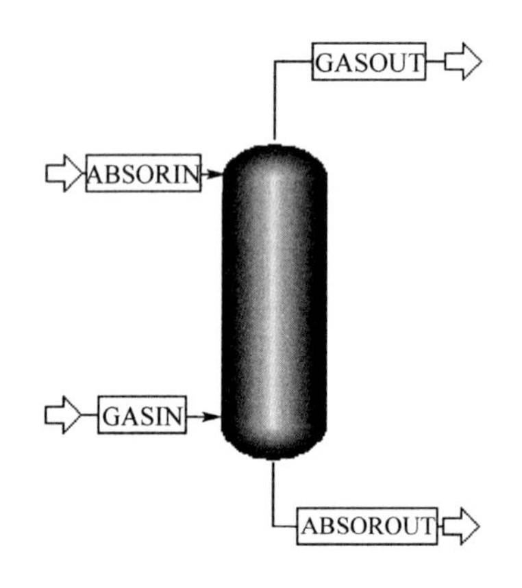

图 6-91　例 6-4 丙酮吸收塔

ABSORIN—吸收剂进料；ABSOROUT—吸收剂出料；GASIN—气体进料；GASOUT—气体出料

进入数据浏览窗口，依次填写 Setup、Components，定义组分后把氩气、氧气和氮气这些超临界气体定义为亨利组分。具体方法是，找到 Components→Henry Comps，双击 Henry Comps，右边窗口出现 New 按钮，点击 New 按钮，弹出如图 6-92 所示创建定义亨利组分标识，采用默认的 HC-1 名称，点击确定，右边出现图 6-93 选择亨利组分窗口，选中左边的氩气、氧气和氮气组分，用单箭头或双箭头把它们选择到右边；进入物性方法选择窗口如图 6-94 所示，选择 NRTL 作为活度系数计算方法，同时一定不要忘记在左边的 Henry components 后面的选项中找到此前建立的 HC-1，点击显示在窗口中（这样计算模拟计算中，亨利组分的溶解度用亨利定律计算，如果不选择，此前虽然建立了 HC-1，但计算中仍然采用 NRTL 计算这些气体液相中的浓度，结果偏大。）在 Properties→Parameters→Binary Interaction 下找到红色提示的 Henry-1 和 NRTL-1，分别双击调入相关参数。打开 Streams 文件夹，分别输入气体和吸收剂进料的温度压力和组成。

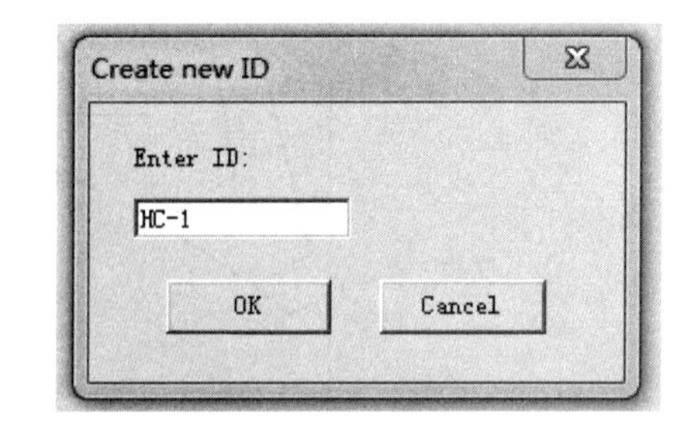

图 6-92　例 6-4 丙酮吸收塔创建定义亨利组分标识

如图 6-95 所示，在 Blocks→ABSORBER→Setup→Configuration 对应窗口输入理论板数 10，冷凝器和再沸器选 None。如图 6-96 所示，在 Blocks→ABSORBER→Setup→Streams 对应窗口输入气体进料位置 11，表示从第 10 块板下方进料，吸收剂进料位置 1 表示塔顶进料。如图 6-97 输入塔压。

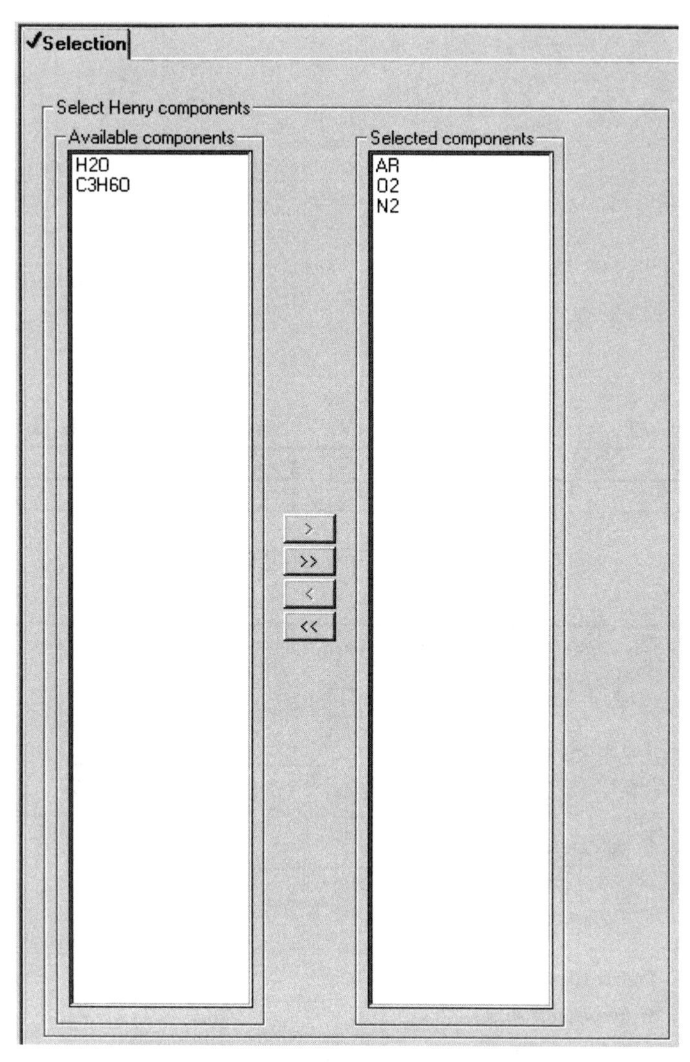

图 6-93　例 6-4 丙酮吸收塔选择亨利组分

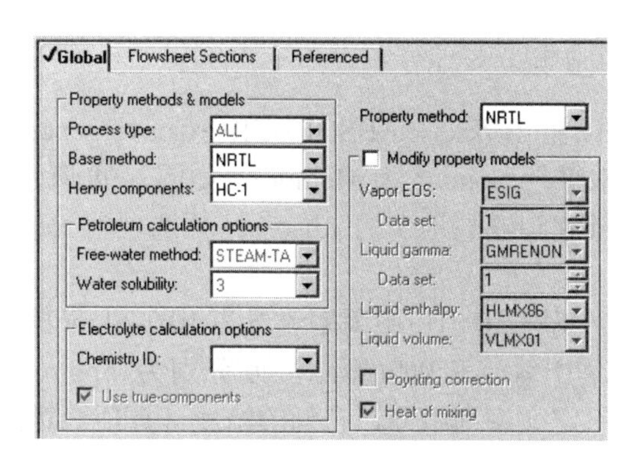

图 6-94　例 6-4 丙酮吸收塔物性选择

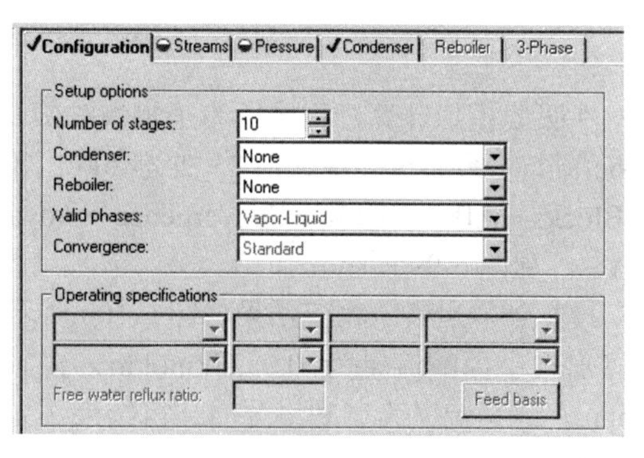

图 6-95　例 6-4 丙酮吸收塔构型

✓Configuration ✓Streams | Pressure | ✓Condenser | Reboiler | 3-Phase

Feed streams

Name	Stage	Convention
GASIN	11	Above-Stage
ABSORIN	1	Above-Stage

Product streams

Name	Stage	Phase	Basis	Flow	Units	Flow ratio	Feed specs
GASOUT	1	Vapor	Mole		kmol/hr		Feed basis
ABSOROUT	10	Liquid	Mole		kmol/hr		Feed basis

图 6-96　例 6-4 丙酮吸收塔进料位置

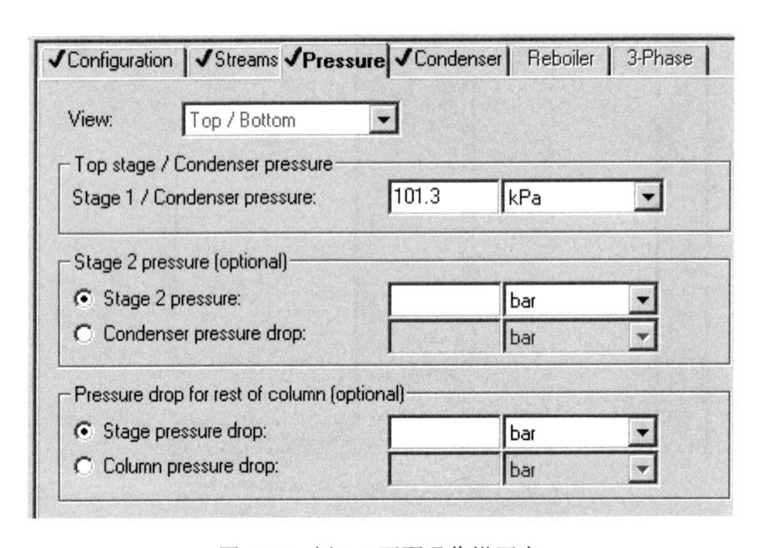

图 6-97　例 6-4 丙酮吸收塔压力

在吸收模拟计算过程中，为了加快收敛，可以在 Blocks→ABSORBER→Convergence→Basic 窗口将最大迭代次数由 25 改为 200，阻尼水平由 None 改为 Medium，如图 6-98 所示，在 Blocks→ABSORBER→Convergence→Advanced 窗口左栏顶端的 Absorber 后选项由 No 改为 Yes，如图 6-99 所示。

模拟计算后查看物流结果如图 6-100 所示，可见吸收液出口中丙酮流量为 10.248kmol/hr，气体出口中丙酮流量为 0.0528kmol/hr。出口液体中氧气和氮气摩尔浓度分别为 5ppm 和 10ppm，这是定义为亨利组分的计算结果，如果不定义亨利组分，它们的浓度计算值会达到几百 ppm。

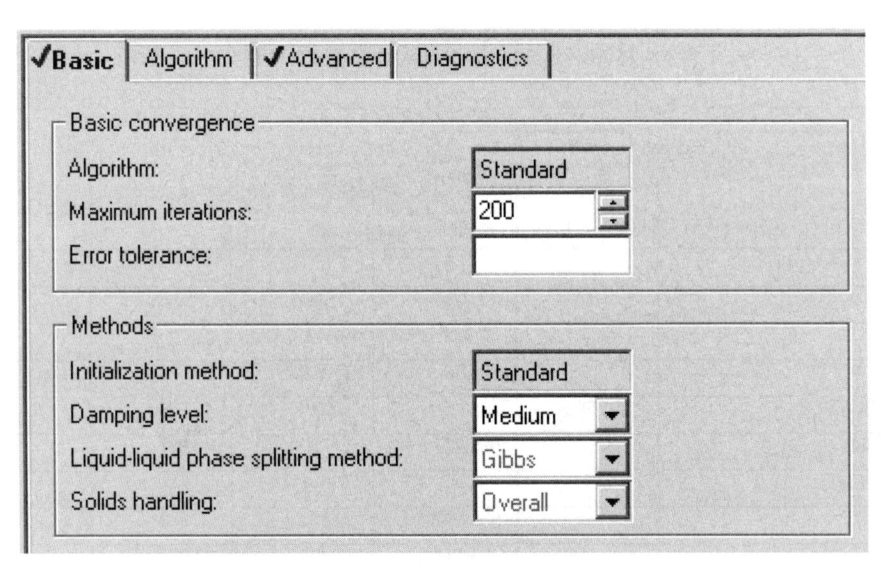

图 6-98　例 6-4 丙酮吸收塔修改最大迭代次数和阻尼水平

✓Basic | Algorithm | ✓Advanced | Diagnostics

Advanced convergence parameters

Absorber:	Yes	Maxip:	
Dsmeth:		Maxol:	200
Dtmax:		Pheqm-Form:	
Eff-Flash:	No	Prod-Flash:	
Flash-Maxit:	50	Prop-Deriv:	Analytical
Flash-Tol:		Qmaxbwil:	0.5
Flash-Tolil:	1E-07	Qmaxbwol:	
Flash-Vfrac:		Qminbwil:	0
Flexi-Meth:	Bulletin 960	Qminbwol:	
Float-Meth:	Aspen90	Radius-Frac:	
Fminfac:		Rmsol0:	0.1
Hmodel1:		Rmsol1:	
Hmodel2:		Stable-Iter:	
Llmeth:		Stable-Meth:	
Kbbmax:	-500	Tolil0:	
Kmodel:		Tolilfac:	
Ll-Meth:	Gibbs	Tolilmin:	
Max-Broy:	200	Tolol:	
Maxil:			

图 6-99　例 6-4 丙酮吸收塔高级收敛参数

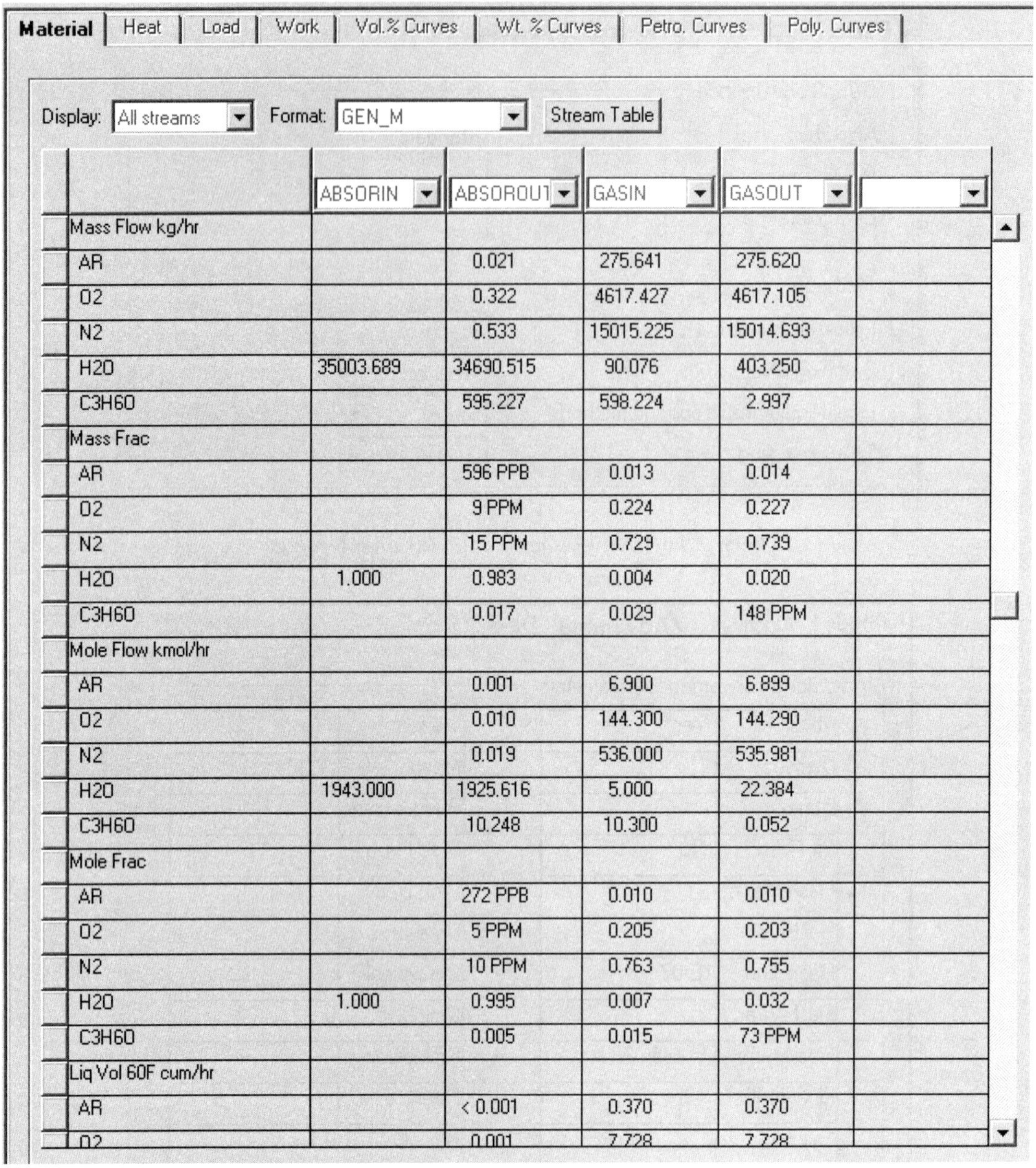

Material	Heat	Load	Work	Vol.% Curves	Wt. % Curves	Petro. Curves	Poly. Curves

Display: All streams　Format: GEN_M　Stream Table

	ABSORIN	ABSOROUT	GASIN	GASOUT	
Mass Flow kg/hr					
AR		0.021	275.641	275.620	
O2		0.322	4617.427	4617.105	
N2		0.533	15015.225	15014.693	
H2O	35003.689	34690.515	90.076	403.250	
C3H6O		595.227	598.224	2.997	
Mass Frac					
AR		596 PPB	0.013	0.014	
O2		9 PPM	0.224	0.227	
N2		15 PPM	0.729	0.739	
H2O	1.000	0.983	0.004	0.020	
C3H6O		0.017	0.029	148 PPM	
Mole Flow kmol/hr					
AR		0.001	6.900	6.899	
O2		0.010	144.300	144.290	
N2		0.019	536.000	535.981	
H2O	1943.000	1925.616	5.000	22.384	
C3H6O		10.248	10.300	0.052	
Mole Frac					
AR		272 PPB	0.010	0.010	
O2		5 PPM	0.205	0.203	
N2		10 PPM	0.763	0.755	
H2O	1.000	0.995	0.007	0.032	
C3H6O		0.005	0.015	73 PPM	
Liq Vol 60F cum/hr					
AR		< 0.001	0.370	0.370	
O2		0.001	7.728	7.728	

图 6-100　例 6-4 丙酮吸收塔计算物流总结

【例 6-5】 离开醋酸纤维素干燥器的气体温度为 25℃，压力为 101.3kPa，流量组成：氩气 6.9kmol/hr，氧气 144.3kmol/hr，氮气 536.0kmol/hr，水 5.0kmol/hr，丙酮 10.3kmol/hr。采用同温同压的清水作为吸收剂吸收气体中的丙酮，假设要求干燥器尾气排放中丙酮的流量不超过 0.052kmol/hr。

（1）确定吸收剂流量，计算满足净化要求所需要的理论板数。

（2）估算全塔效率和实际塔板数。

（3）计算塔径和塔高。

（4）若采用填料吸收塔，选用一种高效填料，计算填料塔直径和装填高度。

解： 由题目可知这是一个设计型问题。

（1）由式（6-26）$N=\dfrac{\lg\left(\dfrac{A-\eta}{1-\eta}\right)}{\lg A}-1$ 可知，如果知道被吸收关键组分的回收率和吸收因子，就可以计算出理论塔板数。本题被吸收关键组分为丙酮，丙酮回收率$\eta=$（10.3−0.052）/10.3=0.995，吸收因子 $A_i\equiv\dfrac{L}{K_iV}$，其中，L、V 分别为液相和气相流量，K_i 为被吸收组分的气-液平衡常数，因此，要计算吸收因子，必须先给出吸收过程的气-液流量比和丙酮在吸收条件下的气-液平衡常数。所处理的气体中丙酮含量很低，可以预计，清水吸收丙酮后出口液体中丙酮浓度也很低，可以采用式（6-23）$L'_{\min}=G'K_N\eta$ 计算最小吸收剂用量。G' = 6.9+144.3+536+5=692.2kmol/hr，η=0.995，K_N 为塔底液相组成条件下关键组分丙酮的气-液平衡常数，因为稀溶液吸收过程热效应很小，全塔温度变化很小，计算 K_N 的温度取气体进料温度，压力取 101.3kPa，丙酮浓度取无限稀释溶液。这样就可以利用 Aspen Plus 计算出丙酮的气-液平衡常数 K_N，进一步求解得到最小吸收剂用量 $L'_{\min}$。实际吸收剂取为最小用量的 1.5 倍，则可求得 $\dfrac{L}{V}$，取 $K_i=K_N$，可求得吸收因子 A_i，再利用式（6-26）求解理论塔板数。

下面介绍如何求关键被吸收组分丙酮的气-液平衡常数。不妨设丙酮无限稀释溶液流量组成为水 2000kmol/hr，丙酮 1kmol/hr，利用 Aspen Plus 对以上物流在温度为 25℃，压力为 101.3kPa 的条件下进行一次闪蒸计算（采用 NRTL 计算液相组分的活度系数），即可从 View Report 中得到气-液平衡常数。

打开 Aspen Plus 用户界面，另存为 Estimate K Values of Acetone.bkp，选择 Flash2 模块，进料温度压力输入与闪蒸温度压力相同，物性方法选择 NRTL，模拟计算结束后，点击 View→Report，弹出图 6-101 窗口，点击 OK 确认，出现图 6-102 所示的模块报告，从中可以得到 K_{acetone}=1.7644，K_{water}=0.031297。

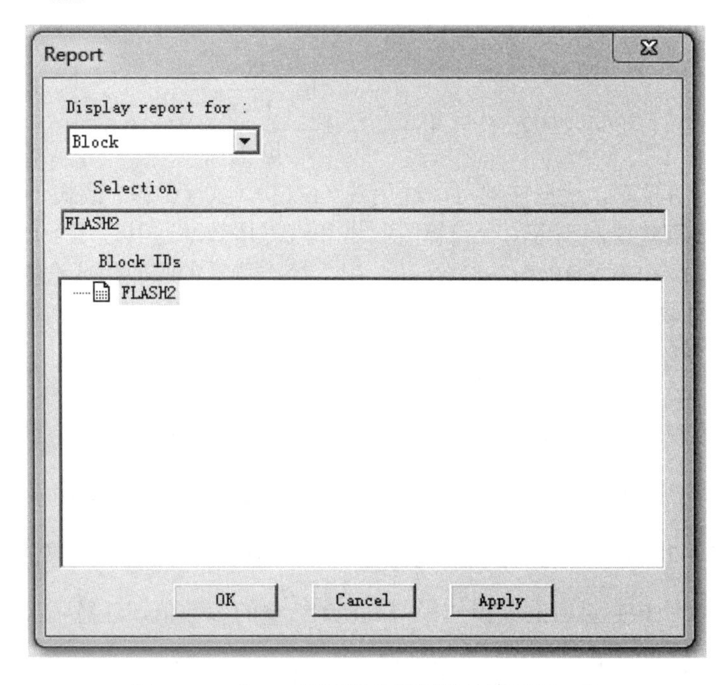

图 6-101　例 6-5 丙酮吸收塔设计计算丙酮 K 值

```
BLOCK:  FLASH2   MODEL: FLASH2
-------------------------------
   INLET STREAM:             1
   OUTLET VAPOR STREAM:      2
   OUTLET LIQUID STREAM:     3
   PROPERTY OPTION SET:      NRTL       RENON (NRTL) / IDEAL GAS

                      ***  MASS AND ENERGY BALANCE  ***
                                    IN              OUT           RELATIVE DIFF.
    TOTAL BALANCE
       MOLE(KMOL/HR )            2001.00          2001.00         0.000000E+00
       MASS(KG/HR   )            36088.6          36088.6        -0.201614E-15
       ENTHALPY(MMKCAL/H)       -136.532         -136.532         0.000000E+00

                          ***  INPUT DATA  ***
   TWO    PHASE   TP  FLASH
   SPECIFIED TEMPERATURE C                                   25.0000
   SPECIFIED PRESSURE    BAR                                  1.01300
   MAXIMUM NO. ITERATIONS                                    30
   CONVERGENCE TOLERANCE                                      0.000100000

                           ***  RESULTS  ***
   OUTLET TEMPERATURE    C                                     25.000
   OUTLET PRESSURE       BAR                                   1.0130
   HEAT DUTY             MMKCAL/HR                             0.00000E+00
   VAPOR FRACTION                                              0.00000E+00


   V-L PHASE EQUILIBRIUM :

      COMP              F(I)          X(I)          Y(I)          K(I)
      H2O               0.99950       0.99950       0.97259       0.31297E-01
      C3H6O-1           0.49975E-03   0.49975E-03   0.27415E-01   1.7644
```

图 6-102　例 6-5 丙酮吸收塔设计计算丙酮 K 值报告

由 $L'_{\min}=G'K_N\eta$ =692.2×1.7644×0.995=1215.211kmol/hr，$L'=1.5L'_{\min}$ =1.5×1215.211=1822.817kmol/hr，由于是稀溶液，$L\approx L'$+5.15=1827.967kmol/hr，$V\approx G'+5.15$ =697.35kmol/hr，

$A_i\equiv\dfrac{L}{K_iV}$ =1827.967/(1.7664×697.35)=1.484，$N=\dfrac{\lg\left(\dfrac{A-\eta}{1-\eta}\right)}{\lg A}-1$=10.6。

（2）计算吸收塔效率，根据情况可以选用式（6-15）、式（6-29）或式（6-30）。式（6-15）可以用于计算精馏塔效率，也可用于计算吸收塔和汽提塔效率。其适用条件是关键组分相对挥发度和液相黏度乘积小于 10cP；式（6-29）用于烃类物质的吸收塔或汽提塔效率计算；式（6-30）可用于各种物系吸收塔或汽提塔效率计算。本例丙酮的吸收塔效率可采用式（6-30）计算，其参数为 $\dfrac{KM_L\mu_L}{\rho_L}$，其中关键被吸收组分丙酮的气-液平衡常数为 1.7644，可以根据(1)中设计条件进行吸收塔模拟计算，以得到液相平均分子量、密度和黏度，就可以计算出参数 $\dfrac{KM_L\mu_L}{\rho_L}$ 的值和全塔效率。如果将(1)中设计的吸收剂清水用量从 1822.817kmol/hr 提高到例 6-4 的流量水平 1943kmol/hr，理论板数 10.6 块圆整到 10 块，则模拟计算的条件和例 6-4 完全相同，可以利用例 6-4 对应的模拟结果得到 $\dfrac{KM_L\mu_L}{\rho_L}$ 的参数值，注意需要建立液相黏度的物性集才能得到液相黏度，计算时采用出口富液的黏度值、密度值和分子量。打开 Example6-4.bkp，建立物性集后重新模拟计算，从结果总结中可以得到如图 6-103 所示的物流

结果，可见第三栏中最后一行液相黏度为 0.9613016cP，平均相对分子质量 18.22755，密度 61.90405lb/cuft。$\frac{KM_L\mu_L}{\rho_L}$=1.7644×18.22755×0.9613016/61.90405=0.4994，代入式（6-30）得到全塔效率为 44.55%。此值比参考文献[2]提供的该塔实际效率值 33.33%偏高。

Material | Heat | Load | Work | Vol.% Curves | Wt. % Curves | Petro. Curves | Poly. Curves

Display: All streams　Format: FULL　Stream Table

	ABSORIN	ABSOROUT	GASIN	GASOUT	
C3H6O	0.0	26.78061	26.91546	.1348438	
LiqVolFrac60F					
AR	0.0	7.93529E-7	9.81346E-3	9.93037E-3	
O2	0.0	1.51568E-5	.2052294	.2076755	
N2	0.0	2.86668E-5	.7623212	.7714338	
H2O	1.000000	.9786040	2.39661E-3	.0108576	
C3H6O	0.0	.0213513	.0202393	1.02613E-4	
Total Flow lbmol/hr	4283.582	4267.916	1548.747	1564.413	
Total Flow lb/hr	77169.93	77793.68	45407.72	44783.97	
Total Flow cuft/hr	1244.213	1256.681	6.07091E+5	6.13505E+5	
Temperature F	77.00000	72.30733	77.00000	77.23904	
Pressure psi	14.69232	14.69232	14.69232	14.69232	
Vapor Frac	0.0	0.0	1.000000	1.000000	
Liquid Frac	1.000000	1.000000	0.0	0.0	
Solid Frac	0.0	0.0	0.0	0.0	
Enthalpy Btu/lbmol	-1.2282E+5	-1.2283E+5	-2099.601	-3284.429	
Enthalpy Btu/lb	-6817.644	-6738.735	-71.61232	-114.7331	
Enthalpy Btu/hr	-5.2612E+8	-5.2423E+8	-3.2518E+6	-5.1382E+6	
Entropy Btu/lbmol-R	-38.85724	-39.18024	.5071837	1.037136	
Entropy Btu/lb-R	-2.156904	-2.149506	.0172988	.0362297	
Density lbmol/cuft	3.442804	3.396180	2.55109E-3	2.54996E-3	
Density lb/cuft	62.02308	61.90405	.0747955	.0729968	
Average MW	18.01528	18.22755	29.31900	28.62669	
Liq Vol 60F cuft/hr	1238.526	1254.282	1329.856	1314.100	
*** LIQUID PHASE ***					
MUMX cP	.9125308	.9613016			

图 6-103　例 6-5 丙酮吸收塔部分物流结果

如果采用式(6-29)计算，则全塔效率为 20.19%，比实际偏低。有趣的是，如果取式(6-30)和式（6-29）计算结果取平均值，则全塔效率为 32.37%，与实际效率非常一致。

如果采用式（6-15）计算该丙酮吸收塔效率，则公式中的相对挥发度数值取关键被吸收则分丙酮气-液平衡常数的 10 倍为 17.644，黏度仍取 0.9613016cP，二者乘积为 16.96cP，大于 10cP，严格说不适合采用此公式计算，仍然尝试采用此公式计算，得到全塔效率为 26.53%，比实际值略偏低。

根据以上分析，如果全塔效率取 32.37%，则实际塔板数为 10/0.3237=32.7，圆整到 33 块实际塔板。

（3）打开 Example6-4.bkp， 采用与前述精馏塔类似的方法，利用 Tray Sizing 计算得到塔径为 1.73864142m，圆整到 1.8m；利用 Tray Rating 对直径为 1.8m 的塔板进行核算，可得到最大液泛因子约 0.69（该值不超过设计时规定的 0.8，符合要求）；塔段压降约 0.086bar；在降液管结果中可以看到，最大降液管液位/板间距=0.28（该比值应在 0.2～0.5 之间，核算值符合要求）。

（4）利用 Pack Sizing 计算填料塔直径：填料类型选诺顿公司的 IMTP，填料特性栏目的供应商选 NORTON，材质选 METAL，尺寸选择 1in 或 25mm。经查阅本题 IMTP 填料 HETP 值为 15in，重新模拟计算得到填料塔直径为 1.79579901m，圆整到 1.8m；利用 Pack Rating 对塔径 1.8m 的填料塔核算，得到接近最大容量分率为 0.61710936，小于默认的规定值 0.62，塔段压降为 0.01582108bar。填料装填高度为 15in×10=150in=150×2.54cm=3.81m。

6.11 萃取塔模拟

萃取分离是利用物质溶解性的差异。对于沸点非常接近的物质（若采用精馏需要很多塔板），或热敏性物质（如果采用精馏法分离需要真空操作），或存在少量高沸点物质系统的分离（如废水中少量醋酸的回收，若采用精馏需要蒸发大量水分，能耗很高），采用萃取分离可能比较经济。

下面采用三元液-液系统说明萃取过程的分配系数和萃取因子等概念。载体物质用 A 表示，其流量用 F_A 表示，溶质用 B 表示，其摩尔比或质量比浓度用 X_B 表示，溶剂组分为 C，其流量用 S 表示。假设进料与萃取剂经过若干平衡级接触分离后，得到的萃取相和萃余相如图 6-104 所示。

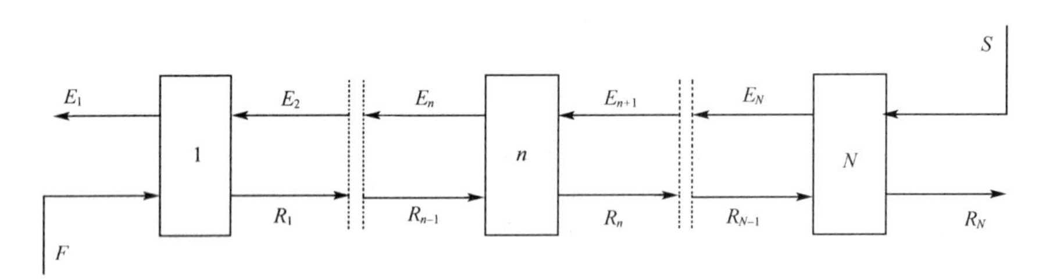

图 6-104 逆流 N 级液-液萃取

对于如图 6-105 所示的一个平衡级，溶质物料平衡式如下（假定溶剂为纯组分，溶剂和载体不互溶）：

$$X_B^{(F)}F_A = X_B^{(E)}S + X_B^{(R)}F_A \tag{6-31}$$

平衡时溶质的分配式：

$$X_B^{(E)} = K'_{D_B}X_B^{(R)} \tag{6-32}$$

式中，K'_{D_B} 为根据质量或摩尔比浓度定义的分配系数。

将后式代入前式得到：

$$X_{\mathrm{B}}^{(R)}=\frac{X_{\mathrm{B}}^{(F)}F_{\mathrm{A}}}{F_{\mathrm{A}}+K_{\mathrm{D_B}}^{'}S} \tag{6-33}$$

如果定义溶质 B 的萃取因子如下：

$$E_{\mathrm{B}}=K_{\mathrm{D_B}}^{'}S/F_{\mathrm{A}} \tag{6-34}$$

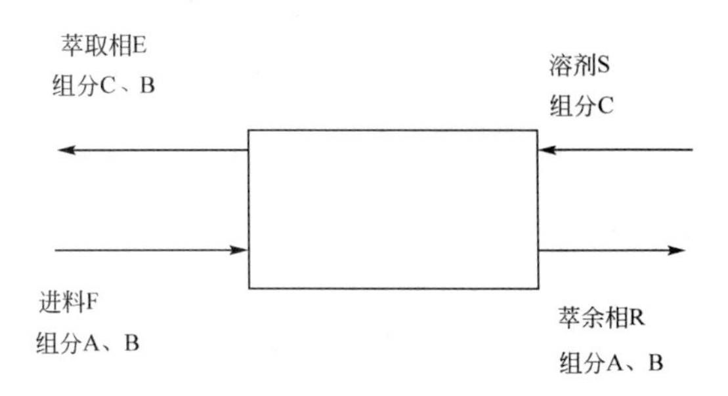

图 6-105　单级逆流接触

可见，溶质 B 的分配系数越大，或萃取剂用量越大，萃取因子越大。将式（6-34）代入式（6-33），得到溶质 B 未被萃取的分率表达式：

$$\frac{X_{\mathrm{B}}^{(R)}}{X_{\mathrm{B}}^{(F)}}=\frac{1}{1+E_{\mathrm{B}}} \tag{6-35}$$

此式表明：萃取因子越大，未被萃取的溶质分率越小。

组分的质量或摩尔比浓度与质量或摩尔分率浓度关联式如下：

$$X_i=\frac{x_i}{1-x_i} \tag{6-36}$$

采用质量或摩尔分率定义的液-液平衡常数如下：

$$K_{\mathrm{D}_i}\equiv\frac{x_i^{(1)}}{x_i^{(2)}}=\frac{\gamma_i^{(2)}}{\gamma_i^{(1)}} \tag{6-37}$$

由此可见，液-液平衡常数可以采用组分在两相中的活度系数计算，活度系数是相组成和温度的函数，当溶质在萃取相和萃余相中均为稀溶液时，在给定的温度下，溶质的活度系数可以取无限稀释溶液的活度系数，K_{D_i} 可以看作常数。

采用质量或摩尔比定义的液-液平衡常数和采用质量或摩尔分率定义的液-液平衡常数关系如下（其中 1 表示萃取相，2 表示萃余相）：

$$K_{D_i}^{'}\equiv\frac{X_i^{(1)}}{X_i^{(2)}}=\frac{x_i^{(1)}\left[1-x_i^{(2)}\right]}{x_i^{(2)}\left[1-x_i^{(1)}\right]}=K_{D_i}\left[\frac{1-x_i^{(2)}}{1-x_i^{(1)}}\right] \tag{6-38}$$

已知载体和溶剂流量、进料溶质浓度和溶质液-液平衡常数，利用式（6-35）即可计算出萃余相中未被萃取的溶质浓度。

若萃取的平衡级数无穷大，则达到分离要求所需要的萃取剂流量为最小萃取剂用量；给定进料条件和平衡级数，萃取剂流量越大，分离效果越好，但是当萃取剂流量增大到一定程度时，载体物质和溶质全部溶解在萃取剂里，液体变为单相液体，并不存在萃取相和萃余相之分，达不到分离效果，此时对应的萃取剂流量为最大萃取剂用量。合适的萃取剂流量可采用最小萃取剂用量的 1.5 倍。

萃取过程也可采用部分萃取相回流和部分萃余相回流来强化分离效果，此时进料位于平衡级中部。

类似精馏、吸收和汽提的设备也可用作萃取过程，但是通常效率不高，除非液体黏度很低、相密度差很大。因此，萃取设备通常附加离心或机械搅拌设备强化混合。萃取设备有很多类型，混合器-分离器、喷射塔、填料塔和板式塔等。带有机械辅助搅拌的商业化萃取塔有转盘塔（RDC）、不对称转盘塔（ARD）和 Karr 往复板塔（RPC）等。不管何种萃取设备，可以通过模拟计算确定达到分离要求所需要的理论板数。采用强化搅拌，萃取塔的效率可以达到很高，如 80%～90%接近平衡级，但是由于萃取塔设备类型很多，因此，缺乏像吸收塔和精馏塔那样的较为普适的估算效率的经验公式。

【例 6-6】 现有流量为 13500kg/h 醋酸（B）含量为 8%（质量）的水（A）溶液。拟采用甲基异丁基酮为溶剂萃取醋酸（若采用蒸馏法分离需要蒸发大量水，能耗很大，不经济）。如果要求萃余相的醋酸浓度低于 1%（质量），计算只采用 1 个平衡级的情况下需要的溶剂流量。已知 K_{D_B}=0.657（基于质量分率）。

解： 假定载体水与溶剂不互溶，因为是醋酸的稀溶液，假定 $K'_{D_B}=K_{D_B}$。

F_A=0.92×13500=12420kg/h，$X_B^{(F)}$=(13500−12420)/12420=0.087

$X_B^{(R)}$=0.01×(1−0.01)=0.0101。根据式（6-35）$E_B=\dfrac{X_B^{(F)}}{X_B^{(R)}}-1$=0.087/0.0101−1=7.61

再根据萃取因子定义式（6-34）得到：

$$S=E_B F_A/K'_{D_B}=7.61\times12420/0/657=144000\text{kg/h}$$

萃取剂流量是进料流量的 10 倍以上，应该使用多级萃取以减少溶剂用量或选择更高效的溶剂。

【例 6-7】 用清水作为溶剂，萃取总流量为 250kg/h、质量比为 3∶7 的丙酮-乙酸乙酯混合物中的丙酮，进料温度为 30℃，压力为常压。要求最后的萃余相含丙酮小于 5%（质量）（无水基准）。确定合适的萃取剂用量和相应的平衡级数。

解： 萃取塔如图 6-106 所示。

萃取剂流量取为 310kg/h，假设采用 4 个平衡级进行模拟计算。打开 Aspen Plus，建立模拟文件 Example6-7.bkp，绘制如图 6-106 所示的流程图，萃取塔模块采用 Column→Extract→ICON1。采取与前述同样的方法输入设置规定、定义组分，物性方法选择 NRTL，输入进料和萃取剂流量组成和状态（假设萃取剂温度压力条件与进料条件相同）。在 Blocks→EXTRACT→Setup→Specs 下输入平衡级数 4，在 Blocks→EXTRACT→Setup→Key components 下第一液相选择水（用单箭头将组分水选择到右边窗口），第二液相选择乙酸乙酯（用单箭头将组分乙酸乙酯选择到右边窗口）。在 Blocks→EXTRACT→Setup→Streams 下规定进料位置，萃取剂 S 从第 1 级进料，F 从第 4 级进料。在 Blocks→EXTRACT→Setup→Pressure 下规定第一级压力为 1atm（其他级不填写，默认为 1atm）。

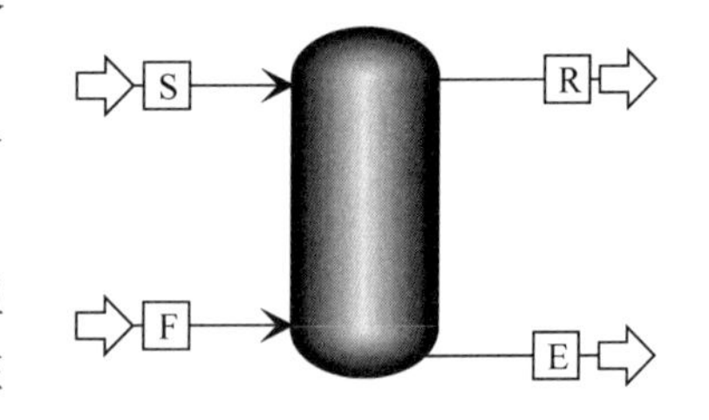

图 6-106　丙酮萃取塔

S—溶剂；F—进料；E—萃取相；R—萃余相

模拟计算结果表明，计算收敛，萃余相中丙酮质量分率为 4.5%。

7 反应器模拟

反应器模型可以分为物料平衡反应器（Aspen Plus 软件中的化学计量反应器 RStoic 和产率反应器 RYield）、化学平衡反应器（Aspen Plus 软件中的平衡反应器 REquil 和吉布斯反应器 RGibbs）和动力学反应器（Aspen Plus 软件中的平推流反应器 RPlug 和全混釜反应器 RCSTR）。下面对每个模型采用 Aspen Plus 的模拟计算过程作简要介绍。

7.1 化学计量反应器

在已知化学反应计量关系而反应的动力学未知或者不重要时，可以通过规定反应程度或转化率采用化学计量反应器 RStoic 进行化学反应过程的模拟计算。RStoic 可以处理一系列反应器中独立发生的反应以及进行产品选择性和反应热的计算。

【例 7-1】 乙醇和乙酸的酯化反应，进料温度 70℃，压力 1atm，进料各组分流量如下：水为 8.892kmol/hr，乙醇为 186.59kmol/hr，乙酸为 192.6kmol/hr。反应器温度压力条件和进料条件相同，假设乙醇的转化率为 70%，计算产品物流组成、反应热以及产物乙酸乙酯对反应物乙醇的选择性。

解： 建立 Aspen Plus 模拟文件 Example7-1.bkp，选择模块 Reactors→RStoic→ICON1，连接进出口物流如图 7-1 所示。

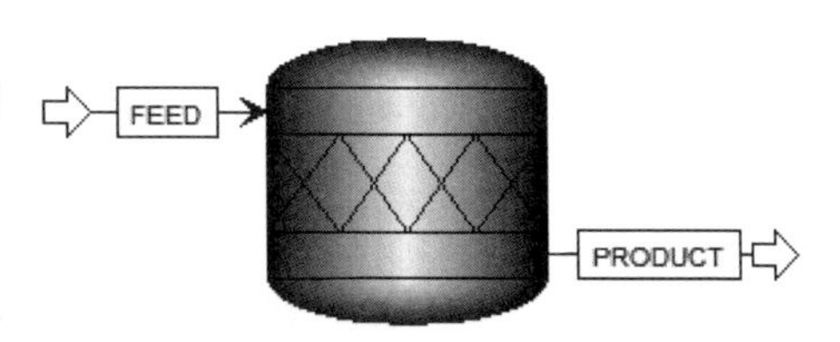

图 7-1　酯化反应化学计量反应器
FEED—进料；PRODUCT—产品

进入数据浏览窗口，输入设置规定、定义组分、选择物性方程（NRTL-RK）、输入进料条件，然后打开 Blocks→RSTOIC→Setup→Specifications，在对应的窗口中输入反应器的操作条件（温度和压力）如图 7-2 所示，在 Blocks→RSTOIC→Setup→Reactions 中输入反应方程式。具体步骤是点击下一个显示红色提示的输入项 Reactions（或点击 N→按钮），出现图 7-3 所示的窗口，点击下面的 New 按钮，弹出如图 7-4 所示的窗口。反应方程式序号为 1，选择反应物组分乙醇和乙酸，系数均填写−1，选择产物组分乙酸乙酯和水，系数均填写 1。乙醇的转化率填写 0.7，然后点击关闭或下一步按钮。在 Blocks→RSTOIC→Setup→Heat of Reaction 对应窗口下，计算类型选择 Calculate heat of reaction（计算反应热），在下面的表格中，反应序号（Rxn No.）选择 1，参考组分（Reference component）选择乙醇，参考温度、参考压力和参考相态取如图 7-5 所示的默认参数。在 Blocks→RSTOIC→Setup→Selectivity 对应窗口下，选择性的序号输入 1，选择产品组分乙酸乙酯，选择参考反应组分乙醇，如图 7-6 所示。

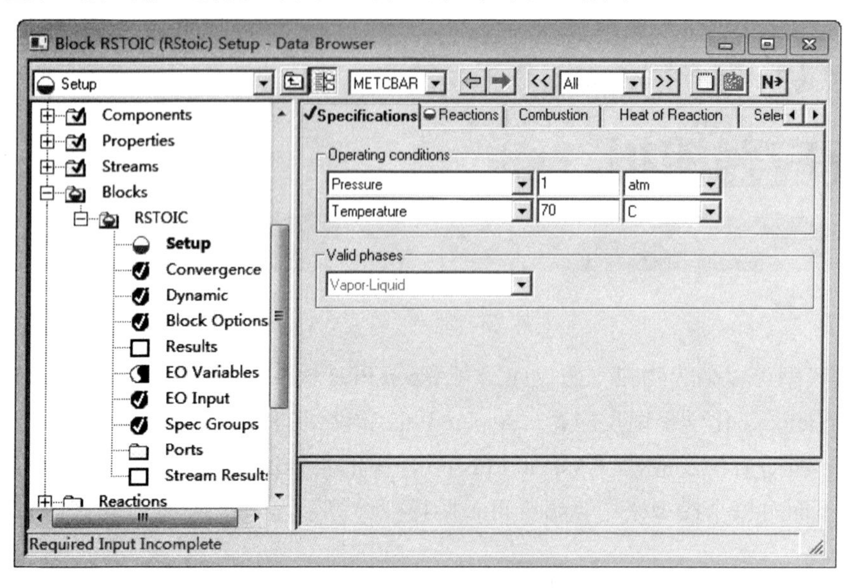

图 7-2　例 7-1 酯化反应化学计量反应器设置规定

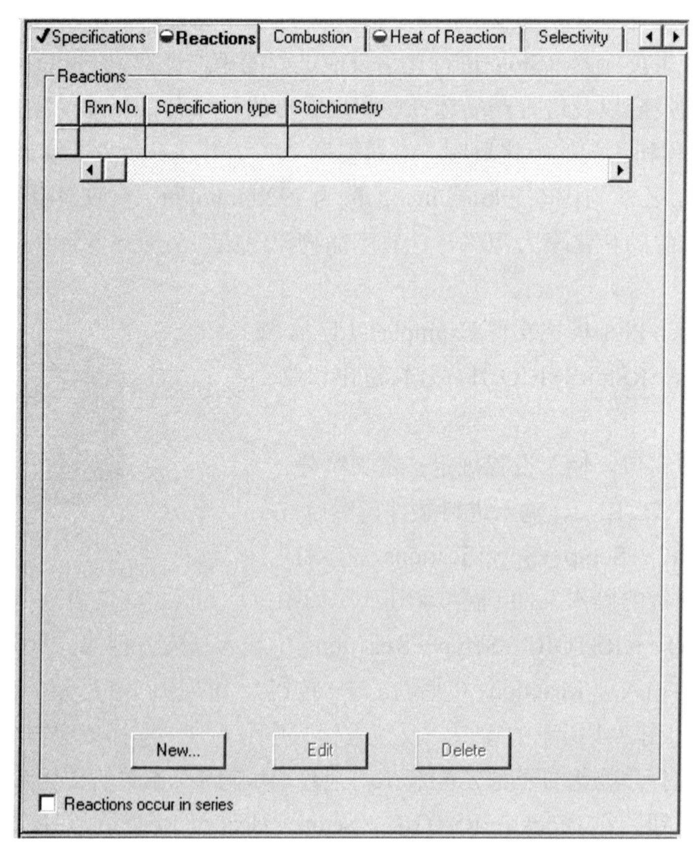

图 7-3　例 7-1 酯化反应化学计量反应器新建反应式

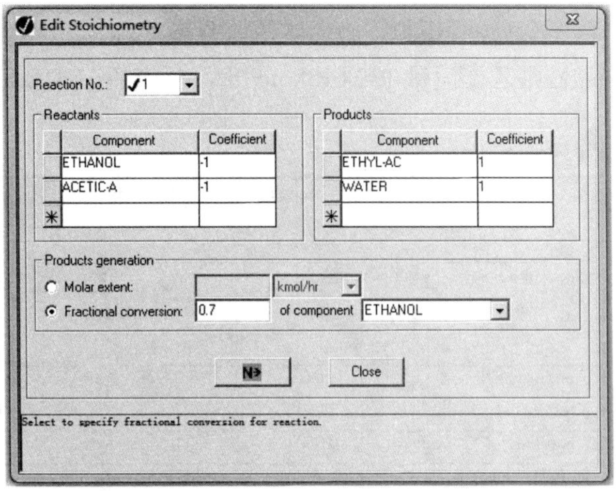

Edit Stoichiometry

Reaction No.: ✓1

Reactants

Component	Coefficient
ETHANOL	-1
ACETIC-A	-1

Products

Component	Coefficient
ETHYL-AC	1
WATER	1

Products generation

Molar extent: kmol/hr

Fractional conversion: 0.7 of component ETHANOL

N> Close

Select to specify fractional conversion for reaction.

图 7-4　例 7-1 酯化反应化学计量反应器编辑计量系数

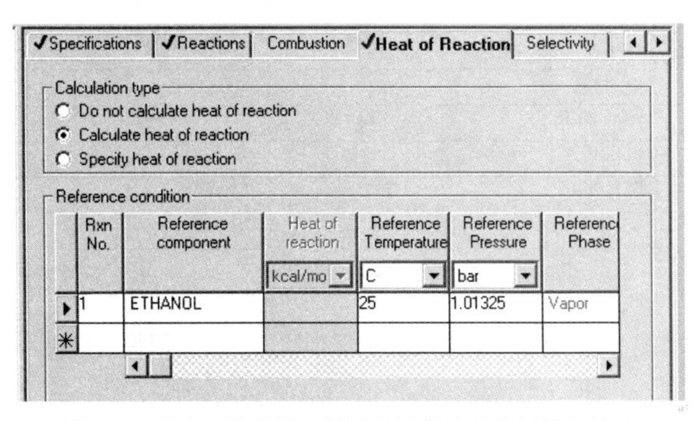

图 7-5　例 7-1 酯化反应化学计量反应器计算反应热

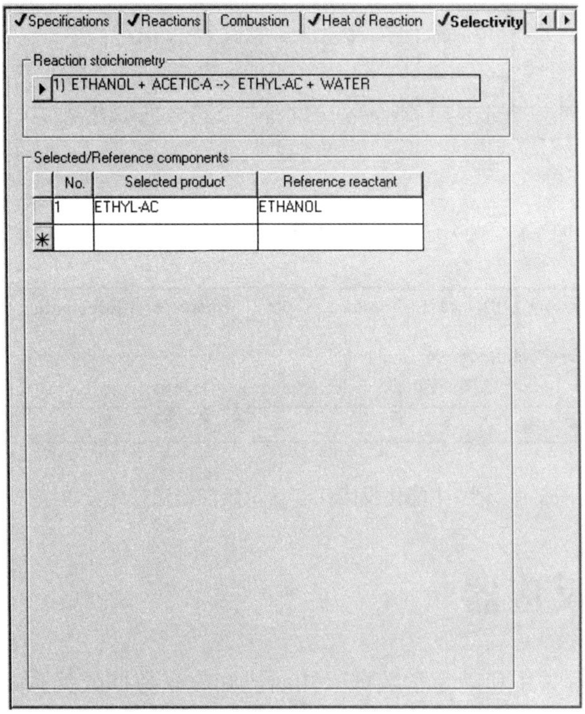

✓Specifications ✓Reactions Combustion ✓Heat of Reaction ✓Selectivity

Reaction stoichiometry

1) ETHANOL + ACETIC-A --> ETHYL-AC + WATER

Selected/Reference components

No.	Selected product	Reference reactant
1	ETHYL-AC	ETHANOL

图 7-6　例 7-1 酯化反应化学计量反应器计算选择性

输入完毕注意保存，然后运行模拟，查看物流、反应热和选择性结果分别如图 7-7～图 7-9 所示。查看得到产品乙酸乙酯流量 130.613kmol/hr，反应热−4.41kcal/mol，乙酸乙酯的选择性为 1。

Material | Heat | Load | Work | Vol.% Curves | Wt. % Curves | Petro. Cu

Display: All streams　Format: GEN_M　Stream Table

	FEED	PRODUCT	
Temperature C	70.0	70.0	
Pressure bar	1.013	1.013	
Vapor Frac	0.000	0.000	
Mole Flow kmol/hr	388.082	388.082	
Mass Flow kg/hr	20322.337	20322.337	
Volume Flow cum/hr	23.681	23.344	
Enthalpy MMkcal/hr	-33.557	-34.348	
Mole Flow			
ETHANOL	186.590	55.977	
ACETIC-A	192.600	61.987	
ETHYL-AC		130.613	
WATER	8.892	139.505	

图 7-7　例 7-1 酯化反应化学计量反应器模拟物流结果

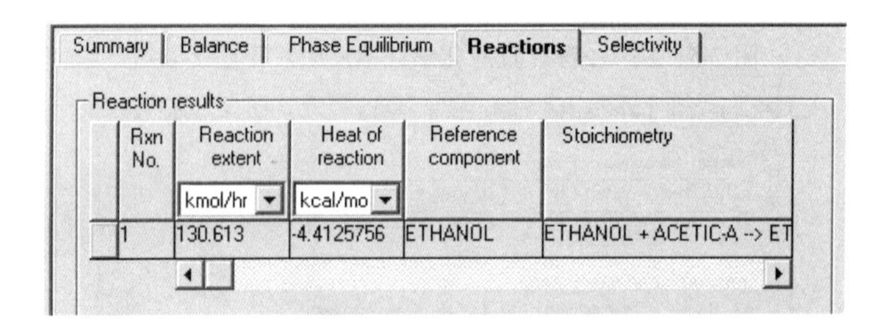
Summary | Balance | Phase Equilibrium | Reactions | Selectivity

Reaction results

Rxn No.	Reaction extent kmol/hr	Heat of reaction kcal/mo	Reference component	Stoichiometry
1	130.613	-4.4125756	ETHANOL	ETHANOL + ACETIC-A --> ET

图 7-8　例 7-1 酯化反应化学计量反应器反应热计算结果

Summary | Balance | Phase Equilibrium | Reactions | Selectivity

Selectivity results

No.	Selectivity	Selected product	Reference reactant
1	1	ETHYL-AC	ETHANOL

图 7-9　例 7-1 酯化反应化学计量反应器选择性计算结果

7.2　产率反应器

当反应的化学计量关系和动力学数据未知而已知收率数据或关系式时，可以采用收率反应器 RYield 通过模拟每个组分的反应收率来模拟一个反应器。

【例 7-2】 乙醇和乙酸的酯化反应，进料温度 70℃，压力 1atm，进料各组分流量如下：水为 8.892kmol/hr，乙醇为 186.59kmol/hr，乙酸为 192.6kmol/hr。反应器温度压力条件和进料条件相同，假设产物组成摩尔比为 1∶1∶2∶2，计算产品物流组成。

解：建立 Aspen Plus 模拟文件 Example7-2.bkp，可以利用 Example7-1.bkp 的流程图，删除其中的化学计量比反应器模块，选择模块 Reactors→RYield→ICON3，再重新连接进出口物流如图 7-10 所示，然后另存为 Example7-2.bkp。这样，可以利用原来输入好的物流和物性方程等条件，只需要再输入产率反应器模块设置即可。在 Blocks→RYield→Setup→Specifications 对应窗口下输入反应器温度和压力，如图 7-11 所示，Blocks→RYield→Setup→Yield 对应窗口下输入反应器温度和压力；点击下一个红色提示项 Yield（或点击 N→按钮），在产率选择框选择 Component yields（组分产率），在其下的表格中分别输入四中组分的产率 1∶1∶2∶2，基准选择 Mole，如图 7-12 所示。点击初始化（Reinitialize）按钮，再按 F7 进入控制面板，按 F5 运行模拟，结果控制面板出现如图 7-13 所示的警告信息表明：为了维持物料平衡，引入了一个因子 318.36 对规定产率进行正常化处理，查看物流结果如图 7-14 所示。

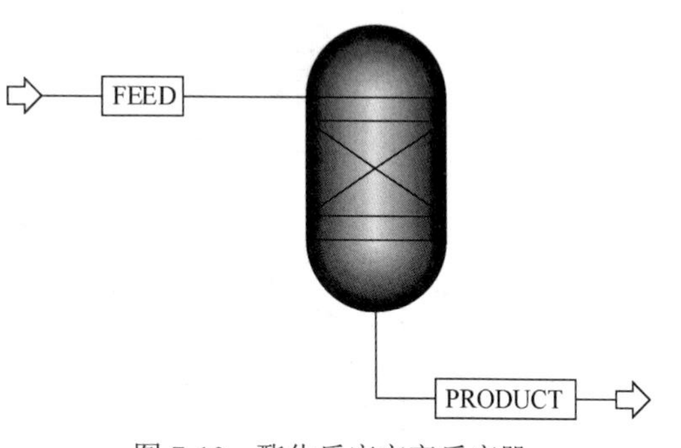

图 7-10 酯化反应产率反应器

FEED—进料；PRODUCT—产品

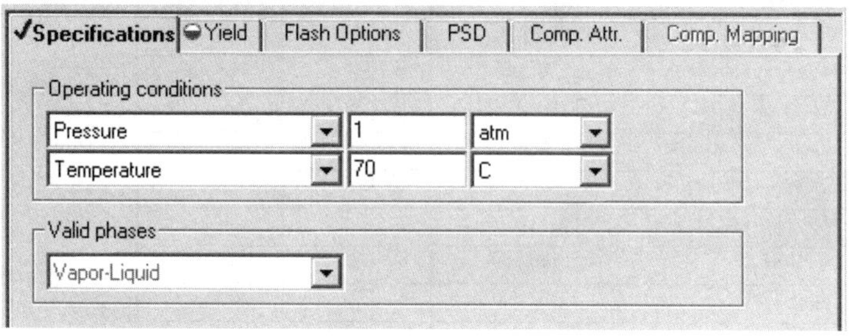

✓Specifications | Yield | Flash Options | PSD | Comp. Attr. | Comp. Mapping

Operating conditions

Pressure	1	atm
Temperature	70	C

Valid phases: Vapor-Liquid

图 7-11 例 7-2 酯化反应产率反应器设置规定

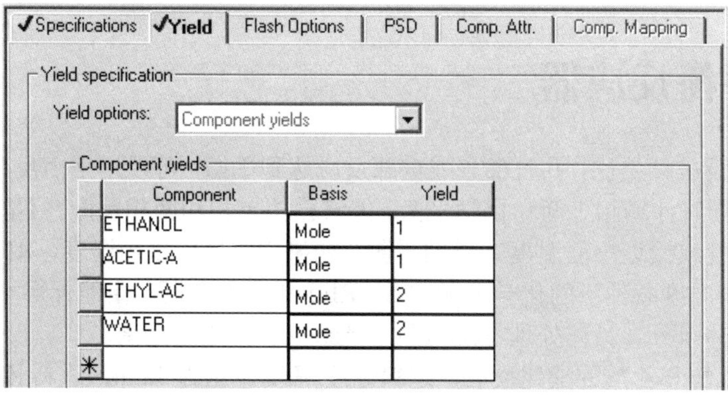

✓Specifications | ✓Yield | Flash Options | PSD | Comp. Attr. | Comp. Mapping

Yield specification

Yield options: Component yields

Component yields

Component	Basis	Yield
ETHANOL	Mole	1
ACETIC-A	Mole	1
ETHYL-AC	Mole	2
WATER	Mole	2
*		

图 7-12 例 7-2 酯化反应产率反应器产率规定

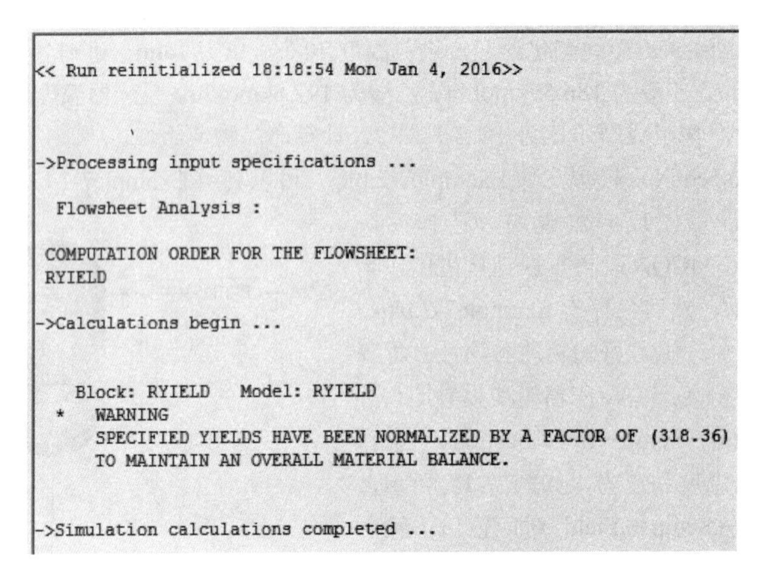

```
<< Run reinitialized 18:18:54 Mon Jan 4, 2016>>

->Processing input specifications ...

 Flowsheet Analysis :

COMPUTATION ORDER FOR THE FLOWSHEET:
RYIELD

->Calculations begin ...

   Block: RYIELD   Model: RYIELD
 *   WARNING
     SPECIFIED YIELDS HAVE BEEN NORMALIZED BY A FACTOR OF (318.36)
     TO MAINTAIN AN OVERALL MATERIAL BALANCE.

->Simulation calculations completed ...
```

图 7-13　例 7-2 酯化反应产率反应器控制面板提示信息

Material | Heat | Load | Work | Vol.% Curves | Wt. % Curves | Petro. Curves | Poly. Curves

Display: All streams　Format: GEN_M　Stream Table

	FEED	PRODUCT	
Temperature C	70.0	70.0	
Pressure bar	1.013	1.013	
Vapor Frac	0.000	0.000	
Mole Flow kmol/hr	388.082	383.001	
Mass Flow kg/hr	20322.337	20322.337	
Volume Flow cum/hr	23.681	23.430	
Enthalpy MMkcal/hr	-33.557	-33.931	
Mole Flow kmol/hr			
ETHANOL	186.590	63.833	
ACETIC-A	192.600	63.833	
ETHYL-AC		127.667	
WATER	8.892	127.667	

图 7-14　例 7-2 酯化反应产率反应器模拟物流结果

7.3　平衡反应器

若已知化学反应计量比，并且部分或全部反应达到平衡，可以用平衡反应器 REquil 模拟反应器。REquil 同时计算相平衡和化学平衡。能够模拟单相和两相反应，不能进行三相计算。可以通过反应进度或接近平衡温度来限制平衡。如果给定接近平衡温度，REquil 计算在反应器温度+接近平衡温度条件下的化学平衡常数。REquil 用吉布斯自由能计算平衡常数。REquil 可以包括常规固体组分，具体处理方法请参考 Aspen Plus 用户指南。

【例 7-3】 乙醇和乙酸的酯化反应，进料温度 70℃，压力 1atm，进料各组分流量如下：水为 8.892kmol/hr，乙醇为 186.59kmol/hr，乙酸为 192.6kmol/hr。反应器温度压力条件和进料条件相同，试计算反应达到平衡时产品物流组成。

解：建立 Aspen Plus 模拟文件 Example7-3.bkp，可以利用 Example7-1.bkp 的流程图，删除其中的化学计量比反应器模块，选择模块 Reactors→REquil→ICON2，再重新连接进出口物流如图 7-15 所示，然后另存为 Example7-3.bkp。这样，可以利用原来输入好的物流和物性方程等条件，只需要再输入平衡反应器模块设置即可。如图 7-16 所示，在 Blocks→REQUIL→Input→Specifications 对应窗口下输入反应器温度和压力；如图 7-17 所示，在 Blocks→REQUIL→Input→Reactions 对应窗口下点击新建按钮，出现如图 7-18 所示的输入反应方程式窗口，输入反应物和产物的计量系数，没有固体组分，接近平衡温度取默认值 0。点击初始化（Reinitialize）按钮，再按 F7 进入控制面板，按 F5 运行模拟，查看物流结果如图 7-19 所示，可见乙醇的平衡转化率接近 79%。

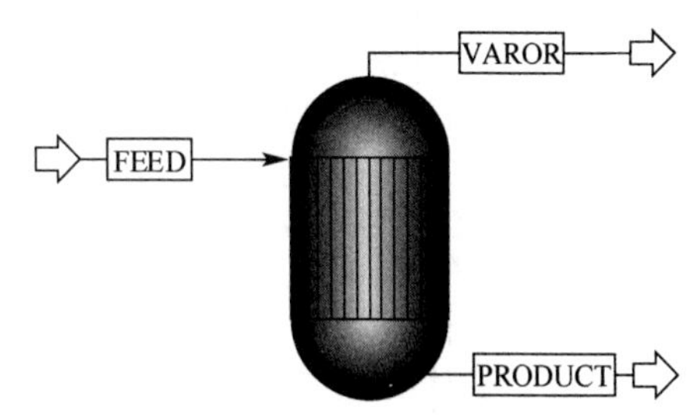

图 7-15　酯化反应平衡反应器

FEED—进料；PRODUCT—产品；VAPOR—汽相

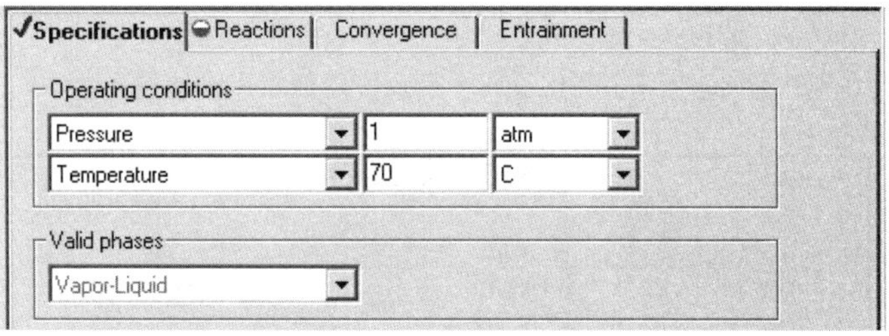

Specifications | Reactions | Convergence | Entrainment

Operating conditions

Pressure	1	atm
Temperature	70	C

Valid phases

Vapor-Liquid

图 7-16　例 7-3 酯化反应平衡反应器操作条件

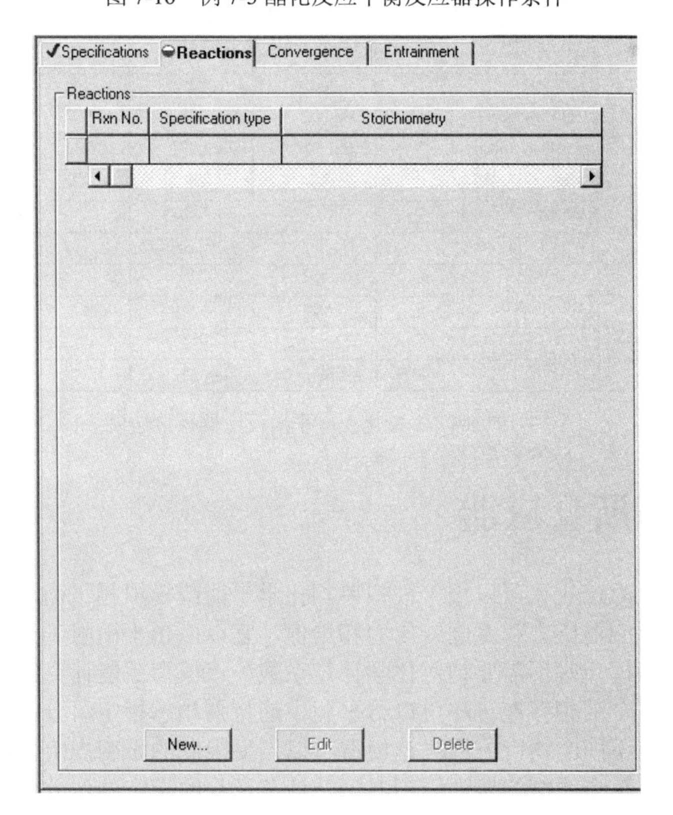

图 7-17　例 7-3 酯化反应平衡反应器新建反应方程

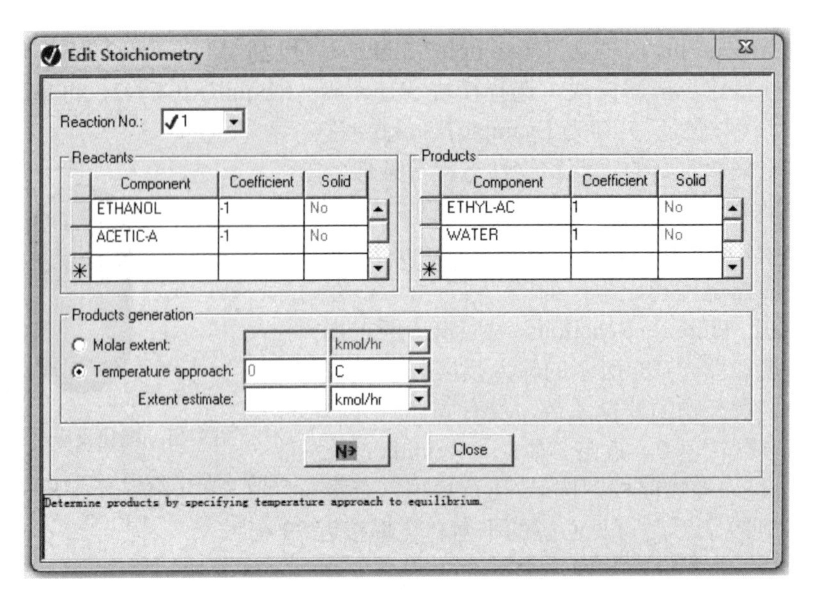

图 7-18 例 7-3 酯化反应平衡反应器编辑反应计量系数

Material | Heat | Load | Work | Vol.% Curves | Wt. % Curves | Petro. Cu

Display: All streams Format: GEN_M Stream Table

	FEED	PRODUCT	VAPOR
Temperature C	70.0	70.0	
Pressure bar	1.013	1.013	1.013
Vapor Frac	0.000	0.000	
Mole Flow kmol/hr	388.082	388.082	0.000
Mass Flow kg/hr	20322.337	20322.337	0.000
Volume Flow cum/hr	23.681	23.286	0.000
Enthalpy MMkcal/hr	-33.557	-34.452	
Mole Flow kmol/hr			
ETHANOL	186.590	39.268	
ACETIC-A	192.600	45.278	
ETHYL-AC		147.322	
WATER	8.892	156.214	

图 7-19 例 7-3 酯化反应平衡反应器模拟结果

7.4 吉布斯反应器

吉布斯反应器（RGibbs）可以用来模拟单相化学平衡或模拟相平衡和化学平衡同时存在的情况，必须规定反应器压力和温度或压力和焓值，它以原子平衡限制为条件，使吉布斯自由能最小化。采用该模型时不需要输入化学计量系数，该模型还能计算没有化学反应的相平衡，特别是允许有多个液相存在。还可以给平衡中的特别相态指定组分，对于每个液体或固体溶液相，可以使用不同的物性方程；该模型可以接受限制的平衡规定，可以通过规定指定的反应程度、单个或整个系统的接近平衡温度、任意产品的指定摩尔数或进料组分未参加反应的分率。

【例 7-4】 乙醇和乙酸的酯化反应，进料温度 70℃，压力 1atm，进料各组分流量如下：水为 8.892kmol/hr，乙醇为 186.59kmol/hr，乙酸为 192.6kmol/hr。反应器温度压力条件和进料条件相同，试采用 RGibbs 模型计算产品物流组成。

解：建立 Aspen Plus 模拟文件 Example7-4.bkp，选用模块 Reactors→RGibbs→ICON1，再重新连接进出口物流如图 7-20 所示。其他输入条件和前述案例相同，在 Blocks→RGIBBS→Setup→Specifications 对应窗口下输入反应器温度和压力，如图 7-21 所示，操作条件输入压力和温度，计算选项选择默认的同时计算相平衡和化学平衡，最大流体相数不填写(默认为 1)，勾选 Include vapor phase 前的选择框（表示包括气相），在 Blocks→RGIBBS→Setup→Products 对应窗口选择默认项（RGibbs 将所有组分看作产物），如图 7-22 所示，在 Blocks→RGIBBS→Setup→Assign Streams 对应窗口选择默认项（RGibbs 指定出口物流相态），如图 7-23 所示，模拟物流结果如图 7-24 所示，可见产品为气态，物流结果与例 7-3 平衡反应器计算结果不一致。如果在图 7-21 所示的窗口中不勾选包括气相，则模拟计算结果与例 7-3 平衡反应器计算结果一致，产品为液态。

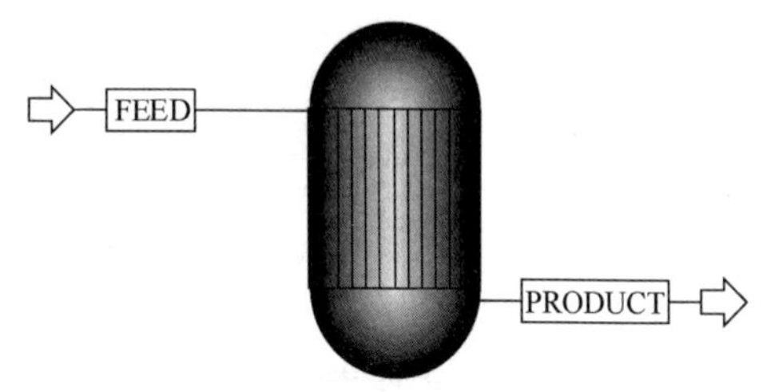

图 7-20　酯化反应 RGibbs 反应器

FEED—进料；PRODUCT—产品

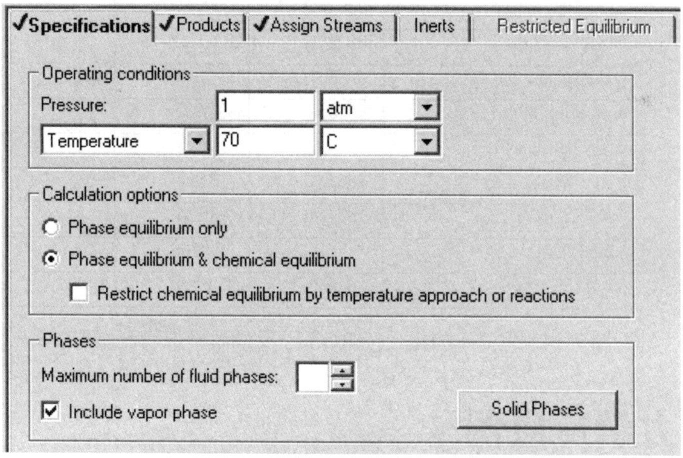

图 7-21　例 7-4 酯化反应 RGibbs 反应器设置规定

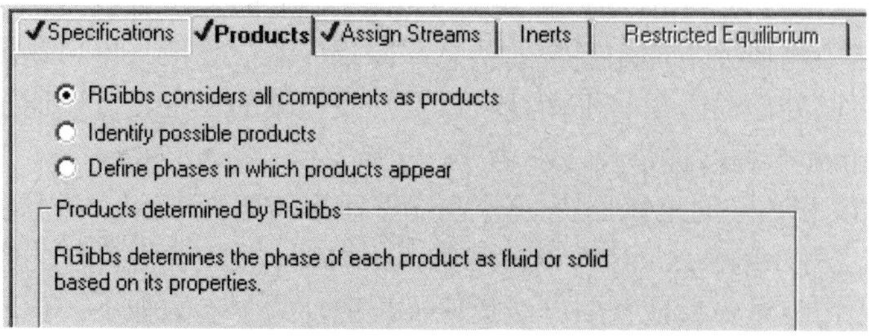

图 7-22　例 7-4 酯化反应 RGibbs 反应器设置产品

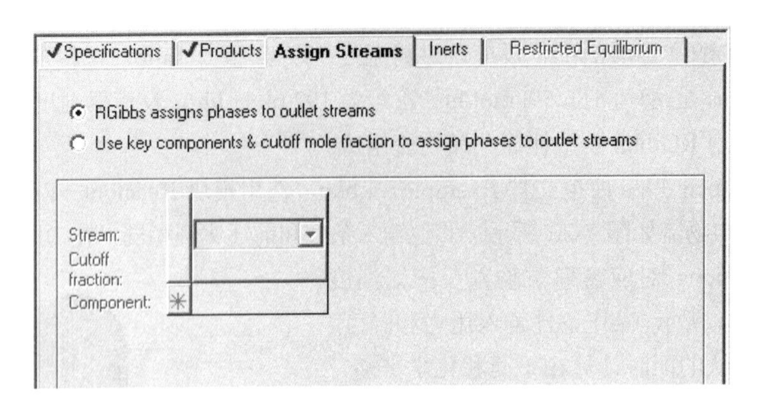

图 7-23　例 7-4 酯化反应 RGibbs 反应器设置指定出口物流相态

Material | Heat | Load | Work | Vol.% Curves | Wt. % Curves | Petro. Cu

Display: All streams　Format: GEN_M　Stream Table

	FEED	PRODUCT
Temperature C	70.0	70.0
Pressure bar	1.013	1.013
Vapor Frac	0.000	1.000
Mole Flow kmol/hr	388.082	388.082
Mass Flow kg/hr	20322.337	20322.337
Volume Flow cum/hr	23.681	10735.564
Enthalpy MMkcal/hr	-33.557	-31.362
Mole Flow kmol/hr		
ETHANOL	186.590	13.884
ACETIC-A	192.600	19.894
ETHYL-AC		172.706
WATER	8.892	181.598

图 7-24　例 7-4 酯化反应 RGibbs 反应器模拟物流结果

7.5　动力学反应器

动力学反应器包括连续搅拌釜式反应器 CSTR（Aspen Plus 对应模块为 RCSTR）和活塞流反应器 Plug flow（Aspen Plus 对应模块为 RPlug）。RCSTR 可以模拟单相、两相或三相反应器，假定反应器中物质处于理想混合的状态，即反应器中物质与出口物流的组成和性质完全相同。该模型可以处理动力学与平衡反应以及涉及固体的反应，可以通过内置的反应模型或用户定义的 Fortran 子程序提供反应动力学。

【例 7-5】 乙醇和乙酸的酯化反应，进料温度 70℃，压力 1atm，进料各组分流量如下：水 8.892kmol/hr，乙醇 186.59kmol/hr，乙酸 192.6kmol/hr。反应器温度压力条件和进料条件相同，已知正逆反应均为对各反应物的一级反应，反应动力学参数如下：正反应 $k=1.9\times10^8$，$E=5.95\times10^7$J/kmol，逆反应 $k=5.0\times10^7$，$E=5.95\times10^7$J/kmol，反应在液相进行，反应器体积为 $0.14m^3$，试根据此动力学参数采用 RCSTR 模块计算反应结果物流组成。

解：建立 Aspen Plus 模拟文件 Example7-5.bkp，选用模块 Reactors→RCSTR→ICON1，再重新连接进出口物流如图 7-25 所示。其他输入条件和前述案例相同，双击 Reactions，出现图 7-26 所示窗口，点击下面的新建按钮 New，出现图 7-27 所示的建立新反应组对话框，采用默认的表示名称 R-1，下面的动力学类型选择 POWERLAW，然后点击 OK 按钮，进入图 7-28 所示的新建反应计量系数窗口，点击其中的新建按钮 New，出现图 7-29 所示的输入反应计量系数和反应级数窗口，在其中选择反应 1（正反应）的反应物组分乙醇和乙酸，计量系数分别填写–1，反应级数分别填写 1，选择产物组分乙酸乙酯和水，计量系数分别填写 1，反应级数分别填写 0，反应类型选用默认的 Kinetic 选项。填写完毕，点击关闭按钮 Close，回到图 7-26 所示窗口，再点击新建按钮，进入图 7-30 所示的窗口，采用同样的方法填写反应 2（逆反应）的化学计量系数和反应级数，然后点击下一步 N→按钮，进入图 7-31 所示的窗口，填写正反应的动力学参数指前因子和活化能，反应相态选择默认的液相，浓度基准选择摩尔，用同样的方法填写逆反应的动力学参数如图 7-32 所示。然后在 Blocks→CSTR→Setup→Specifications 对应窗口下输入反应器温度和压力，如图 7-33 所示，输入温度压力，有效相态选择 Vapor-Liquid，规定类型选择默认的 Reactor volume，反应器体积填写 0.14m^3，填写完毕，点击此页下一个红色提示项 Reactions，出现图 7-34 所示窗口，将左边的反应组 R-1 用单箭头选择到右边窗口。然后点击下一步 N→按钮开始模拟，结果如图 7-35 所示。

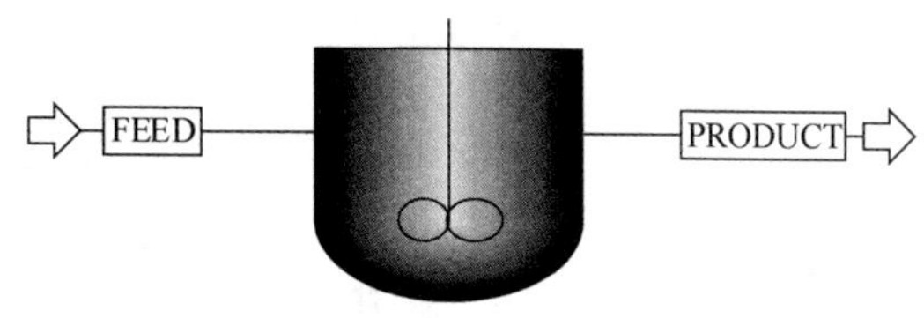

图 7-25　酯化反应 RCSTR 反应器

FEED—进料；PRODUCT—产品

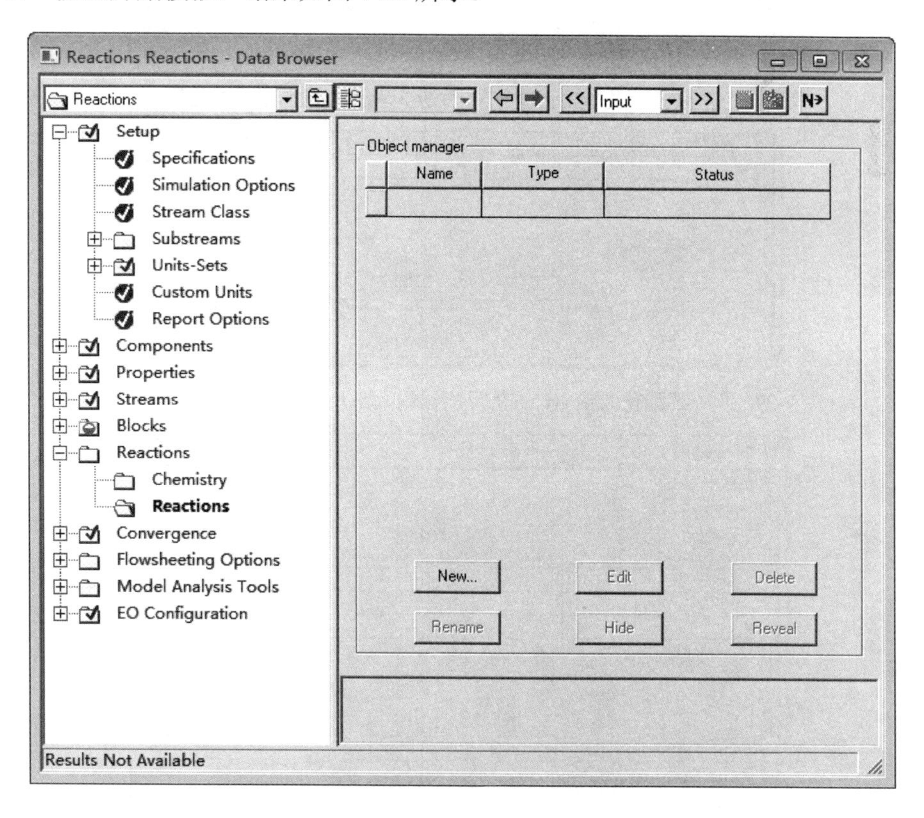

图 7-26　例 7-5 酯化反应 RCSTR 反应器反应窗口

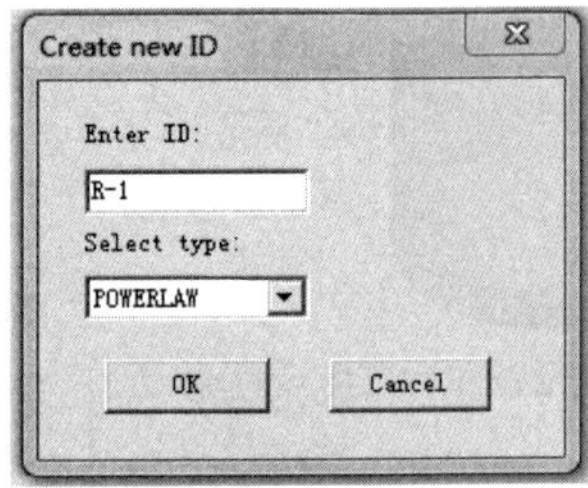

图 7-27　例 7-5 酯化反应 RCSTR 反应器建立新反应组

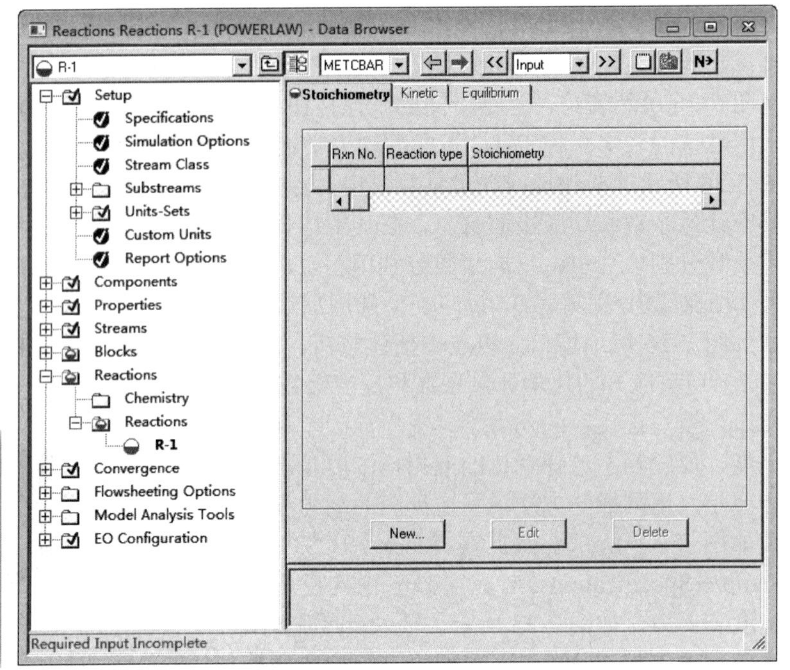

图 7-28　例 7-5 酯化反应 RCSTR 反应器新建反应计量系数

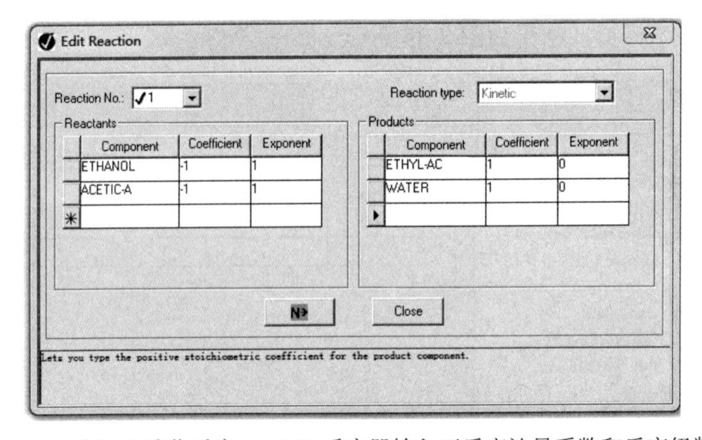

图 7-29　例 7-5 酯化反应 RCSTR 反应器输入正反应计量系数和反应级数

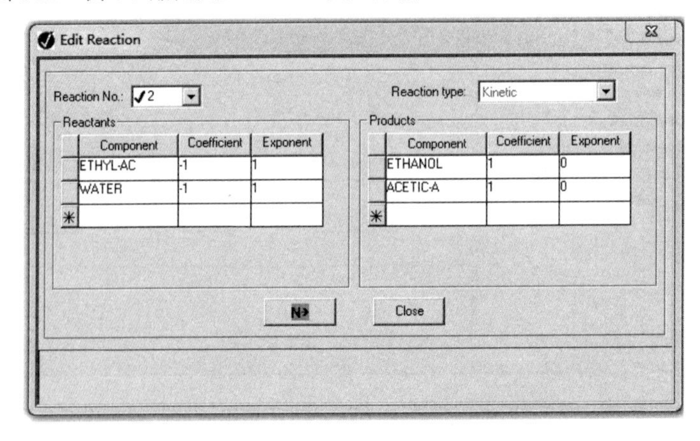

图 7-30　例 7-5 酯化反应 RCSTR 反应器输入逆反应计量系数和反应级数

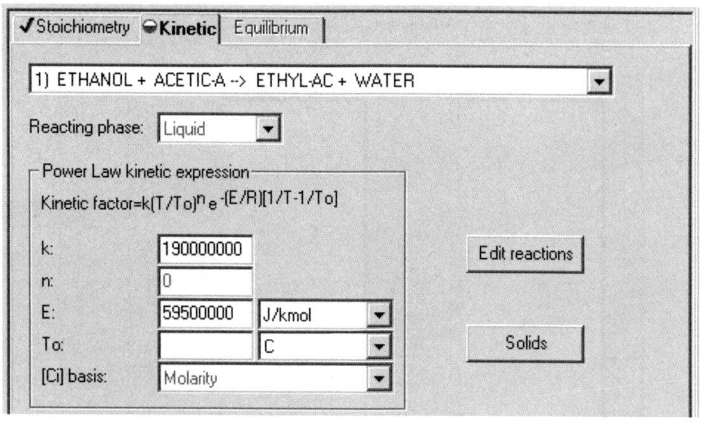

图 7-31　例 7-5 酯化反应 RCSTR 反应器输入正反应动力学参数

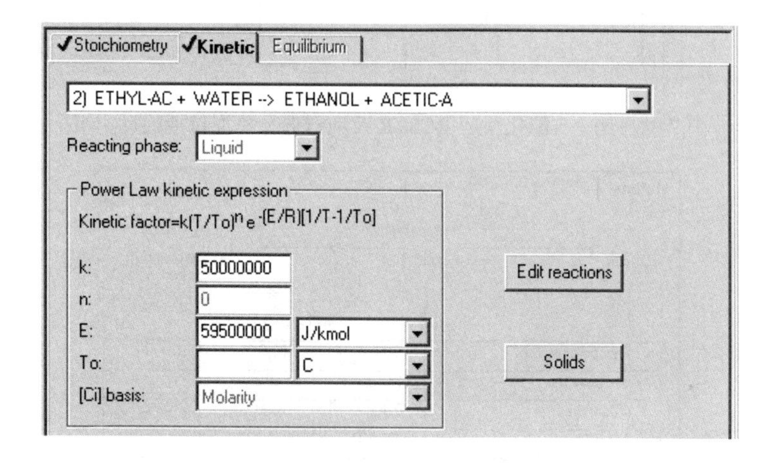

图 7-32　例 7-5 酯化反应 RCSTR 反应器输入逆反应动力学参数

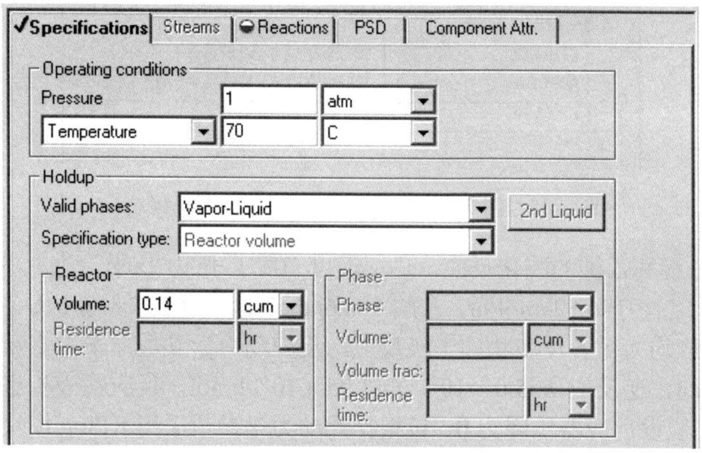

图 7-33　例 7-5 酯化反应 RCSTR 反应器温度压力条件规定

活塞流反应器（Aspen Plus 对应模块为 RPlug）假定反应器径向理想混合而轴向没有混合。RPlug 可以模拟单相、两相或三相反应器，也可模拟带有冷却物流的反应器。RPlug 处理动力学反应，包括涉及固体的反应，因此必须提供反应动力学参数才能进行模拟。

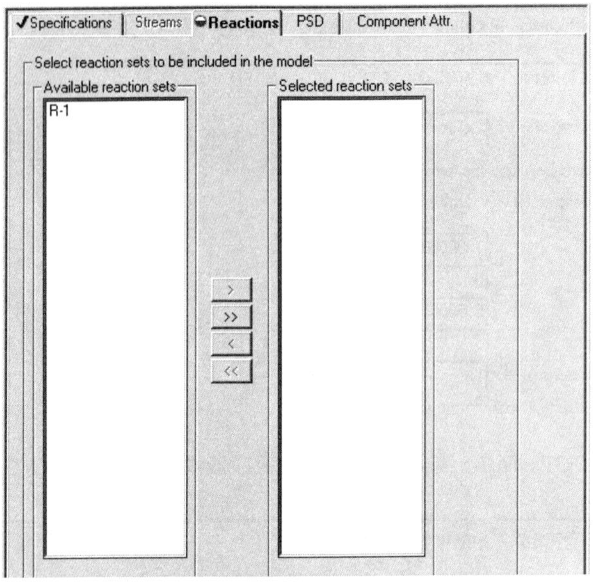

✓Specifications | Streams | Reactions | PSD | Component Attr.

Select reaction sets to be included in the model

Available reaction sets: R-1

Selected reaction sets:

图 7-34　例 7-5 酯化反应 RCSTR 反应器选择模型包括的反应组

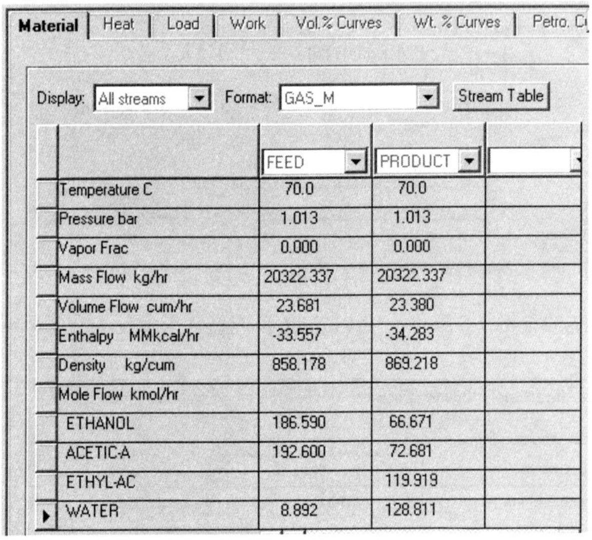

Material | Heat | Load | Work | Vol.% Curves | Wt. % Curves | Petro. C

Display: All streams　Format: GAS_M　Stream Table

	FEED	PRODUCT	
Temperature C	70.0	70.0	
Pressure bar	1.013	1.013	
Vapor Frac	0.000	0.000	
Mass Flow kg/hr	20322.337	20322.337	
Volume Flow cum/hr	23.681	23.380	
Enthalpy MMkcal/hr	-33.557	-34.283	
Density kg/cum	858.178	869.218	
Mole Flow kmol/hr			
ETHANOL	186.590	66.671	
ACETIC-A	192.600	72.681	
ETHYL-AC		119.919	
WATER	8.892	128.811	

图 7-35　例 7-5 酯化反应 RCSTR 反应器模拟结果

【例 7-6】 乙醇和乙酸的酯化反应，进料温度 70℃，压力 1atm，进料各组分流量如下。水 8.892kmol/hr，乙醇 186.59kmol/hr，乙酸 192.6kmol/hr。反应器温度压力条件和进料条件相同，已知正逆反应均为对各反应物的一级反应，反应动力学参数如下：正反应 k=1.9×10^8，E=5.95×10^7J/kmol，逆反应 k=5.0×10^7，E=5.95×10^7J/kmol，反应在液相进行，反应器管长 2m，直径 0.3m，假设反应器压降为 0，试根据此动力学参数采用 RPlug 模块计算反应结果物流组成。

解： 打开例 7-5 CSTR 模拟文件 Example7-5.bkp，另存为 Example7-6.bkp，在流程窗口中删除 RCSTR 模块，选用模块 Reactors→RPlug→ICON2，再重新连接进出口物流如图 7-36 所示。其他输入条件和前述案例相同，在 Blocks→PLUG→Setup→Specifications 窗口反应器类型选择 Adiabatic reactor（绝热反应器），如图 7-37、图 7-38 所示。在 Blocks→PLUG→Setup→

Configuration 窗口输入反应器长度和直径，有效相态选择气-液，如图 7-39 所示。图 7-40 的反应组仍然与例 7-5 的正逆反应一样，动力学参数也一样，不用重新填写。输入完毕，运行模拟，结果如图 7-41 所示，可见采用同样的动力学参数，同样的进料，采用例 7-5 体积的 CSTR 反应器的乙酸乙酯产率高于本例采用的 PLUG 反应器的乙酸乙酯产率。

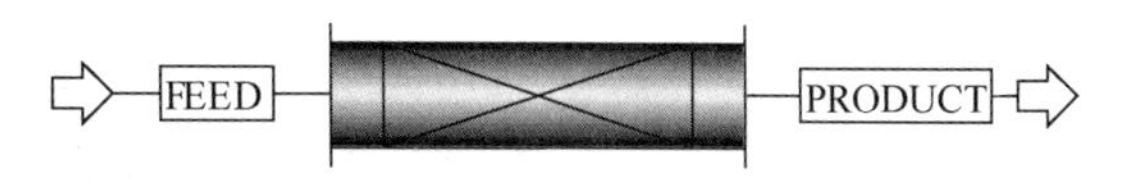

图 7-36 酯化反应 RPlug 反应器

FEED—进料；PRODUCT—产品

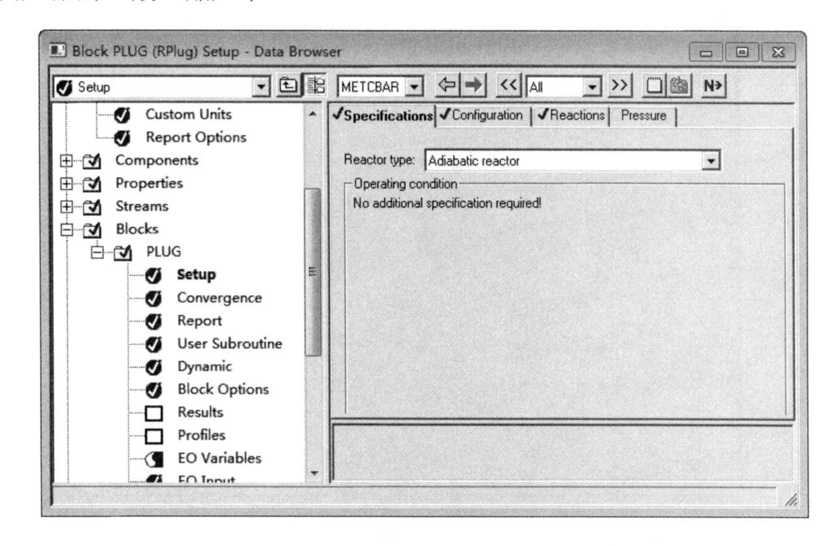

图 7-37 例 7-6 酯化反应 RPlug 反应器设置规定

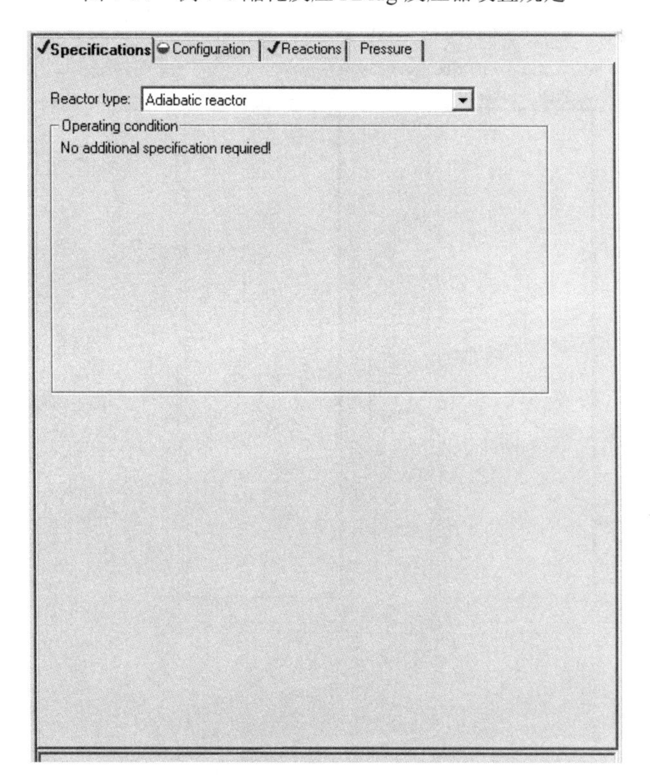

图 7-38 例 7-6 酯化反应 RPlug 反应器设置规定（局部放大）

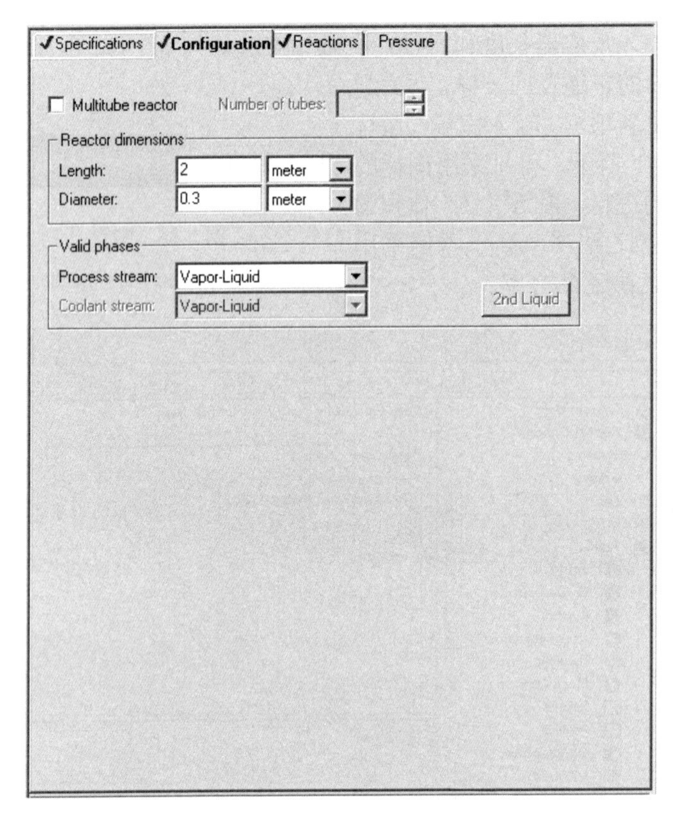

图 7-39　例 7-6 酯化反应 RPlug 反应器设置构型

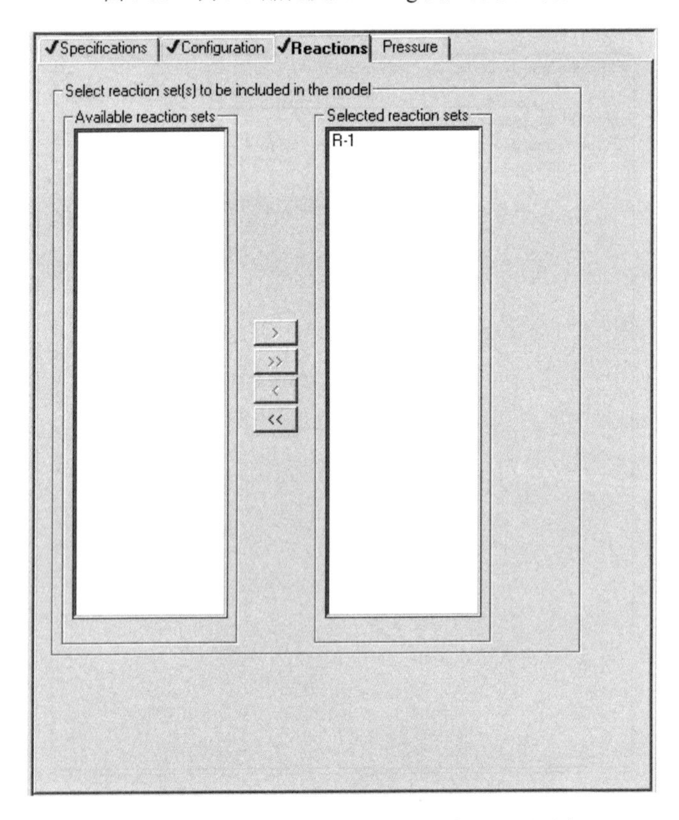

图 7-40　例 7-6 酯化反应 RPlug 反应器设置反应

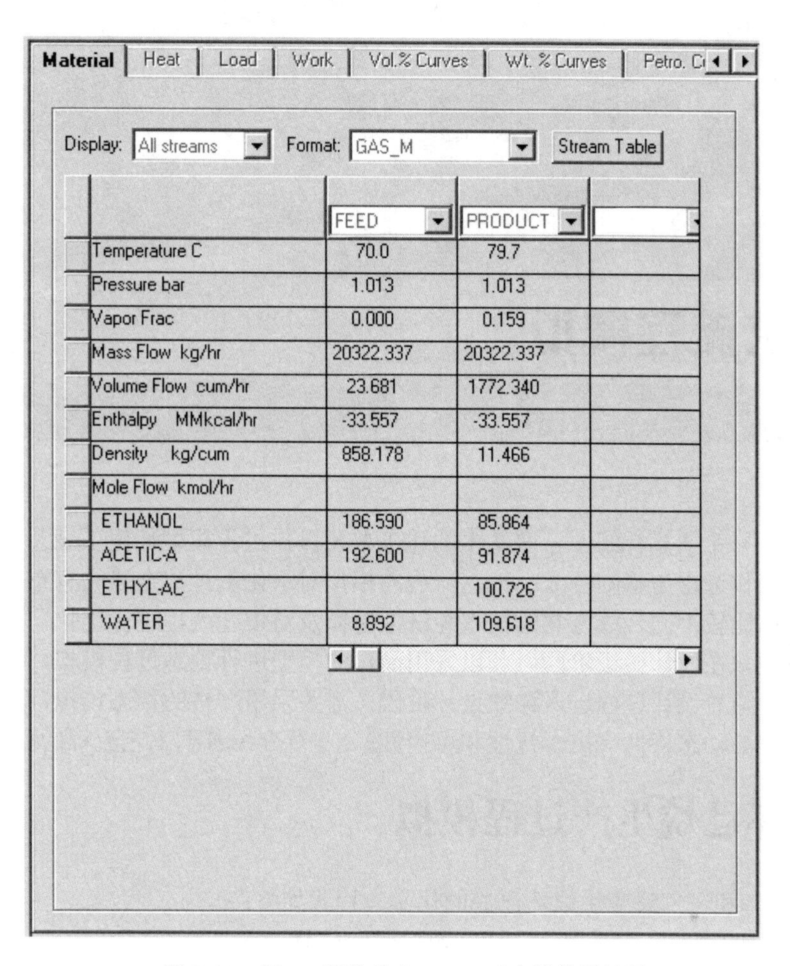

	FEED	PRODUCT	
Temperature C	70.0	79.7	
Pressure bar	1.013	1.013	
Vapor Frac	0.000	0.159	
Mass Flow kg/hr	20322.337	20322.337	
Volume Flow cum/hr	23.681	1772.340	
Enthalpy MMkcal/hr	-33.557	-33.557	
Density kg/cum	858.178	11.466	
Mole Flow kmol/hr			
ETHANOL	186.590	85.864	
ACETIC-A	192.600	91.874	
ETHYL-AC		100.726	
WATER	8.892	109.618	

图 7-41　例 7-6 酯化反应 RPlug 反应器模拟结果

8 工艺流程模拟

以上第 3 章～第 7 章介绍了一些基本的化工单元操作过程模型，化工工艺流程是以这些基本化工单元操作过程为基础合成。工艺流程的模拟对于化工过程合成具有重要作用，通过模拟分析，可以比较不同合成方案的技术经济性能以及对工艺流程进行优化，从而获得最优的设计方案。通常在设计初级阶段，可以采用简化的模型进行稳态过程模拟，以快速获得较优的设计方案，随着设计过程进入详细设计阶段，需要采用严格的稳态模拟，同时进行动态模拟，考察过程的动态特性（抗干扰性和可控性）。本章介绍若干工艺流程的稳态模拟。

8.1 环己烷生产过程模拟

【例 8-1】 苯和氢气反应生成环己烷的化学方程式如下：

$$C_6H_6 + 3H_2 \Longleftrightarrow C_6H_{12}$$

苯和氢气反应生成环己烷的工艺流程如图 8-1 所示，纯苯进料温度为 100℉，压力为 15psi，流量为 100lbmol/hr；粗氢气进料温度为 120℉，压力 335psi，总流量为 330 lbmol/hr，摩尔分率：氢气 0.975、氮气 0.005、甲烷 0.02。加热器（HEATER）出口温度 300℉，压力为 330psi；反应器（REACTOR）出口温度 400℉，压力降为 15psi，苯的转化率为 99.8%；闪蒸器（SEP）温度为 120℉，压力降为 5psi；气相分流器（VSPLIT）循环流股（H2RCY）分割率为 92mol%，液相分流器（LSPLIT）循环流股（CHRCY）分割率为 30mol%；精馏塔（COLUMN）理论塔板数 12，进料位置第 8 块理论板，回流比 1.2，塔底产物（PRODUCT）流率为 99lbmol/hr，塔顶冷凝器采用分凝器，塔顶只取气相产物，精馏塔压力为 200psi（恒压）。

（1）根据以上流程条件，对该工艺流程进行模拟，查看包括产品物流在内的各个物流的状态和组成、各个模块的热负荷以及精馏塔塔底产物（PRODUCT）中环己烷对进料（COLFD）的回收率。

（2）若要求精馏塔塔底产物（PRODUCT）中环己烷对进料（COLFD）的回收率达到 99.99% 的目标，现以塔底产物（PRODUCT）流率为操控变量，其改变范围从 97～101lbmol/hr。利用精馏塔模块中的设计规定工具计算出塔底产物（PRODUCT）流率为多少时，目标函数回收率达到 99.99%？

（3）若要求精馏塔塔底产物（PRODUCT）中环己烷对进料（COLFD）的回收率达到 99.9999%的目标，采用与（2）同样的方法计算操控变量出塔底产物（PRODUCT）流率时，会出现精馏塔（COLUMN）模块计算结果不收敛的情况，通过增加精馏塔模块计算的最大迭代次数、改变阻尼水平后重新模拟，使模拟收敛，查看回收率达到目标值时对应操控变量的取值。

（4）若要求反应器（REACTOR）的热负荷为-8.35×10^6Btu/hr，以液相分流器（LSPLIT）循环流股（CHRCY）分割率为操控变量，其取值范围为 0.1～0.8，利用数据浏览窗口的 Flowsheeting Options（流程选项）中的设计规定（Design Specs）工具计算达到目标热负荷时对应的分割率取值。

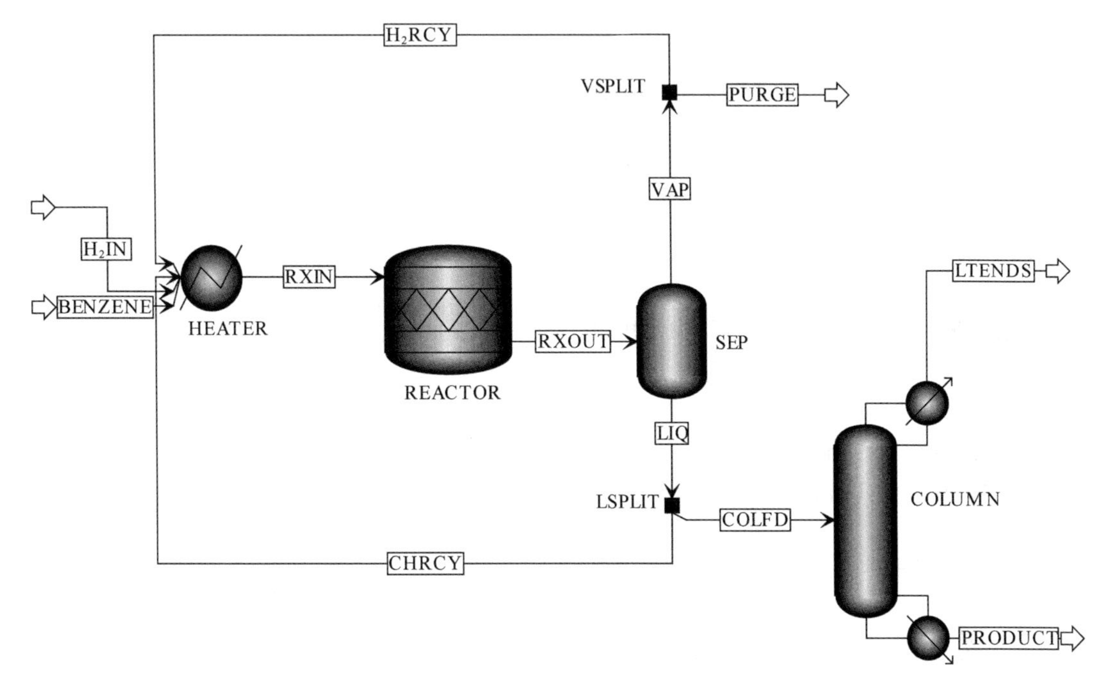

图 8-1　苯和氢气反应生成环己烷的工艺流程

H_2IN—氢气进料；BENZENE—苯；HEATER—加热器；RXIN—反应器进料；REACTOR—反应器；RXOUT—反应器出料；H_2RCY—氢气回流；CHRCY—液相回流；VSPLIT—气相分流器；VAP—汽相；SEP—闪蒸分离器；LIQ—液相；LSPLIT—液相分流器；PURGE—放空；COLFD—塔进料；LTENDS—轻组分；COLUMN—精馏塔；PRODUCT—产品

解：启动 Aspen Plus，在过程流程窗口绘制如图 8-1 所示的苯和氢气反应生成环己烷的工艺流程，加热器 HEATER 采用模型库 Heat Exchangers 中的 HEATER 模块，反应器 REACTOR 采用模型库 Reactors 中的 RStoic 模块，闪蒸分离器 SEP 采用模型库 Separators 中的 Flash2 模块，精馏塔 COLUMN 采用模型库 Columns 中的 RadFrac 模块，气相分流器 VSPLIT 和液相分流器 LSPLIT 均采用模型库 Mixers/Splitters 中的 FSplit 模块。把这些模块选中放在适当的位置后，再连接好物流，然后将物流的名称改为图示中的代号。注意连接好物流以后，两个分流器开始选用的是三角形图标，显得很大，用左键点击激活图标，再点击右键，应用弹出菜单中的 Exchange Icon 命令将很大的三角形图标变成图示的小黑正方形图标，这样流程图看起来协调美观。

（1）将文件保存为 Example8-1.bkp，然后设置规定、定义组分、选择物性方法（RK-SOAVE）、输入进料信息和模块参数。点击 View→Input Summary 得到例 8-1 基础案例输入汇总如下。

```
;
;Input Summary created by Aspen Plus Rel. 11.1 at 10:59:24 Mon Jan
18, 2016
;Directory E:\我的第一个模拟文件  Filename C:\Users\ADMINI~1\AppData\
Local\Temp\~ap734b.tmp
;

DYNAPLUS
    DPLUS RESULTS=ON
 TITLE 'CYCLOHEXANE PRODUCTION'

IN-UNITS ENG

DEF-STREAMS CONVEN ALL

ACCOUNT-INFO ACCOUNT=221 USER-NAME="WJ"

DESCRIPTION "
    General Simulation with English Units :
    F, psi, lb/hr, lbmol/hr, Btu/hr, cuft/hr.

    Property Method: None

    Flow basis for input: Mole

    Stream report composition: Mole flow
    "

DATABANKS PURE11  / AQUEOUS  / SOLIDS  / INORGANIC  /  &
        NOASPENPCD

PROP-SOURCES PURE11  / AQUEOUS  / SOLIDS  / INORGANIC

COMPONENTS
    C6H6 C6H6 /
    H2 H2 /
    N2 N2 /
    CH4 CH4 /
    C6H12 C6H12-1

FLOWSHEET
    BLOCK HEATER IN=H2IN BENZENE H2RCY CHRCY OUT=RXIN
```

```
   BLOCK REACTOR IN=RXIN OUT=RXOUT
   BLOCK SEP IN=RXOUT OUT=VAP LIQ
   BLOCK COLUMN IN=COLFD OUT=LTENDS PRODUCT
   BLOCK LSPLIT IN=LIQ OUT=CHRCY COLFD
   BLOCK VSPLIT IN=VAP OUT=PURGE H2RCY

PROPERTIES RK-SOAVE

PROP-DATA RKSKIJ-1
   IN-UNITS ENG
   PROP-LIST RKSKIJ
   BPVAL C6H6 N2 .1530000000
   BPVAL C6H6 CH4 .0209000000
   BPVAL H2 N2 .0978000000
   BPVAL H2 CH4 -.0222000000
   BPVAL N2 CH4 .0278000000
   BPVAL N2 C6H6 .1530000000
   BPVAL N2 H2 .0978000000
   BPVAL CH4 N2 .0278000000
   BPVAL CH4 C6H6 .0209000000
   BPVAL CH4 H2 -.0222000000
   BPVAL CH4 C6H12 .0333000000
   BPVAL C6H12 CH4 .0333000000

STREAM BENZENE
   SUBSTREAM MIXED TEMP=100. PRES=15.
   MOLE-FLOW C6H6 100. / H2 0. / N2 0. / CH4 0. /  &
      C6H12 0.

STREAM H2IN
   SUBSTREAM MIXED TEMP=120. PRES=335. MOLE-FLOW=330.
   MOLE-FRAC C6H6 0. / H2 0.975 / N2 0.005 / CH4 0.02 /  &
      C6H12 0.

BLOCK LSPLIT FSPLIT
   FRAC CHRCY 0.3

BLOCK VSPLIT FSPLIT
   FRAC H2RCY 0.92

BLOCK HEATER HEATER
   PARAM TEMP=300. PRES=330.
```

```
BLOCK SEP FLASH2
   PARAM TEMP=120. PRES=-5.

BLOCK COLUMN RADFRAC
   PARAM NSTAGE=12 DAMPING=NONE
   COL-CONFIG CONDENSER=PARTIAL-V
   FEEDS COLFD 8
   PRODUCTS LTENDS 1 V / PRODUCT 12 L
   P-SPEC 1 200.
   COL-SPECS MOLE-B=99. MOLE-RR=1.2

BLOCK REACTOR RSTOIC
   PARAM TEMP=400. PRES=-15.
   STOIC 1 MIXED C6H6 -1. / H2 -3. / C6H12 1.
   CONV 1 MIXED C6H6 0.998

EO-CONV-OPTI

STREAM-REPOR MOLEFLOW MASSFLOW MOLEFRAC MASSFRAC
```

例 8-1 基础案例模拟运行后控制面板信息如下。

```
<< Run reinitialized 12:47:16 Mon Jan 18, 2016>>

->Processing input specifications ...

    INFORMATION
    BINARY PARAMETERS RKSKIJ (DATA SET 1) FOR MODEL ESRKSTD
    ARE RETRIEVED FROM SDF TABLE.  TABLE NAME = ESRKSTD

 Flowsheet Analysis :

 Block $OLVER01 (Method: WEGSTEIN) has been defined to converge
       streams: RXIN

 COMPUTATION ORDER FOR THE FLOWSHEET:
 $OLVER01 REACTOR SEP VSPLIT LSPLIT HEATER
 (RETURN $OLVER01)
 COLUMN

->Calculations begin ...

> Beginning Convergence Loop $OLVER01 Method: WEGSTEIN
```

```
  Block: REACTOR  Model: RSTOIC
 *   WARNING
     TOTAL FLOW IS ZERO

  Block: SEP     Model: FLASH2
 *   WARNING
     ZERO FEED TO THE BLOCK.  BLOCK BYPASSED

  Block: VSPLIT   Model: FSPLIT
 *   WARNING
     ZERO FEED TO THE BLOCK. BLOCK BYPASSED

  Block: LSPLIT   Model: FSPLIT
 *   WARNING
     ZERO FEED TO THE BLOCK. BLOCK BYPASSED

  Block: HEATER   Model: HEATER

> Loop $OLVER01 Method: WEGSTEIN    Iteration    1
 5 vars not converged, Max Err/Tol   0.10000E+07

  Block: REACTOR  Model: RSTOIC

  Block: SEP     Model: FLASH2

  Block: VSPLIT   Model: FSPLIT

  Block: LSPLIT   Model: FSPLIT

  Block: HEATER   Model: HEATER

> Loop $OLVER01 Method: WEGSTEIN    Iteration    2
 7 vars not converged, Max Err/Tol   0.10000E+05

  Block: REACTOR  Model: RSTOIC

  Block: SEP     Model: FLASH2

  Block: VSPLIT   Model: FSPLIT

  Block: LSPLIT   Model: FSPLIT
```

```
    Block: HEATER   Model: HEATER

  . . . . . .

  > Loop $OLVER01 Method: WEGSTEIN    Iteration   19
    1 vars not converged, Max Err/Tol   0.15286E+01

    Block: REACTOR  Model: RSTOIC

    Block: SEP      Model: FLASH2

    Block: VSPLIT   Model: FSPLIT

    Block: LSPLIT   Model: FSPLIT

    Block: HEATER   Model: HEATER

  > Loop $OLVER01 Method: WEGSTEIN    Iteration   20
  # Converged            Max Err/Tol  -0.44082E+00

    Block: COLUMN   Model: RADFRAC

      Convergence iterations:
        OL   ML   IL     Err/Tol
         1    1    3      121.06
         2    1    3      9.9370
         3    1    3     0.98833

  ->Simulation calculations completed ...
```

从物流结果中可以看到精馏塔塔底产品物流 PRODUCT 中环己烷流量为 98.8673384lbmol/hr，精馏塔进料 COLFD 中环己烷流量为 99.3517862lbmol/hr，所以回收率为 98.8673384/99.3517862=99.5124%；查看反应器模块结果，热负荷为−8305183.3Btu/hr。

从例 8-1 基础案例模拟运行后控制面板信息中流程分析（Flowsheet Analysis）部分可以知道：Aspen Plus 定义模块$OLVER01（方法：维格斯坦）对物流 RXIN 进行收敛计算（该物流为 Aspen Plus 自动指定的断裂物流，断开该物流，流程中的两个回路均打开）；流程计算顺序为先计算模块 REACTOR SEP VSPLIT LSPLIT HEATER 构成的循环，回路收敛后，再计算精馏塔模块 COLUMN 至其收敛；然后控制面板信息内容显示计算开始，开始收敛回路$OLVER01 方法：维格斯坦，然后列出各个模块的名称和模型，注意到出现了一些带星号提示的警告，提示该模块零进料，绕过该模块，这是由于断裂流股的初始值默认是 0，如果模拟计算开始前给断裂流股赋初值，则不会出现警告信息；然后出现回路的 20 次迭代收敛信息，20 次迭代后，最大误差/容差<1，#提示回路迭代计算收敛，最后显示精馏塔的迭代计算，

需要经过三层嵌套迭代计算过程，OL=Outer Loop,外循环用于相平衡计算；ML=Middle Loop,中循环用于设计规定计算；IL=Inner Loop,内循环用于所有平衡级上的质量/能量计算。

下面用纯苯进料和粗氢气进料混合物组成作为断裂物流 RXIN 的输入初值：苯 100 lbmol/hr，氢气 321.75lbmol/hr，甲烷 6.6lbmol/hr，氮气 1.65lbmol/hr，己烷 0lbmol/hr，温度 300℉，压力 335psi。从例 8-1 断裂物流赋初值后模拟控制面板提示信息可见，经过 18 次迭代回路即收敛，查看计算结果，与前面的结果一致，但控制面板提示信息中不再出现带星号的警告。

例 8-1 断裂物流赋初值后模拟控制面板提示信息如下。

```
<< Run reinitialized 17:25:52 Mon Jan 18, 2016>>

->Processing input specifications ...

     INFORMATION
     BINARY PARAMETERS RKSKIJ (DATA SET 1) FOR MODEL ESRKSTD
     ARE RETRIEVED FROM SDF TABLE.  TABLE NAME = ESRKSTD

  Flowsheet Analysis :

 Block $OLVER01 (Method: WEGSTEIN) has been defined to converge
       streams: RXIN

 COMPUTATION ORDER FOR THE FLOWSHEET:
 $OLVER01 REACTOR SEP VSPLIT LSPLIT HEATER
 (RETURN $OLVER01)
 COLUMN

->Calculations begin ...


> Beginning Convergence Loop $OLVER01 Method: WEGSTEIN

   Block: REACTOR  Model: RSTOIC

   Block: SEP     Model: FLASH2

   Block: VSPLIT   Model: FSPLIT

   Block: LSPLIT   Model: FSPLIT

   Block: HEATER   Model: HEATER
> Loop $OLVER01 Method: WEGSTEIN    Iteration   1
  8 vars not converged, Max Err/Tol   0.10000E+05
```

```
    Block: REACTOR  Model: RSTOIC

    Block: SEP      Model: FLASH2

    Block: VSPLIT   Model: FSPLIT

    Block: LSPLIT   Model: FSPLIT

    Block: HEATER   Model: HEATER

> Loop $OLVER01 Method: WEGSTEIN    Iteration   2
  6 vars not converged, Max Err/Tol   0.42107E+04

    Block: REACTOR  Model: RSTOIC

    Block: SEP      Model: FLASH2

    Block: VSPLIT   Model: FSPLIT

    Block: LSPLIT   Model: FSPLIT

    Block: HEATER   Model: HEATER

. . . . . .

> Loop $OLVER01 Method: WEGSTEIN    Iteration  17
  1 vars not converged, Max Err/Tol  -0.12961E+01

    Block: REACTOR  Model: RSTOIC

    Block: SEP      Model: FLASH2

    Block: VSPLIT   Model: FSPLIT

    Block: LSPLIT   Model: FSPLIT

    Block: HEATER   Model: HEATER

> Loop $OLVER01 Method: WEGSTEIN    Iteration  18
# Converged             Max Err/Tol   0.51508E+00
```

```
Block: COLUMN   Model: RADFRAC

    Convergence iterations:
      OL   ML   IL    Err/Tol
       1    1    3    121.06
       2    1    3     9.9370
       3    1    3    0.98833

->Simulation calculations completed ...
```

（2）在 Blocks→COLUMN→Design Specs 下新建一个设计规定，在 Blocks→COLUMN→Design Specs→Specifications 下如图 8-2 所示的窗口选择设计规定的类型 Mole recovery（摩尔回收率），Target（目标值）填写 0.9999；在 Blocks→COLUMN→Design Specs→Components 下选择目标组分环己烷（用单箭头将该组分从左边选择到右边），如图 8-3 所示；在 Blocks→COLUMN→Design Specs→Feed/Product Streams 下选择目标产品物流 PRODUCT 和基础物流 COLFD（用单箭头将它们从左边选择到右边），如图 8-4 所示。

在 Blocks→COLUMN→Vary 下新建一个操控变量，在 Blocks→COLUMN→Vary→Specifications 下选择变量 Bottoms rate（塔底产物流率），上下限填写 101 和 97，如图 8-5 所示。

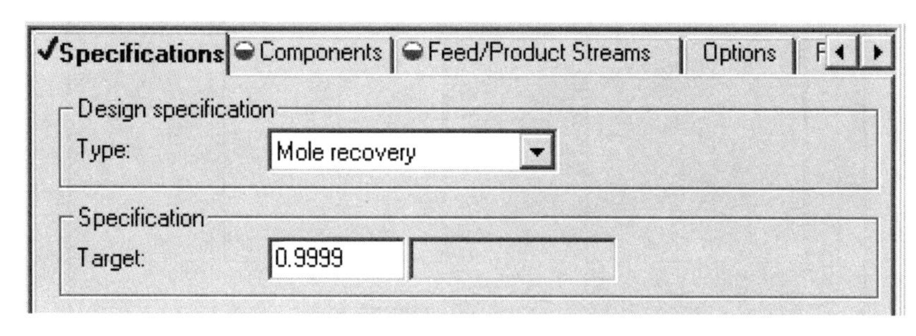

图 8-2　例 8-1 精馏塔塔底产物中环己烷回收率设计规定类型和目标值

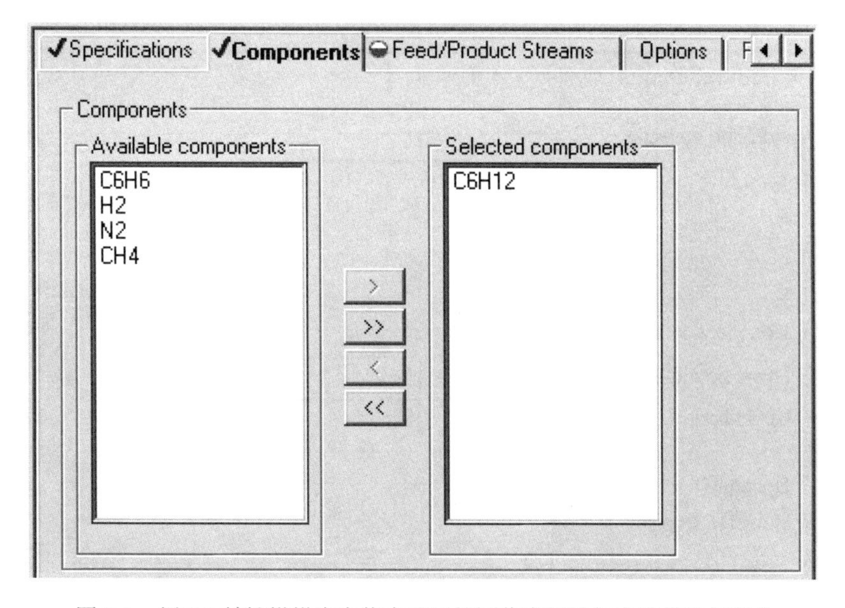

图 8-3　例 8-1 精馏塔塔底产物中环己烷回收率设计规定选择目标组分

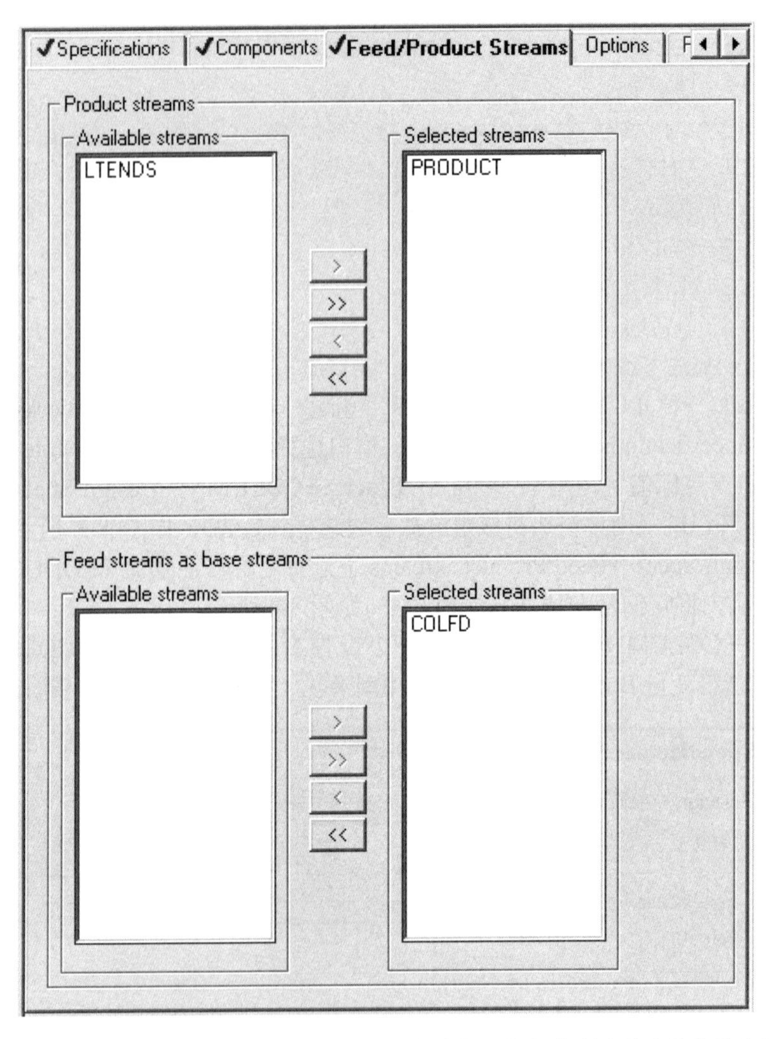

图 8-4　例 8-1 精馏塔塔底产物中环己烷回收率设计规定选择目标组分所在的产品物流和进料基础物流

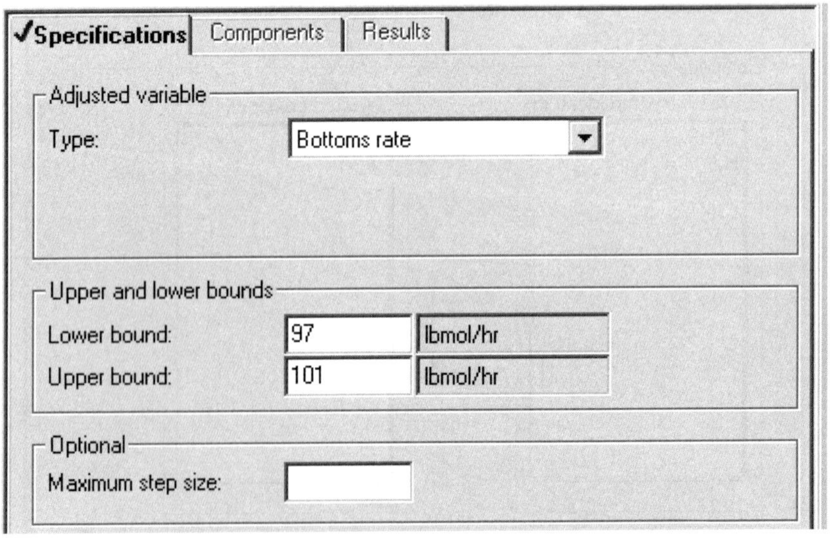

✓Specifications　Components　Results

Adjusted variable

Type: Bottoms rate

Upper and lower bounds

Lower bound: 97 lbmol/hr

Upper bound: 101 lbmol/hr

Optional

Maximum step size:

图 8-5　例 8-1 精馏塔塔底产物中环己烷回收率设计规定选择操控变量类型和取值上下限

设计规定输入完毕，初始化模拟（点击窗口顶部的初始化按钮或按 Shift+F5），删除前面运行的结果，按 F7 重新模拟，控制面板提示经过 18 次迭代，回路收敛，其中精馏塔三重嵌套迭代循环和误差/容差含义与前述相同，由于作了设计规定，中层循环次数增多，而（1）的情况中层循环次数均为 1，因为（1）中尚未作设计规定。在 Blocks→COLUMN→Design Specs→Results 下查看结果如图 8-6 所示，可见环己烷回收率的计算值达到目标值；在 Blocks→COLUMN→Vary→Results 下查看结果如图 8-7 所示，可见操控变量精馏塔塔底流率的值为 99.47555lbmol/hr。

✓Specifications | ✓Components | ✓Feed/Product Streams | Options | Results

Results

Type:	MOLE-RECOV	
Target:	0.9999	
Calculated value:	0.9999	
Error:	-6.531E-13	
Qualifiers:	STREAM: PRODUCT BASE-STREAM: COLFD	
	COMPS: C6H12	

图 8-6 例 8-1 精馏塔塔底产物中环己烷回收率设计规定目标值计算结果

✓Specifications | Components | Results

Results

Type:	MOLAR BOTTOMS RATE	
Lower bound:	97	lbmol/hr
Upper bound:	101	lbmol/hr
Final value:	99.4755551	lbmol/hr

图 8-7 例 8-1 精馏塔塔底产物中环己烷回收率设计规定操控变量计算结果

例 8-1 作设计规定后模拟控制面板提示信息如下。

```
......

> Loop $OLVER01 Method: WEGSTEIN     Iteration   18
# Converged              Max Err/Tol   0.51508E+00
```

```
  Block: COLUMN   Model: RADFRAC

     Convergence iterations:
       OL    ML    IL     Err/Tol
        1     1     3      121.06
        2     7    24      310.20
        3     9    21      301.70
        4     8    18      407.91
        5     2     5      255.14
        6     2     4      155.71
        7     2     5      68.256
        8     2     5      6.9273
        9     2     4      1.6490
       10     2     4     0.12601

->Simulation calculations completed ...
```

（3）在 Blocks→COLUMN→Design Specs 下将设计规定的目标函数精馏塔底部产物物流中的环己烷对进料的回收率从 0.9999 修改为 0.999999，初始化流程后运行模拟，可见流程中回路经过 18 次迭代收敛，但后面的精馏塔模拟经过 25 次外循环迭代不收敛，第 25 次迭代后的误差/容差=5.0163，大于 1，并且有错误提示：经过 25 次外循环迭代后 RadFrac 不收敛，这是因为软件里精馏塔计算默认的迭代次数为 25，并且数据浏览窗口左边的精馏塔模块出现一些红色叉号的错误信息，下面叙述通过改变精馏塔收敛参数设置的方法后重新模拟，使重新模拟计算收敛，以得到所求的答案。

例 8-1 修改设计规定目标函数值后模拟控制面板提示信息如下。

```
<< Run reinitialized 07:52:04 Tue Jan 19, 2016>>

->Processing input specifications ...

     INFORMATION
     BINARY PARAMETERS RKSKIJ (DATA SET 1) FOR MODEL ESRKSTD
     ARE RETRIEVED FROM SDF TABLE.  TABLE NAME = ESRKSTD
 Flowsheet Analysis :

 Block $OLVER01 (Method: WEGSTEIN) has been defined to converge
       streams: RXIN

 COMPUTATION ORDER FOR THE FLOWSHEET:
 $OLVER01 REACTOR SEP VSPLIT LSPLIT HEATER
 (RETURN $OLVER01)
 COLUMN

->Calculations begin ...
```

```
> Beginning Convergence Loop $OLVER01 Method: WEGSTEIN

   Block: REACTOR  Model: RSTOIC

   Block: SEP      Model: FLASH2

   Block: VSPLIT   Model: FSPLIT

   Block: LSPLIT   Model: FSPLIT

   Block: HEATER   Model: HEATER

> Loop $OLVER01 Method: WEGSTEIN     Iteration    1
 8 vars not converged, Max Err/Tol   0.10000E+05

   Block: REACTOR  Model: RSTOIC

   Block: SEP      Model: FLASH2

   Block: VSPLIT   Model: FSPLIT

   Block: LSPLIT   Model: FSPLIT

   Block: HEATER   Model: HEATER

> Loop $OLVER01 Method: WEGSTEIN     Iteration    2
 6 vars not converged, Max Err/Tol   0.42107E+04

   Block: REACTOR  Model: RSTOIC

   Block: SEP      Model: FLASH2

   Block: VSPLIT   Model: FSPLIT

   Block: LSPLIT   Model: FSPLIT

   Block: HEATER   Model: HEATER

......

> Loop $OLVER01 Method: WEGSTEIN     Iteration   17
 1 vars not converged, Max Err/Tol  -0.12961E+01
```

```
   Block: REACTOR  Model: RSTOIC

   Block: SEP     Model: FLASH2

   Block: VSPLIT   Model: FSPLIT

   Block: LSPLIT   Model: FSPLIT

   Block: HEATER   Model: HEATER

> Loop $OLVER01 Method: WEGSTEIN     Iteration   18
# Converged              Max Err/Tol   0.51508E+00

   Block: COLUMN   Model: RADFRAC

      Convergence iterations:
        OL   ML   IL     Err/Tol
         1    1    3     121.06
         2    7   14     10.586
         3    5    7     6.2190
         . . . . . .
        24    5    6     4.9621
        25    5    6     5.0163
  **  ERROR
      RADFRAC NOT CONVERGED IN  25 OUTSIDE LOOP ITERATIONS.

->Simulation calculations completed ...
```

如图 8-8 所示，在 Blocks→COLUMN→Convergence→Basic 窗口将最大迭代次数从 25 修改为 200，将阻尼水平从 None 修改为 Mild，如图 8-9 所示，在 Blocks→COLUMN→Convergence→Advanced 窗口将闪蒸最大迭代次数（Flash-Maxit）从 50 提高为 200，然后初始化后运行模拟，可见外循环迭代 133 次后精馏塔模块收敛，查看设计规定，可见目标函数达到规定值，操控变量值为 99.4854106lbmol/hr。

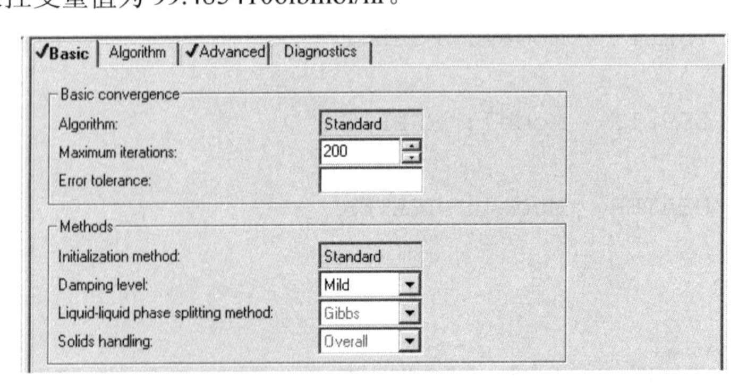

图 8-8　例 8-1 精馏塔收敛参数基本项窗口最大迭代次数和阻尼水平修改

Basic | Algorithm | Advanced | Diagnostics

Advanced convergence parameters

Absorber:	No	Maxip:	
Dsmeth:		Maxol:	200
Dtmax:		Pheqm-Form:	
Eff-Flash:	No	Prod-Flash:	
Flash-Maxit:	200	Prop-Deriv:	Analytical
Flash-Tol:		Qmaxbwil:	0.5
Flash-Tolil:	1E-07	Qmaxbwol:	
Flash-Vfrac:		Qminbwil:	0
Flexi-Meth:	Bulletin 960	Qminbwol:	
Float-Meth:	Aspen90	Radius-Frac:	
Fminfac:		Rmsol0:	0.1
Hmodel1:		Rmsol1:	
Hmodel2:		Stable-Iter:	
Ilmeth:		Stable-Meth:	
Kbbmax:	-500	Tolil0:	
Kmodel:		Tolilfac:	
Ll-Meth:	Gibbs	Tolilmin:	
Max-Broy:	200	Tolol:	
Maxil:			

图 8-9　例 8-1 精馏塔收敛参数高级项窗口闪蒸最大迭代次数修改

例 8-1 修改精馏塔模块收敛参数后运行控制面板提示信息如下。

```
<< Run reinitialized 08:21:28 Tue Jan 19, 2016>>

->Processing input specifications ...

     INFORMATION
     BINARY PARAMETERS RKSKIJ (DATA SET 1) FOR MODEL ESRKSTD
     ARE RETRIEVED FROM SDF TABLE.  TABLE NAME = ESRKSTD

  Flowsheet Analysis :

 Block $OLVER01 (Method: WEGSTEIN) has been defined to converge
        streams: RXIN

 COMPUTATION ORDER FOR THE FLOWSHEET:
 $OLVER01 REACTOR SEP VSPLIT LSPLIT HEATER
 (RETURN $OLVER01)
 COLUMN
->Calculations begin ...

> Beginning Convergence Loop $OLVER01 Method: WEGSTEIN

   Block: REACTOR  Model: RSTOIC
```

```
    Block: SEP      Model: FLASH2

    Block: VSPLIT   Model: FSPLIT

    Block: LSPLIT   Model: FSPLIT

    Block: HEATER   Model: HEATER

> Loop $OLVER01 Method: WEGSTEIN     Iteration    1
  8 vars not converged, Max Err/Tol   0.10000E+05

    Block: REACTOR  Model: RSTOIC

    Block: SEP      Model: FLASH2

    Block: VSPLIT   Model: FSPLIT

    Block: LSPLIT   Model: FSPLIT

    Block: HEATER   Model: HEATER

> Loop $OLVER01 Method: WEGSTEIN     Iteration    2
  6 vars not converged, Max Err/Tol   0.42107E+04

    Block: REACTOR  Model: RSTOIC

    Block: SEP      Model: FLASH2

    Block: VSPLIT   Model: FSPLIT

    Block: LSPLIT   Model: FSPLIT

    Block: HEATER   Model: HEATER

. . . . . .

> Loop $OLVER01 Method: WEGSTEIN     Iteration   17
  1 vars not converged, Max Err/Tol  -0.12961E+01

    Block: REACTOR  Model: RSTOIC

    Block: SEP      Model: FLASH2
```

```
    Block: VSPLIT   Model: FSPLIT

    Block: LSPLIT   Model: FSPLIT

    Block: HEATER   Model: HEATER

 > Loop $OLVER01 Method: WEGSTEIN     Iteration   18
 # Converged           Max Err/Tol   0.51508E+00

    Block: COLUMN   Model: RADFRAC

       Convergence iterations:
         OL   ML   IL     Err/Tol
          1    1    3     121.06
          2    7   14      10.586
          3    5    7      6.2190
         . . . . . .
        130    2    5      5.8994
        131    2    5      2.9863
        132    2    3      1.5336
        133    2    3     0.80575

 ->Simulation calculations completed ...
```

（4）经过第（3）步的模拟后，再查看反应器热负荷为−8305121.2Btu/hr ，现在规定热负荷为-8.35×10^6Btu/hr，现在以液相分流器（LSPLIT）循环流股（CHRCY）分割率为操控变量建立一个新的设计规定，计算出对应的操控变量取值。与精馏塔不同，反应器模块里并没有设计规定工具，需要利用流程选项（Flowsheeting Options）里的设计规定工具。在Flowsheeting Options→Design 下新建设计规定，采用默认名称 DS-1，在 Flowsheeting Options→Design→DS-1→Input 下的输入窗口如图 8-10 所示。在 Flowsheeting Options→Design→DS-1→Input→Define 窗口输入流程变量（目标函数），取一个名称表示反应器热负荷，用 DUTY 表示，填写在图 8-11 所示的第一行，然后点击左边的黑三角符号，进入图 8-12 所示的变量定义窗，右侧类型选 Block-Var（模块变量），模块选 REACTOR，变量选 QCALC（表示计算的热负荷），填写完毕点击关闭或下一步按钮，进入图 8-13 设计规定表达式窗口，分别填写上一步定义的 DUTY，目标值−8.35E6 和容差（取 100），点击下一步按钮进入图 8-14 的操控定义和取值范围窗，左侧类型选择 Block-Var（模块变量），模块选 LSPLIT，变量选 FLOW/FRAC（表示流量/分率），标识选 CHRCY（液相循环物流），右侧操控变量（液相分流器分流比）的范围填 0.1 和 0.8。规定输入完毕后，初始化后再运行，控制面板信息提示有两重循环，$LOVER02 为外循环（流程选项的设计规定），$LOVER01 为内循环（回路迭代计算）。在 Flowsheeting Options→Design→DS-1→Results 下可以看到如图 8-15 所示的目标函数（反应器热负荷）的初始值和最终计算值，在 Blocks→LSPLIT→Results 下如图 8-16 窗口中可以看到操控变量值（循环物流分率）为 0.23584949。

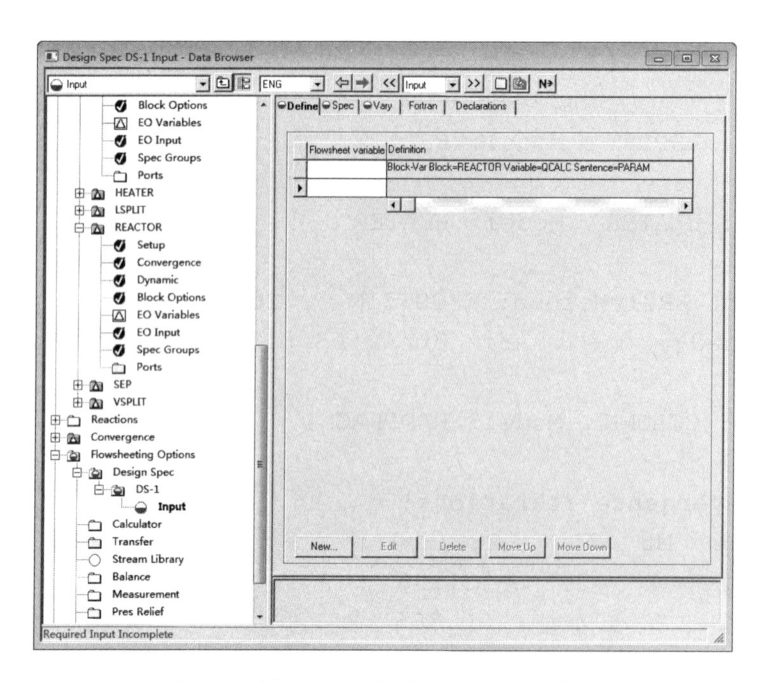

图 8-10　例 8-1 流程选项设计规定输入窗口

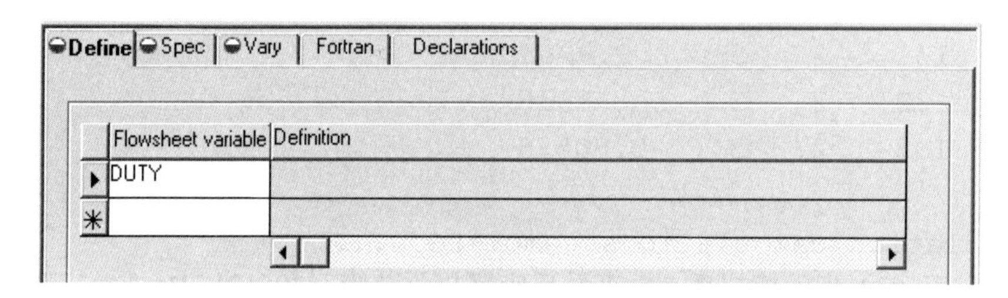

图 8-11　例 8-1 流程选项设计规定定义流程变量

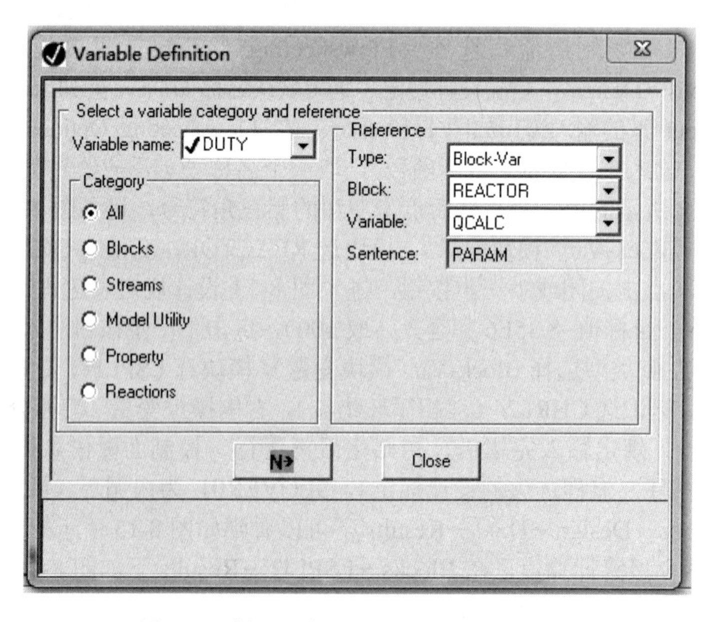

图 8-12　例 8-1 流程选项设计规定变量定义

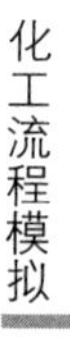

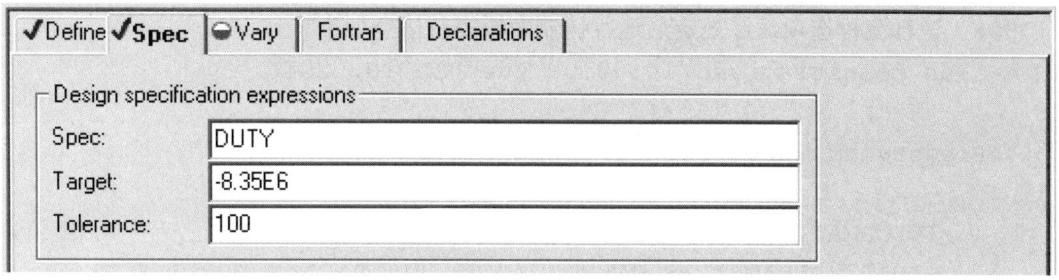

✓Define ✓Spec Vary Fortran Declarations

Design specification expressions

Spec: DUTY

Target: -8.35E6

Tolerance: 100

图 8-13 例 8-1 流程选项设计规定目标函数名称、目标值和容差填写

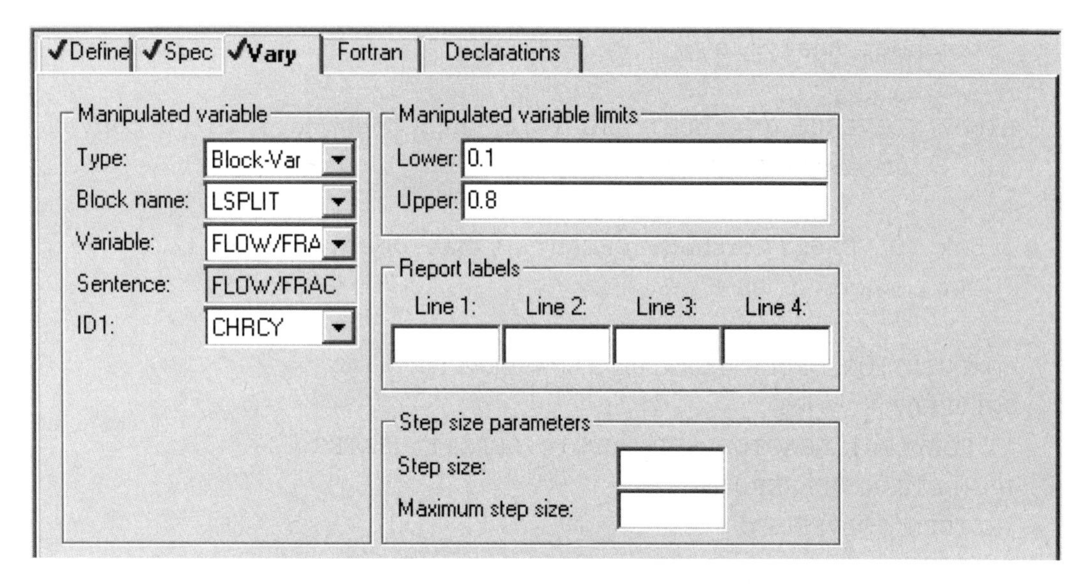

图 8-14 例 8-1 流程选项设计规定操控变量定义和取值范围

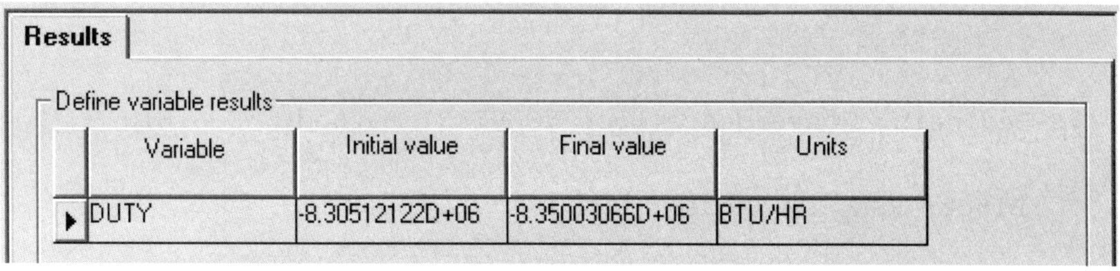

Results

Define variable results

Variable	Initial value	Final value	Units
DUTY	-8.30512122D+06	-8.35003066D+06	BTU/HR

图 8-15 例 8-1 流程选项设计规定目标函数的初始值和最终值

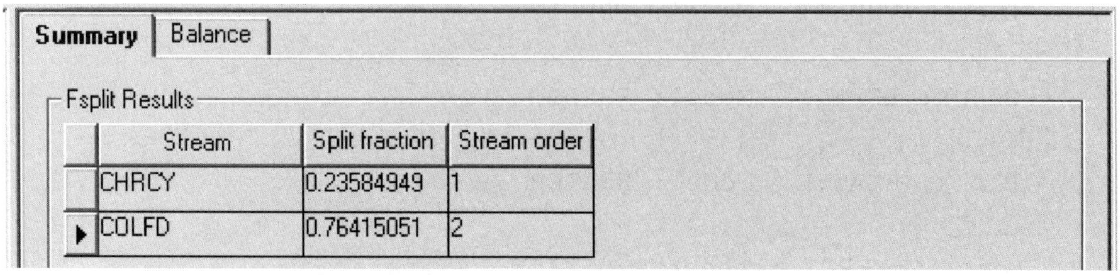

Summary Balance

Fsplit Results

Stream	Split fraction	Stream order
CHRCY	0.23584949	1
COLFD	0.76415051	2

图 8-16 例 8-1 流程选项设计规定操控变量计算结果

例 8-1 进行流程选项设计规定后运行控制面板提示信息如下。

```
<< Run reinitialized 10:00:09 Tue Jan 19, 2016>>

->Processing input specifications ...

    INFORMATION
    BINARY PARAMETERS RKSKIJ (DATA SET 1) FOR MODEL ESRKSTD
    ARE RETRIEVED FROM SDF TABLE.  TABLE NAME = ESRKSTD

 Flowsheet Analysis :

 Block $OLVER01 (Method: WEGSTEIN) has been defined to converge
        streams: RXIN

 Block $OLVER02 (Method: SECANT  ) has been defined to converge
         specs : DS-1

 COMPUTATION ORDER FOR THE FLOWSHEET:
 $OLVER02
 |  $OLVER01 REACTOR SEP VSPLIT LSPLIT HEATER
 |  (RETURN $OLVER01)
 (RETURN $OLVER02)
 COLUMN

->Calculations begin ...


>> Beginning Convergence Loop $OLVER01 Method: WEGSTEIN

   Block: REACTOR  Model: RSTOIC

   Block: SEP      Model: FLASH2

   Block: VSPLIT   Model: FSPLIT

   Block: LSPLIT   Model: FSPLIT

   Block: HEATER   Model: HEATER

>> Loop $OLVER01 Method: WEGSTEIN    Iteration   1
  8 vars not converged, Max Err/Tol   0.10000E+05
```

```
    Block: REACTOR  Model: RSTOIC

    Block: SEP      Model: FLASH2

    Block: VSPLIT   Model: FSPLIT

    Block: LSPLIT   Model: FSPLIT

    Block: HEATER   Model: HEATER

>> Loop $OLVER01 Method: WEGSTEIN    Iteration   2
  6 vars not converged, Max Err/Tol   0.42107E+04

    Block: REACTOR  Model: RSTOIC

    Block: SEP      Model: FLASH2

    Block: VSPLIT   Model: FSPLIT

    Block: LSPLIT   Model: FSPLIT

    Block: HEATER   Model: HEATER

......

>> Loop $OLVER01 Method: WEGSTEIN    Iteration  17
  1 vars not converged, Max Err/Tol  -0.12961E+01

    Block: REACTOR  Model: RSTOIC

    Block: SEP      Model: FLASH2

    Block: VSPLIT   Model: FSPLIT

    Block: LSPLIT   Model: FSPLIT

    Block: HEATER   Model: HEATER

>> Loop $OLVER01 Method: WEGSTEIN    Iteration  18
# Converged              Max Err/Tol   0.51508E+00

> Beginning Convergence Loop $OLVER02 Method: SECANT
```

```
 1 vars not converged, Max Err/Tol   0.44879E+03

>> Beginning Convergence Loop $OLVER01 Method: WEGSTEIN

   Block: REACTOR  Model: RSTOIC

   Block: SEP      Model: FLASH2

   Block: VSPLIT   Model: FSPLIT

   Block: LSPLIT   Model: FSPLIT

   Block: HEATER   Model: HEATER

>> Loop $OLVER01 Method: WEGSTEIN     Iteration    1
 4 vars not converged, Max Err/Tol  -0.74899E+03

   Block: REACTOR  Model: RSTOIC

   Block: SEP      Model: FLASH2

   Block: VSPLIT   Model: FSPLIT

   Block: LSPLIT   Model: FSPLIT

   Block: HEATER   Model: HEATER

>> Loop $OLVER01 Method: WEGSTEIN     Iteration    2
 4 vars not converged, Max Err/Tol   0.16402E+03

   Block: REACTOR  Model: RSTOIC

   Block: SEP      Model: FLASH2

   Block: VSPLIT   Model: FSPLIT

   Block: LSPLIT   Model: FSPLIT

   Block: HEATER   Model: HEATER

......
```

```
>> Loop $OLVER01 Method: WEGSTEIN    Iteration   6
 1 vars not converged, Max Err/Tol   0.18132E+01

   Block: REACTOR  Model: RSTOIC

   Block: SEP     Model: FLASH2

   Block: VSPLIT   Model: FSPLIT

   Block: LSPLIT   Model: FSPLIT

   Block: HEATER   Model: HEATER
>> Loop $OLVER01 Method: WEGSTEIN    Iteration   7
# Converged            Max Err/Tol  -0.32966E-01

> Loop $OLVER02 Method: SECANT      Iteration   2
 1 vars not converged, Max Err/Tol   0.50257E+03

>> Beginning Convergence Loop $OLVER01 Method: WEGSTEIN

   Block: REACTOR  Model: RSTOIC

   Block: SEP     Model: FLASH2

   Block: VSPLIT   Model: FSPLIT

   Block: LSPLIT   Model: FSPLIT

   Block: HEATER   Model: HEATER

>> Loop $OLVER01 Method: WEGSTEIN    Iteration   1
 7 vars not converged, Max Err/Tol   0.82890E+04

   Block: REACTOR  Model: RSTOIC

   Block: SEP     Model: FLASH2

   Block: VSPLIT   Model: FSPLIT

   Block: LSPLIT   Model: FSPLIT

   Block: HEATER   Model: HEATER
```

```
>> Loop $OLVER01 Method: WEGSTEIN    Iteration   2
  7 vars not converged, Max Err/Tol   0.30450E+04

    Block: REACTOR  Model: RSTOIC

    Block: SEP     Model: FLASH2

    Block: VSPLIT   Model: FSPLIT

    Block: LSPLIT   Model: FSPLIT

    Block: HEATER   Model: HEATER

. . . . . .

>> Loop $OLVER01 Method: WEGSTEIN    Iteration   8
  1 vars not converged, Max Err/Tol  -0.32773E+01

    Block: REACTOR  Model: RSTOIC

    Block: SEP     Model: FLASH2

    Block: VSPLIT   Model: FSPLIT

    Block: LSPLIT   Model: FSPLIT

    Block: HEATER   Model: HEATER

>> Loop $OLVER01 Method: WEGSTEIN    Iteration   9
# Converged             Max Err/Tol  -0.71269E+00

> Loop $OLVER02 Method: SECANT      Iteration   3
  1 vars not converged, Max Err/Tol   0.35970E+02

>> Beginning Convergence Loop $OLVER01 Method: WEGSTEIN

    Block: REACTOR  Model: RSTOIC

    Block: SEP     Model: FLASH2

    Block: VSPLIT   Model: FSPLIT
```

```
   Block: LSPLIT   Model: FSPLIT

   Block: HEATER   Model: HEATER

>> Loop $OLVER01 Method: WEGSTEIN    Iteration    1
 4 vars not converged, Max Err/Tol   0.33448E+03

   Block: REACTOR  Model: RSTOIC

   Block: SEP      Model: FLASH2

   Block: VSPLIT   Model: FSPLIT

   Block: LSPLIT   Model: FSPLIT

   Block: HEATER   Model: HEATER

>> Loop $OLVER01 Method: WEGSTEIN    Iteration    2
 3 vars not converged, Max Err/Tol   0.12842E+03

   Block: REACTOR  Model: RSTOIC

   Block: SEP      Model: FLASH2

   Block: VSPLIT   Model: FSPLIT

   Block: LSPLIT   Model: FSPLIT

   Block: HEATER   Model: HEATER

......

>> Loop $OLVER01 Method: WEGSTEIN    Iteration    5
 1 vars not converged, Max Err/Tol  -0.14155E+01

   Block: REACTOR  Model: RSTOIC

   Block: SEP      Model: FLASH2

   Block: VSPLIT   Model: FSPLIT

   Block: LSPLIT   Model: FSPLIT
```

```
   Block: HEATER   Model: HEATER

>> Loop $OLVER01 Method: WEGSTEIN    Iteration   6
# Converged           Max Err/Tol   0.44003E+00

> Loop $OLVER02 Method: SECANT      Iteration   4
 1 vars not converged, Max Err/Tol   0.10579E+01

>> Beginning Convergence Loop $OLVER01 Method: WEGSTEIN

   Block: REACTOR  Model: RSTOIC

   Block: SEP      Model: FLASH2

   Block: VSPLIT   Model: FSPLIT

   Block: LSPLIT   Model: FSPLIT

   Block: HEATER   Model: HEATER

>> Loop $OLVER01 Method: WEGSTEIN    Iteration   1
 2 vars not converged, Max Err/Tol   0.10278E+02

   Block: REACTOR  Model: RSTOIC

   Block: SEP      Model: FLASH2

   Block: VSPLIT   Model: FSPLIT

   Block: LSPLIT   Model: FSPLIT

   Block: HEATER   Model: HEATER

>> Loop $OLVER01 Method: WEGSTEIN    Iteration   2
 1 vars not converged, Max Err/Tol   0.12345E+02

   Block: REACTOR  Model: RSTOIC

   Block: SEP      Model: FLASH2

   Block: VSPLIT   Model: FSPLIT
```

```
   Block: LSPLIT   Model: FSPLIT

   Block: HEATER   Model: HEATER

 . . . . . .

>> Loop $OLVER01 Method: WEGSTEIN     Iteration    4
# Converged             Max Err/Tol  -0.55966E-01

> Loop $OLVER02 Method: SECANT      Iteration    5
# Converged             Max Err/Tol  -0.30664E+00

   Block: COLUMN   Model: RADFRAC

      Convergence iterations:
       OL   ML   IL     Err/Tol
        1    1    3     121.14
        2    7   14     10.594
        3    5    7     6.2249

       . . . . . .

       129    2    5     54.680
       130    2    5     7.9753
       131    2    5     2.9272
       132    2    5     1.4562
       133    2    3    0.75236

->Simulation calculations completed ...
```

8.2 二氯甲烷溶剂回收过程蒸汽用量优化

在 Aspen Plus 的模型分析工具（Model Analysis Tools）里有优化工具，需要注意的是优化过程的收敛可能会对操控变量的初值敏感，优化算法只找到目标函数的局部最大值或最小值，在一些情况下，在解空间的不同点开始优化可能得到目标函数不同的优化值，优化过程收敛方法选用 SQP（Sequential Quadratic Programming）。

【例 8-2】 两个串联的二氯甲烷溶剂回收绝热闪蒸塔如图 8-17 所示，两塔的操作压力分别为 19.7psia 和 18.7psia，加热蒸汽均为 200psia 的饱和蒸汽，流量范围均在 1000～20000lb/hr 之间，塔一二氯甲烷水溶液进料温度 100℉，压力 24psia，二氯甲烷和水的流量分别是 1400lb/hr 和 98600lb/hr，要求溶剂经过两级绝热闪蒸釜蒸出后的废水（塔二塔底产物）中二氯甲烷的质量浓度达到 (150±2) ppm，求解满足此限制条件下总蒸汽消耗量的最小值。

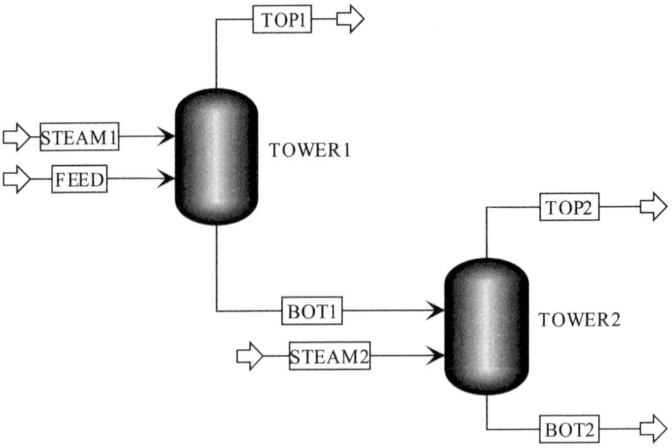

图 8-17　二氯甲烷溶剂回收流程

STEAM1—蒸汽 1；FEED—进料；TOP1—塔顶物流 1；TOWER1—塔 1；BOT1—塔底物流 1；STEAM2—蒸汽 2；TOP2—塔顶物流 2；TOWER2—塔 2；BOT2—塔底物流 2

解：在 Aspen Plus 过程流程窗口绘制如图 8-17 所示的流程，另存为 Example8-2.bkp，在数据浏览窗口输入设置规定、定义组分、选择物性方法（NRTL）、输入物流进料参数、输入模块参数，下面介绍如何在模型分析工具里建立优化过程。进入 Model Analysis Tools→Constraint 窗口如图 8-18 所示，点击 New 按钮，弹出图 8-19 创建限制条件标识窗，采用默认的 C-1 标识，点击 OK 按钮，出现图 8-20 二氯甲烷溶剂回收模型分析工具限制条件 C-1 定义和规定窗口，限制条件是塔二底部产物 BOT2 中二氯甲烷的质量浓度（质量分率），用 MC 表示，在 Flowsheet variable 下面填写 MC，点击 MC 左边的三角符号，进入图 8-21 二氯甲烷溶剂回收模型分析工具限制条件 C-1 变量定义，变量类型选择 Mass-Frac，物流选择 BOT2，组分选择 CH2CL2，点击 N→进入图 8-22 二氯甲烷溶剂回收模型分析工具限制条件 C-1 变量定义后数据浏览窗，再点击下一个红色提示的 Specs 项，进入图 8-23 二氯甲烷溶剂回收模型分析工具限制条件 C-1 规定窗口，其中限制表达式规定填写前面定义的 MC，点击下一行的三角符号，选择 Less than or equal to（小于或等于），后面填写 0.000150，再下一行的容差填写 0.000002，至此限制条件定义完毕。

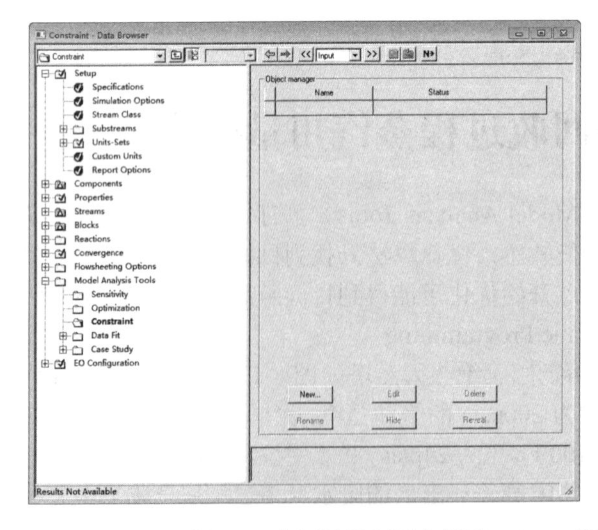

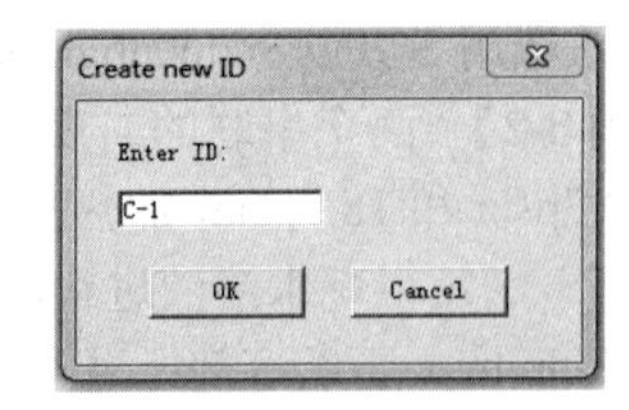

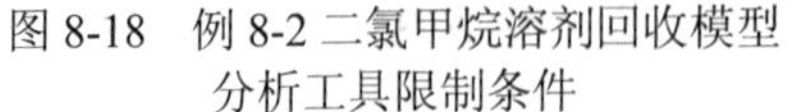

图 8-18　例 8-2 二氯甲烷溶剂回收模型分析工具限制条件

图 8-19　例 8-2 二氯甲烷溶剂回收模型分析工具限制条件创建标识

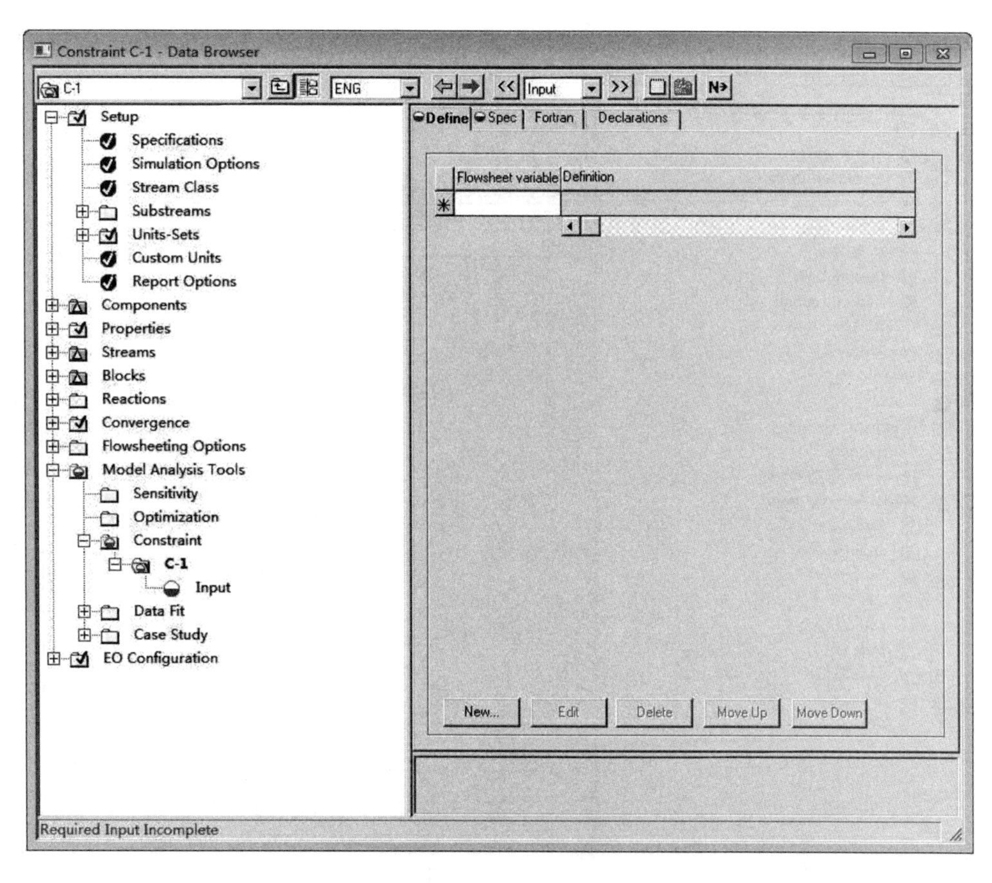

图 8-20　例 8-2 二氯甲烷溶剂回收模型分析工具限制条件 C-1 定义和规定

图 8-21　例 8-2 二氯甲烷溶剂回收模型分析工具限制条件 C-1 变量定义

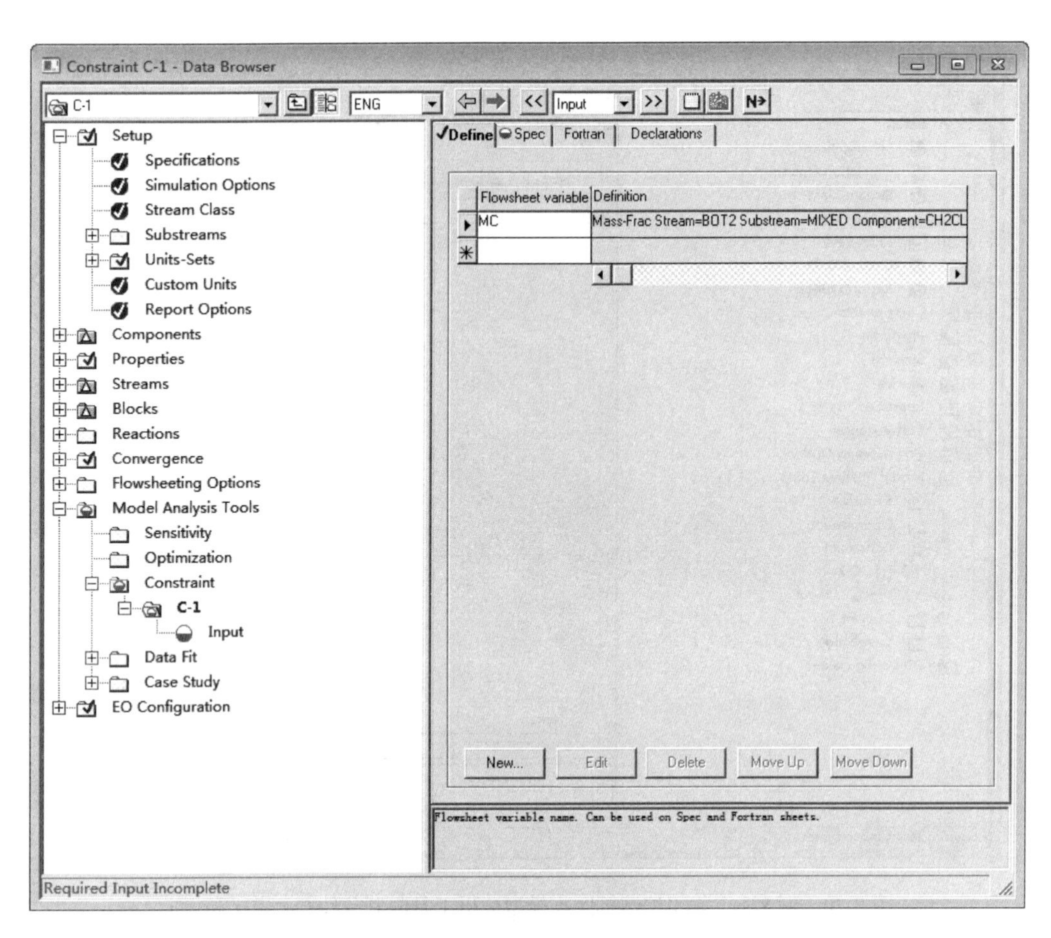

图 8-22　例 8-2 二氯甲烷溶剂回收模型分析工具限制条件 C-1 变量定义后数据浏览窗

Define　Specs　Fortran　Declarations

Constraint expressions

Specification: MC

Less than or equal to　0.000150

Tolerance: 0.000002

Vector constraint information

This is a vector constraint

First element: 1

Last element:

图 8-23　例 8-2 二氯甲烷溶剂回收模型分析工具限制条件 C-1 规定

进入 Model Analysis Tools→Optimization 窗口如图 8-24 所示，点击 New 按钮，弹出图 8-25 创建新的优化标识窗，采用默认的 O-1 标识，点击 OK 按钮，出现图 8-26 二氯甲烷溶剂回收模型分析工具优化变量 SF1 定义窗口（用 SF1 表示塔一蒸汽进料流量，在第一行流程变量栏目填写 SF1），点击 SF1 左侧的黑三角符号，进入 SF1 定义窗口，如图 8-27 所示，SF1

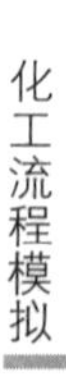

定义后如图 8-28 所示，用同样的方法再定义一个变量 SF2，代表塔二蒸汽进料，如图 8-29 所示，两个蒸汽用量定义完成后如图 8-30 所示。进入下一个红色提示项 Objective&Constraint，如图 8-31 所示，在目标函数项选择 Minimize（最小化），后面的表达式填写 SF1+SF2，（表示总蒸汽量），在下面的限制条件和优化关联窗口将左侧的 C-1（这是之前定义关于 BOT2 中二氯甲烷摩尔分率的限制模块）用单箭头选择到右边。

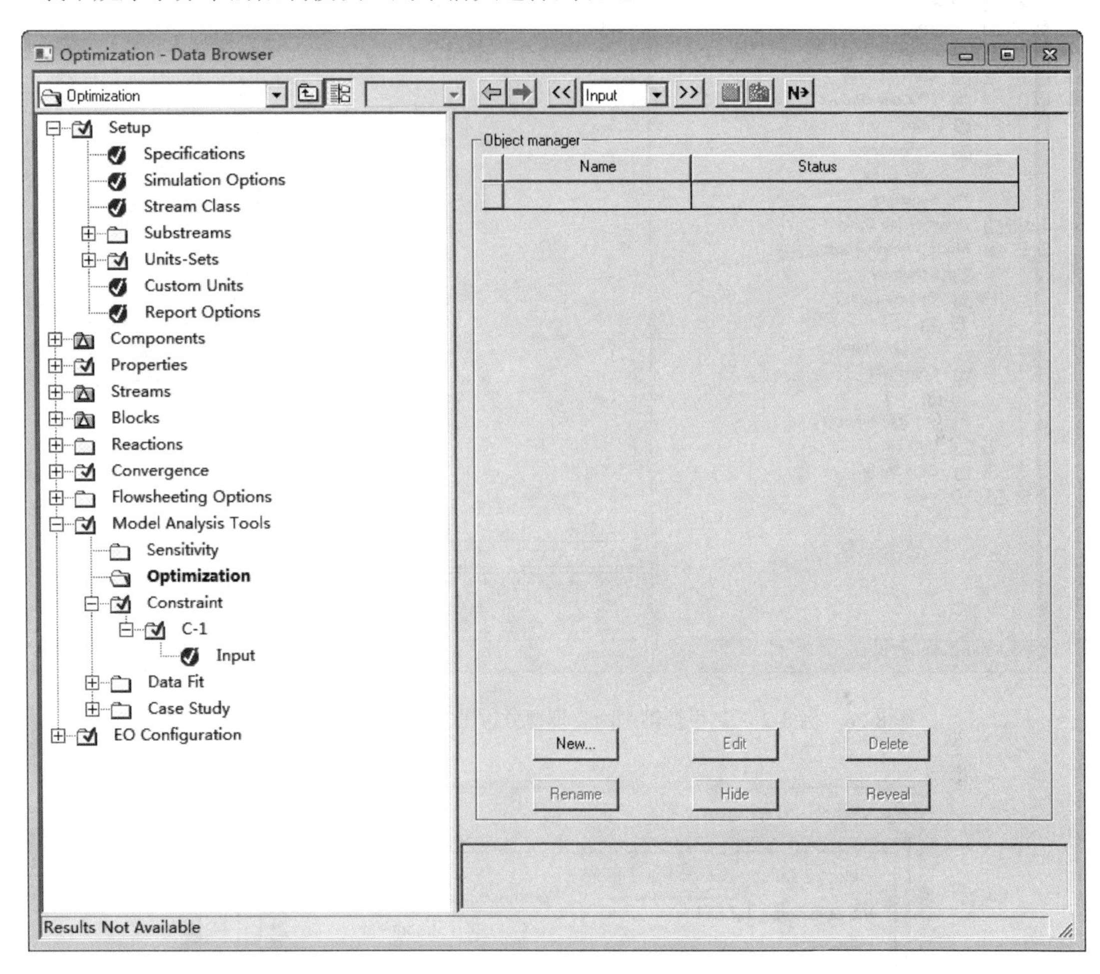

图 8-24　例 8-2 二氯甲烷溶剂回收模型分析工具优化窗口

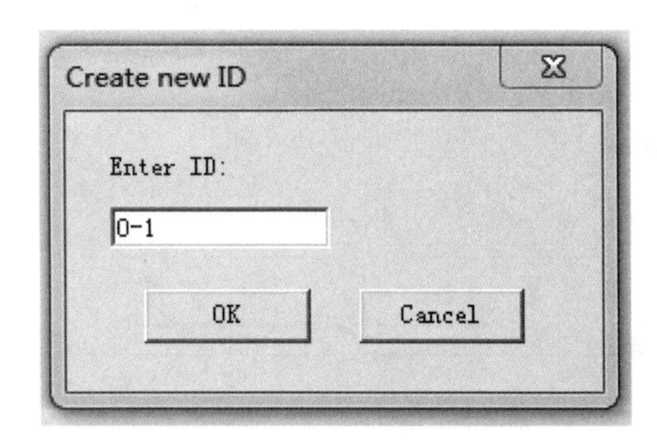

图 8-25　例 8-2 二氯甲烷溶剂回收模型分析工具创建优化标识窗口

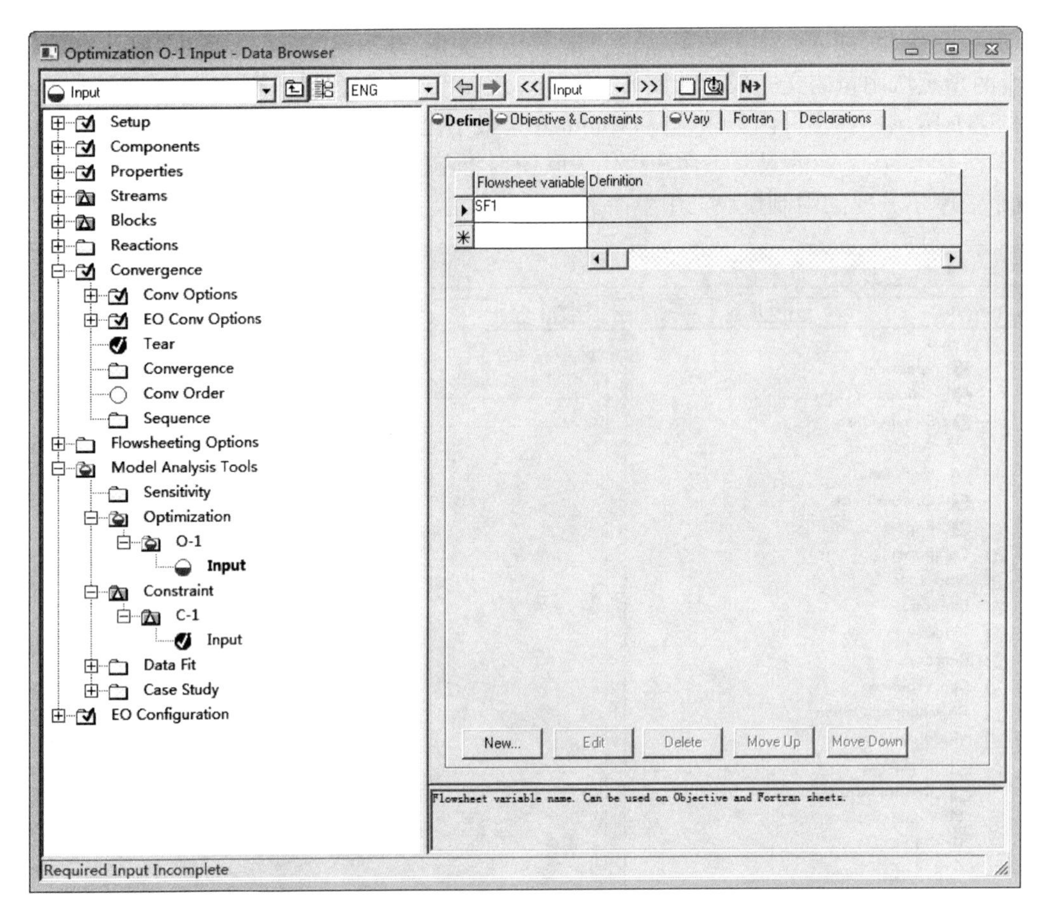

图 8-26　例 8-2 二氯甲烷溶剂回收模型分析工具优化变量 SF1 定义窗口

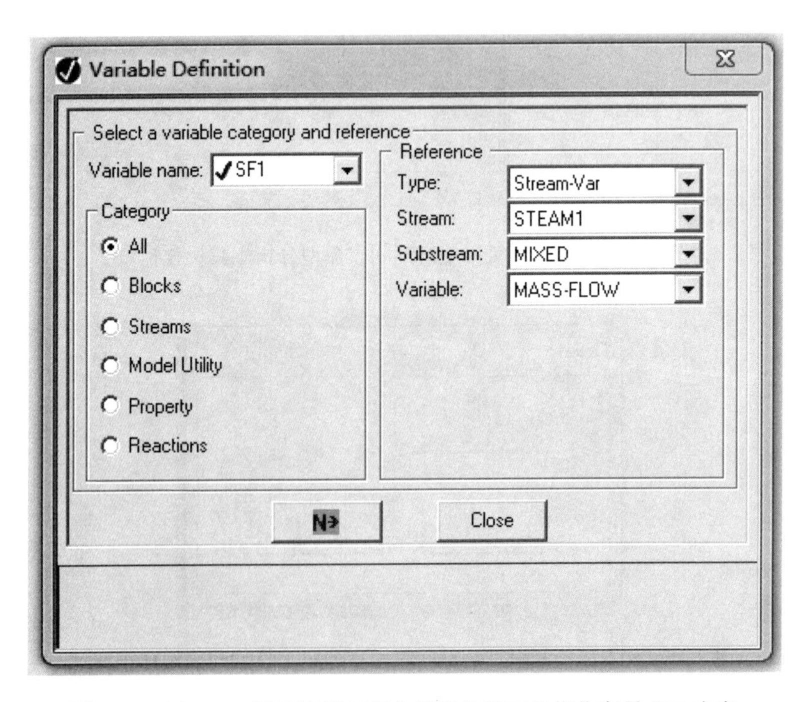

图 8-27　例 8-2 二氯甲烷溶剂回收模型分析工具优化变量 SF1 定义

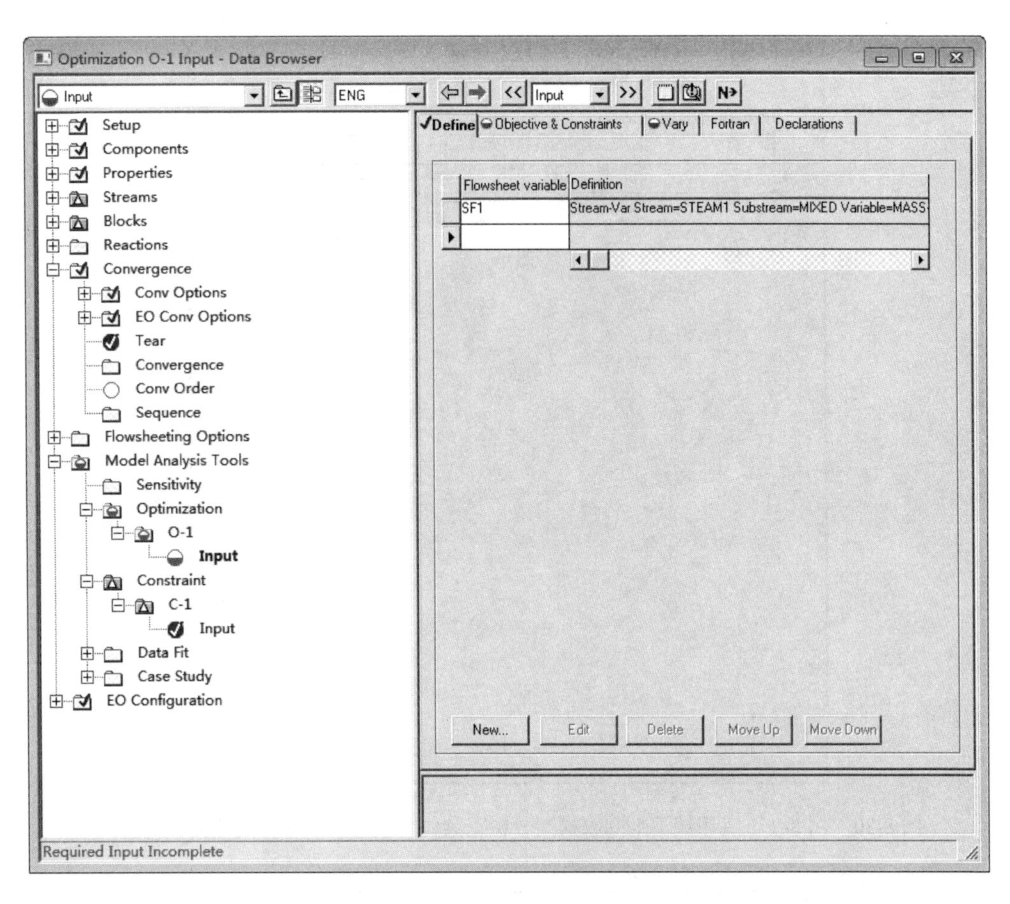

图 8-28　例 8-2 二氯甲烷溶剂回收模型分析工具优化变量 SF1 定义完毕后

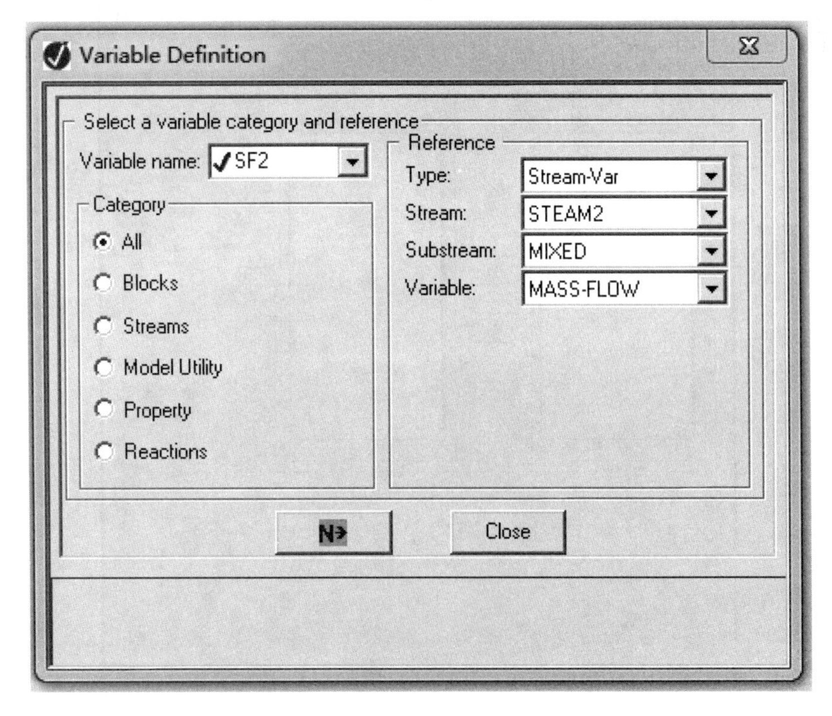

图 8-29　例 8-2 二氯甲烷溶剂回收模型分析工具优化变量 SF2 定义

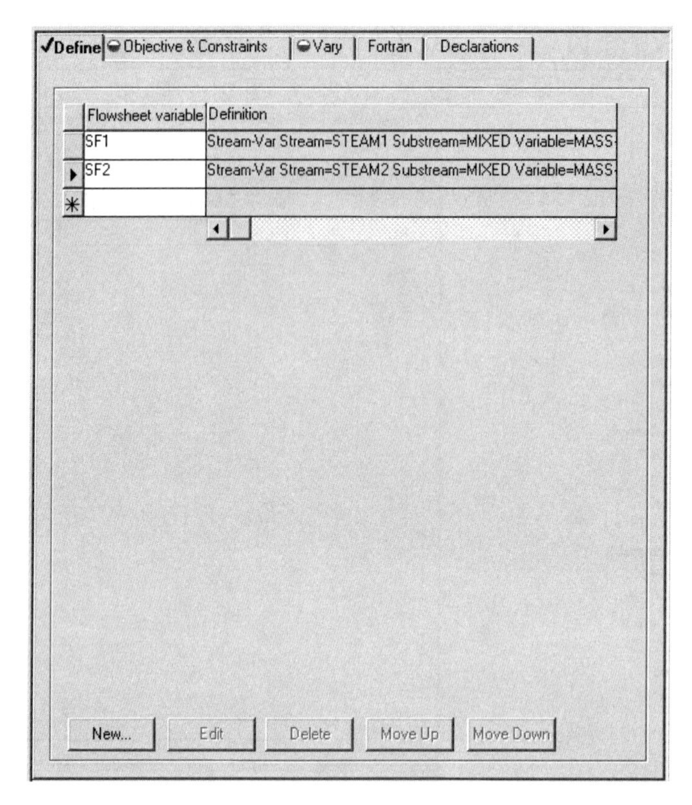

图 8-30 例 8-2 二氯甲烷溶剂回收模型分析工具优化变量 SF1/SF2 定义完成后窗口

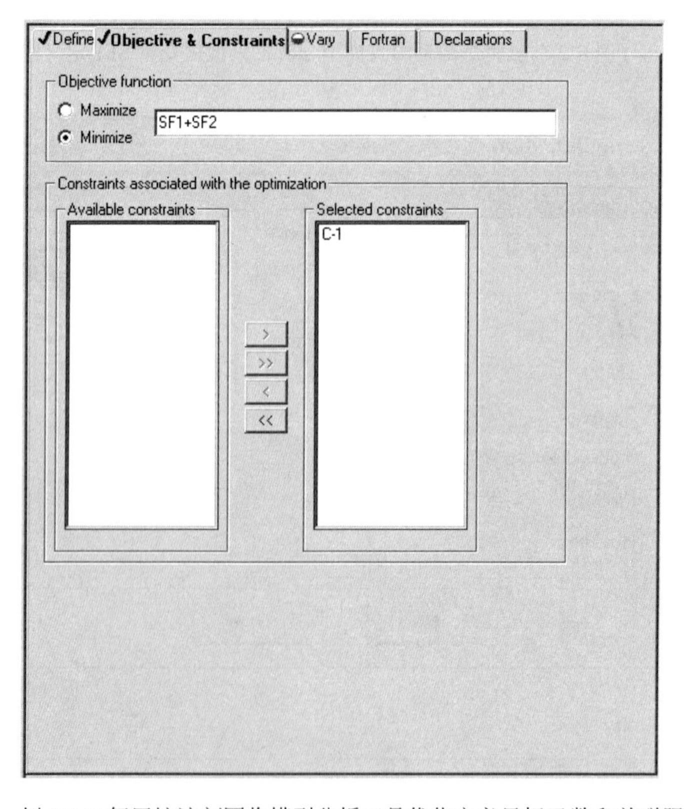

图 8-31 例 8-2 二氯甲烷溶剂回收模型分析工具优化定义目标函数和关联限制条件

进入下一个红色提示项 Vary，定义操控变量为流程中物流 STEAM1 和 STEAM2 的流量，它们的范围都输入 1000～20000lb/hr，如图 8-32 和图 8-33 所示。

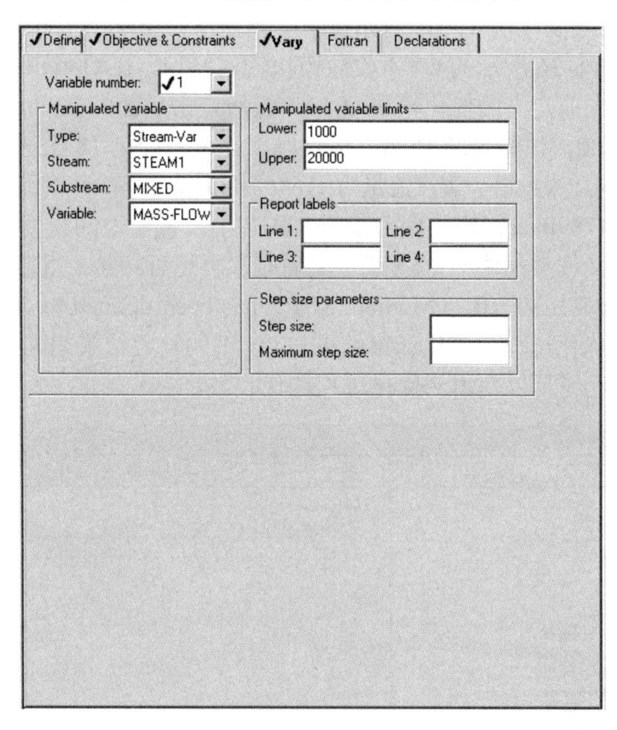

图 8-32　例 8-2 二氯甲烷溶剂回收模型分析工具优化操控变量 1 定义

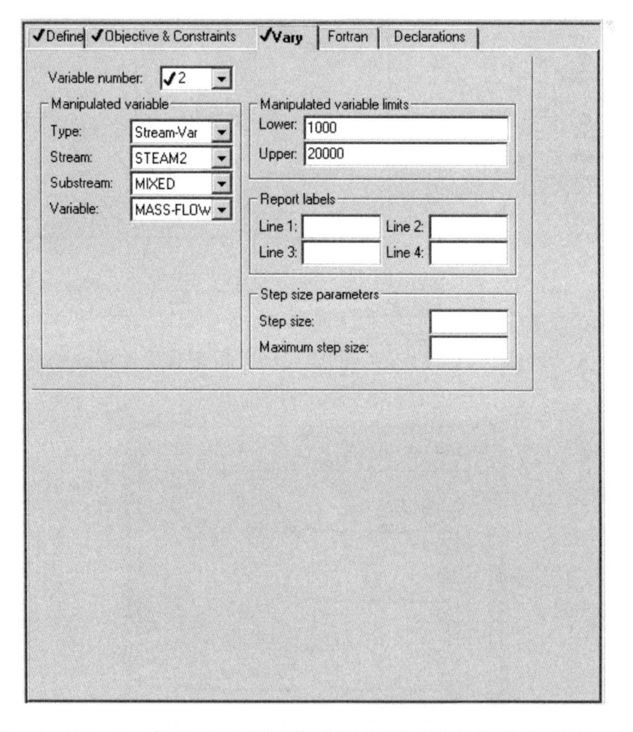

图 8-33　例 8-2 二氯甲烷溶剂回收模型分析工具优化操控变量 2 定义

在数据浏览窗口左侧的 Convergene 下的 Convergene 中建立收敛模块，窗口如图 8-34 所示，点击右下角的 New 按钮，弹出图 8-35 所示的窗口，默认收敛模块名为 C-1，修改为 CV-1（以区别于前面定义的限制模块 C-1，但如果不修改并不会影响模拟），在下面的类型中选择 SQP，点击 OK 进入图 8-36 所示的 CV-1 收敛模块输入窗口，在 Optimization 先选择 O-1（表示收敛模块用于收敛先前定义的优化模块 O-1），然后点击后面的 Parameters，将优化最大迭代次数从 30 修改为 200，如图 8-37 所示。运行模拟，可见经过 18 次迭代后流程收敛，查看物流结果发现优化后的结果：塔一蒸汽流量为 11656.344lb/hr，塔二蒸汽流量为 2119.13488lb/hr，最小总流量为 13775.4789lb/hr，塔二底部出料 BOT2 中二氯甲烷的浓度为 151ppm。

本例若之前不定义收敛模块 CV-1（或定义后删除再运行模拟）直接运行，则控制面板流程分析会显示：Block $OLVER01（Method: SQP）has been defined to converge，即软件自动建立$OLVER01 收敛优化过程，优化计算结果与 CV-1 的收敛结果相同，这是因为默认的 30 次最大优化迭代次数已经足以使本例优化过程迭代收敛。

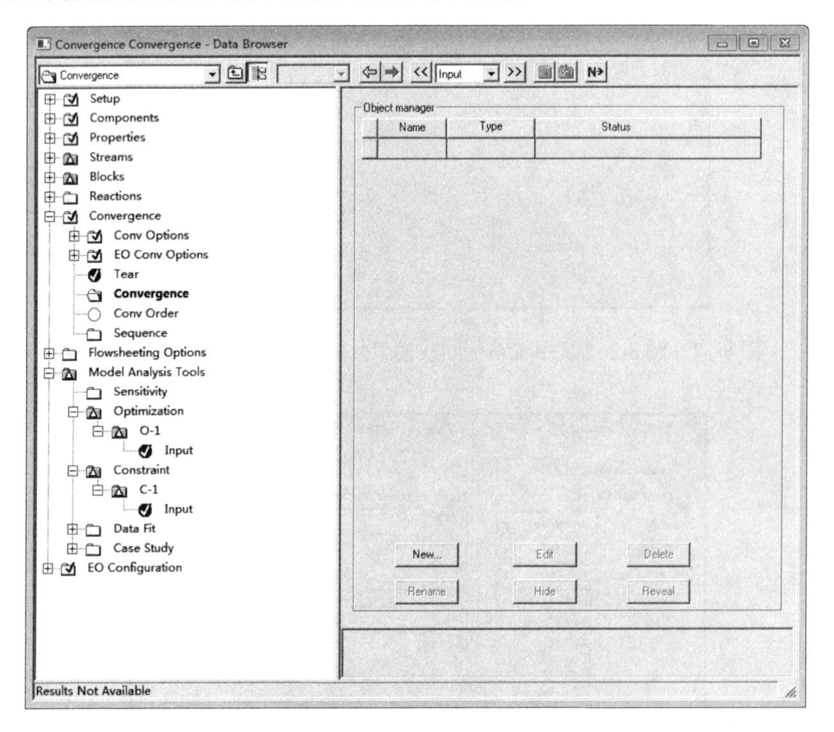

图 8-34　例 8-2 二氯甲烷溶剂回收模型分析工具优化收敛模块窗口

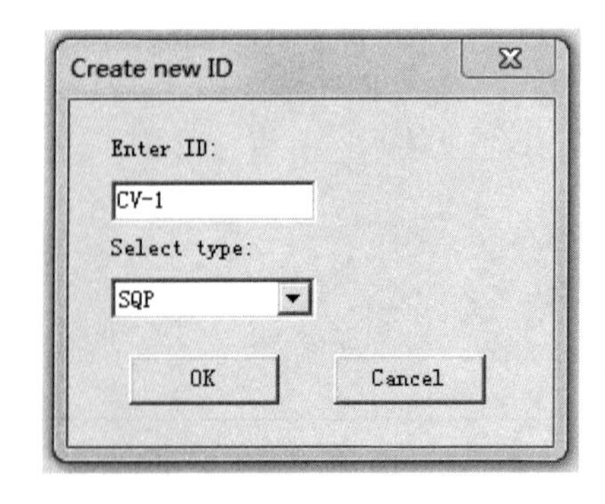

图 8-35　例 8-2 二氯甲烷溶剂回收模型分析工具优化收敛模块定义

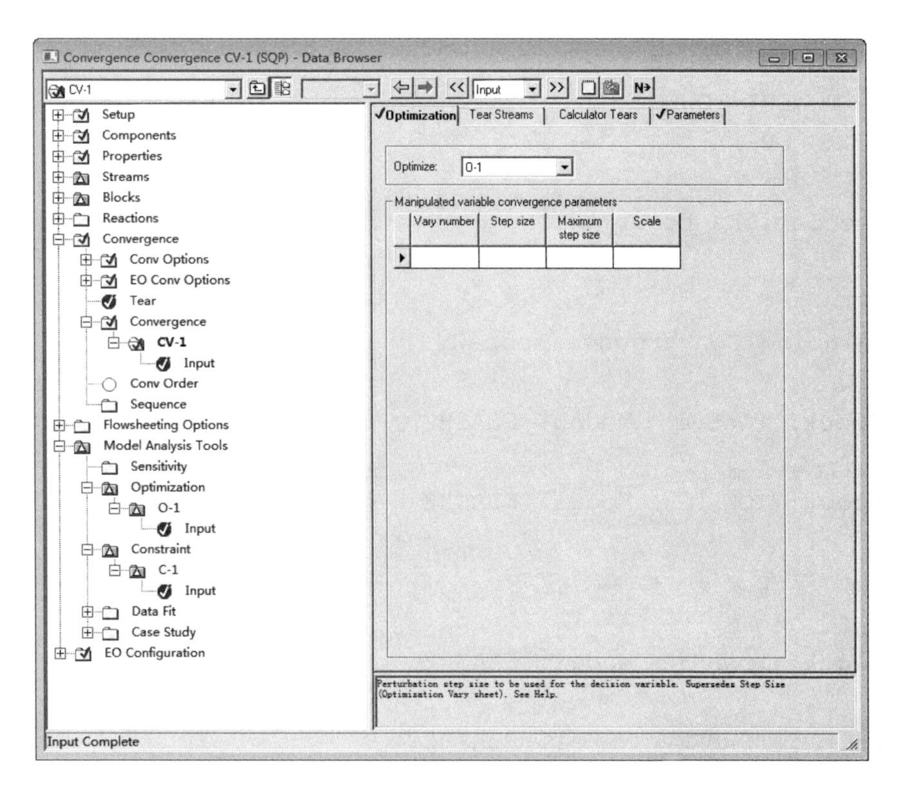

图 8-36　例 8-2 二氯甲烷溶剂回收模型分析工具优化收敛模块应用到优化模块 O-1

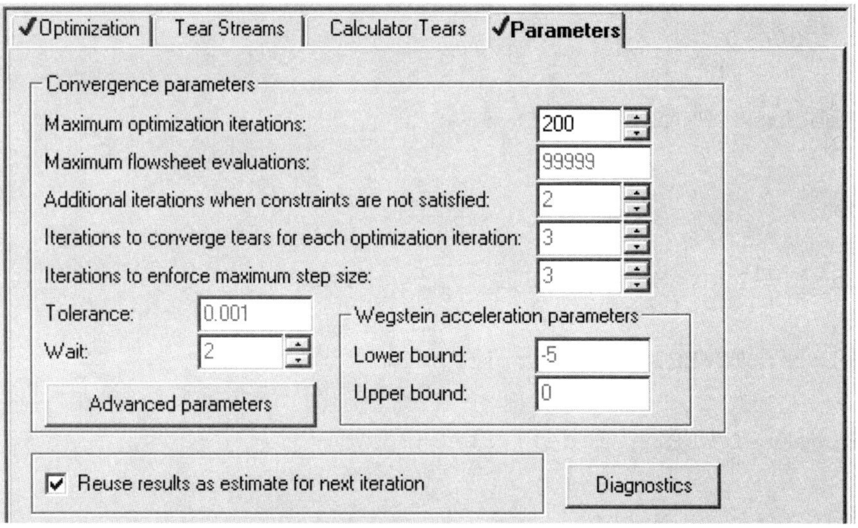

Optimization | Tear Streams | Calculator Tears | Parameters

Convergence parameters

Maximum optimization iterations: 200

Maximum flowsheet evaluations: 99999

Additional iterations when constraints are not satisfied: 2

Iterations to converge tears for each optimization iteration: 3

Iterations to enforce maximum step size: 3

Tolerance: 0.001

Wait: 2

Wegstein acceleration parameters

Lower bound: -5

Upper bound: 0

Advanced parameters

Reuse results as estimate for next iteration

Diagnostics

图 8-37　例 8-2 二氯甲烷溶剂回收模型分析工具优化收敛模块修改最大迭代次数

例 8-2 二氯甲烷溶剂回收模拟运行后控制面板信息如下。

```
<< Run reinitialized 11:42:04 Wed Jan 20, 2016>>

->Processing input specifications ...

  Flowsheet Analysis :
```

```
COMPUTATION ORDER FOR THE FLOWSHEET:
CV-1 TOWER1 TOWER2
(RETURN CV-1)

->Calculations begin ...


> Beginning Convergence Loop CV-1    Method: SQP

   Block: TOWER1   Model: FLASH2

   Block: TOWER2   Model: FLASH2

> Loop CV-1    Method: SQP         Pass      1

   Block: TOWER1   Model: FLASH2

   Block: TOWER2   Model: FLASH2

> Loop CV-1    Method: SQP         Pass      2
 LOOP CV-1    ITER   1:    2 UNCNVGD CONSTS   MAX ERR/TOL
 0.10000E+07

   Block: TOWER2   Model: FLASH2

. . . . . .

> Loop CV-1    Method: SQP         Pass      8

   Block: TOWER1   Model: FLASH2

   Block: TOWER2   Model: FLASH2

> Loop CV-1    Method: SQP         Pass      9
 LOOP CV-1     ITER    2:      2 UNCNVGD CONSTS     MAX ERR/TOL
 0.10000E+07

   Block: TOWER2   Model: FLASH2

. . . . . .

> Loop CV-1    Method: SQP         Pass     12
```

```
    Block: TOWER1   Model: FLASH2

    Block: TOWER2   Model: FLASH2

> Loop CV-1     Method: SQP          Pass     13
  LOOP CV-1      ITER    3:      2 UNCNVGD CONSTS     MAX ERR/TOL
  2789.7

    Block: TOWER2   Model: FLASH2

> Loop CV-1     Method: SQP          Pass     14

    Block: TOWER1   Model: FLASH2

    Block: TOWER2   Model: FLASH2

> Loop CV-1     Method: SQP          Pass     15

    Block: TOWER1   Model: FLASH2

    Block: TOWER2   Model: FLASH2

> Loop CV-1     Method: SQP          Pass     16

    Block: TOWER1   Model: FLASH2

    Block: TOWER2   Model: FLASH2

. . . . . .

> Loop CV-1     Method: SQP          Pass     88
  LOOP CV-1      ITER   17:      1 UNCNVGD CONSTS     MAX ERR/TOL
  1.0345

    Block: TOWER2   Model: FLASH2
> Loop CV-1     Method: SQP          Pass     89

    Block: TOWER1   Model: FLASH2

    Block: TOWER2   Model: FLASH2

> Loop CV-1     Method: SQP          Pass     90
```

```
  Block: TOWER1   Model: FLASH2

  Block: TOWER2   Model: FLASH2

> Loop CV-1     Method: SQP          Pass     91

  Block: TOWER1   Model: FLASH2

  Block: TOWER2   Model: FLASH2

> Loop CV-1     Method: SQP          Pass     92

  Block: TOWER1   Model: FLASH2

  Block: TOWER2   Model: FLASH2

> Loop CV-1     Method: SQP          Pass     93
 LOOP CV-1      ITER   18:      0 UNCNVGD CONSTS     MAX ERR/TOL
 0.35054

  Block: TOWER2   Model: FLASH2

> Loop CV-1     Method: SQP          Pass     94

  Block: TOWER1   Model: FLASH2

  Block: TOWER2   Model: FLASH2

> Loop CV-1     Method: SQP          Pass     95

  Block: TOWER1   Model: FLASH2

  Block: TOWER2   Model: FLASH2

> Loop CV-1     Method: SQP          Pass     96
->Simulation calculations completed ...
```

8.3 丙酮甲醇混合物萃取精馏过程模拟

【例 8-3】 用水作为溶剂对流量为 40mol/s 的丙酮-甲醇（摩尔比为 3∶1）混合物流股进行萃取精馏。分离流程采用两塔结构，即萃取精馏塔和溶剂回收塔，前者塔顶馏出产物为丙酮，塔底产物为甲醇、水和微量丙酮的混合物；后者塔顶馏出产物为甲醇，塔底为溶剂水，此塔底产物作为回流与补充溶剂合并返回萃取精馏塔。经过试探法合成，萃取精馏塔采用30块理论板（包括塔顶全凝器和塔底再沸器），溶剂进料板为第7块（从上往下数），丙酮-甲醇混合物流股进料板为第13块，回流比为4，塔顶产物流率取31.226mol/s；溶剂回收塔为简单精馏塔，采用16块理论板（包括塔顶全凝器和塔底再沸器），进料位置为第12块，回流比为3，塔顶产物流量取10mol/s，对此过程进行模拟计算，查看萃取精馏塔塔顶粗丙酮组成和溶剂回收塔塔顶粗甲醇组成和塔底循环物流组成，计算所需的补充溶剂流率。

解：当混合物组分之间的挥发性相近并且形成非理想溶液，组分间的相对挥发度可能小于1.1，采用常规精馏分离就可能不经济，若组分间形成恒沸物，仅采用常规精馏达不能实现相应组分的锐分离，这种情况可考虑采用强化精馏来实现相应组分之间的分离。强化精馏包括萃取精馏、变压精馏、反应精馏、均相及非均相恒沸精馏等，其中萃取精馏是采用相对高沸点的溶剂改变混合物的液相活度系数，从而增大关键组分的相对挥发度以有利于分离，若进料为具有最低恒沸点的恒沸物，则溶剂从进料板之上、塔顶之下某适当位置加入，这样流向塔底的液相中都存在溶剂，并且汽提到塔顶的溶剂少；若进料为具有最高恒沸点的恒沸物，则溶剂和进料从同一块进料板入塔。溶剂不可与组分间形成恒沸物，从萃取精馏塔底部出料后还需进一步分离，循环使用。

丙酮和甲醇的正常沸点分别为56.2℃、64.7℃，在1atm下，丙酮和甲醇形成最低恒沸物，最低恒沸点为55. 7℃，恒沸物组成为80%（摩尔）丙酮。水的正常沸点是100℃，而且在常压下，水不与丙酮和/或甲醇形成二元或三元恒沸物，丙酮-甲醇-水的蒸馏残留曲线图表明，丙酮-甲醇恒沸物与水混合蒸馏进程为从恒沸物组成点指向纯水，没有蒸馏界限存在，这种情况非常适合采用萃取精馏的分离方法。由于物系含有极性组分，操作压力为常压，本例选用基团贡献法物性方程UNIFAC（基团贡献法）计算液相组分的活度系数，相应气相物性方程为理想气体状态方程。

丙酮-甲醇在常压下形成恒沸物，仅采用普通精馏方法不能得到纯净的丙酮和甲醇组分，许多研究者对采用强化精馏技术分离此类恒沸物进行了研究。由于丙酮-甲醇混合物流股的组成为丙酮含量为75%，进料组成与恒沸物组成接近，因此分离过程流程合成的第一个塔采用萃取塔。若进料组成偏离恒沸物组成较远，则第一塔需要采用常规精馏塔将进料分离为一较纯组分塔底产物丙酮（当进料组成中丙酮大于80%（摩尔）时）和接近恒沸物组成的塔顶产物，或将进料分离为一较纯组分塔底产物甲醇（当进料组成中丙酮小于80%（摩尔）时）和接近恒沸物组成的塔顶产物，此种情况下，整个流程为三塔结构：即常规精馏塔-萃取精馏塔-常规精馏塔（用于分离溶剂和回收另一组分）；本例整个流程只需要两塔结构：即萃取精馏塔-常规精馏塔。

整个流程确定为两塔结构以后，接下来的任务是着手对萃取精馏塔和溶剂回收塔作详细设计。采用试探法合成萃取精馏塔，运用Aspen Plus 11.1作为设计模拟工具，通过多次尝试计算，最后确定采用30块理论板（包括塔顶全凝器和塔底再沸器），溶剂进料板为第7块（从上往下数），丙酮-甲醇混合物进料板为第13块，回流比为4，塔顶产物31.226mol/s，可以得到较为纯净的丙酮产物；溶剂回收塔为简单精馏塔，采用Aspen Plus 11.1中的简捷法设计模块DSTWU进行设计，采用16块理论板（包括塔顶全凝器和塔底再沸器），进料位置为第12块，回流比为3，塔顶产物流量为10mol/s，可以得到较为纯净的甲醇产物和溶剂产物。

整体流程结构如图8-38所示，EXTR-DIS为萃取精馏塔，共有30块理论板，SOL-REC为溶剂回收塔，共有16块理论板。其中流股1为补充新鲜溶剂水进料，流股5为循环水物流，流股6从第7块理论板加入。流股2为丙酮-甲醇混合物进料，进料位置为第13块理论板。流股3为萃取塔顶产物丙酮，流股4为萃取塔底产物（水和甲醇混合物，含微量丙酮），流股

4 作为溶剂回收塔进料，从第 12 块理论进入，流股 7 为溶剂回收塔塔顶产物甲醇，流股 5 为溶剂回收塔塔底产物（作为溶剂水循环物流）。

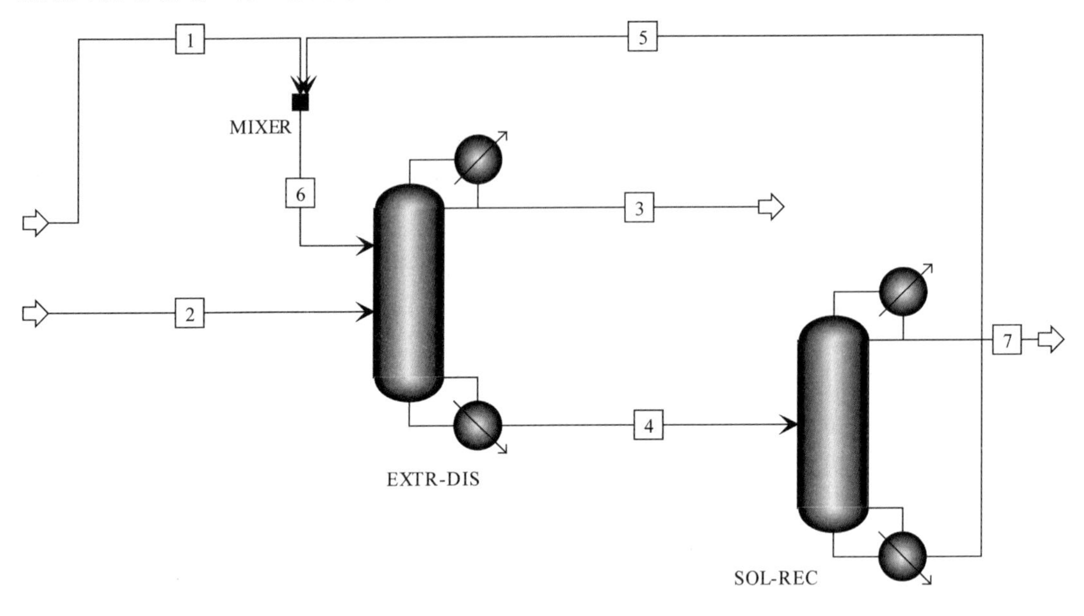

图 8-38　丙酮-甲醇萃取分离流程示意

MIXER—混合器；EXTR-DIS—萃取精馏塔；SOL-REC—溶剂回收塔

启动 Aspen Plus，绘制如图 8-38 所示的流程（注意萃取精馏塔和溶剂回收塔均采用 RadFrac 模块，并依照题目给定的条件输入各项进料条件和模块参数），注意给补充溶剂进料赋予初值 0.5mol/s，补充溶剂最终的实际流率通过流程选项中的计算器（Calculator）计算得到，计算器中将要输入的定量关系是：补充溶剂 1 的流量=产品 3 中损失的溶剂量+产品 7 中损失的溶剂量。

计算器的建立与参数定义和关联如下所述。右击 Flowsheeting Options 中的（Calculator），在弹出的下拉菜单中点击 New，弹出如图 8-39 新建计算器标识窗口，采用默认标识 C-1（不做改动），点击 OK 按钮，出现图 8-40 所示计算器输入窗口，在右栏的 Variable name 下输入变量 FLOW1，代表流股 1 中组分水的摩尔流率，点击左边的黑三角符号进入图 8-41 所示变量定义窗口，在右栏的参考类型中选择 Mole –Flow，物流选择 1，组分选择 WATER，然后点击 Close 按钮，回到图 8-42，FLOW1 定义完毕；用同样的方法定义 FLOW2 和 FLOW3，分别表示产品物流 3 中和物流 7 中溶剂水的摩尔流率，定义完毕后如图 8-43 所示。点击下一个红色提示项 Calculate，进入图 8-44 界面，计算方法选择默认的 Fortran（另一种为利用电子表格），在下面的空白处输入可执行的 Fortran 语句：FLOW1=FLOW2+FLOW3，注意一定要在输入的语句前预留 6 个以上的空格键。点击下一个红色提示项 Sequence，进入图 8-45 界面，在执行顺序栏依次选择 before，Unit operation，MIXER，表示计算器模块 C-1 的计算顺序排在操作单元混合器模块 MIXER 之前（在随后运行后的控制面板信息中的计算顺序可以看到）。

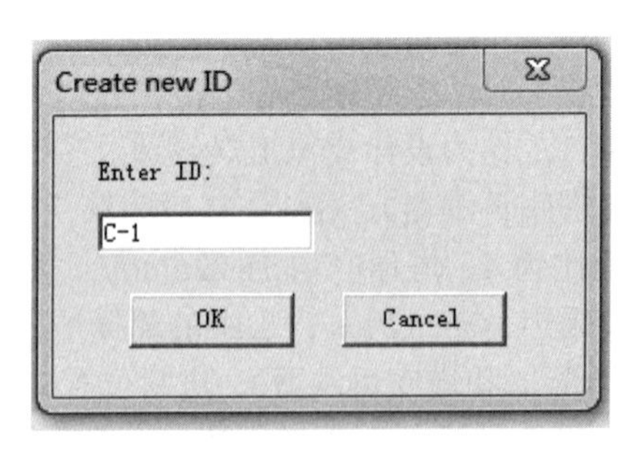

图 8-39　例 8-3 丙酮-甲醇萃取分离新建计算器标识

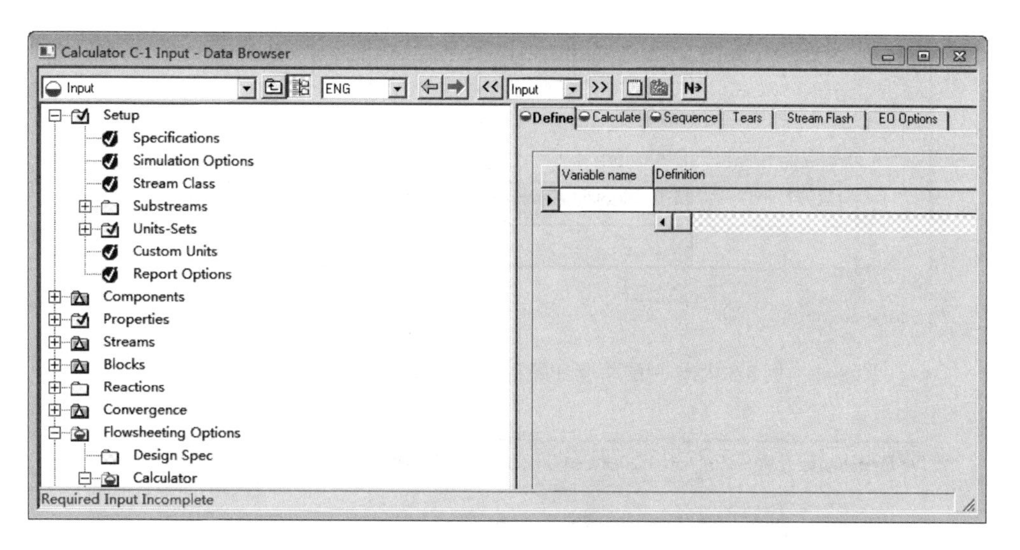

图 8-40　例 8-3 丙酮-甲醇萃取分离新建计算器 C-1 输入窗口

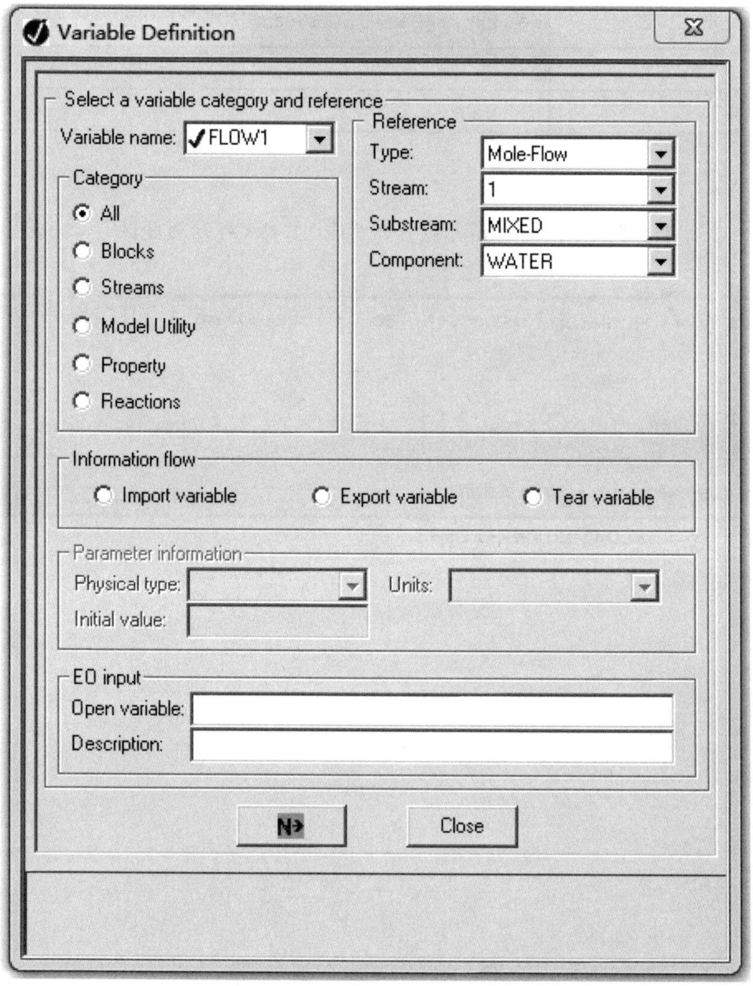

图 8-41　例 8-3 丙酮-甲醇萃取分离新建计算器 C-1 变量 FLOW1 定义窗口

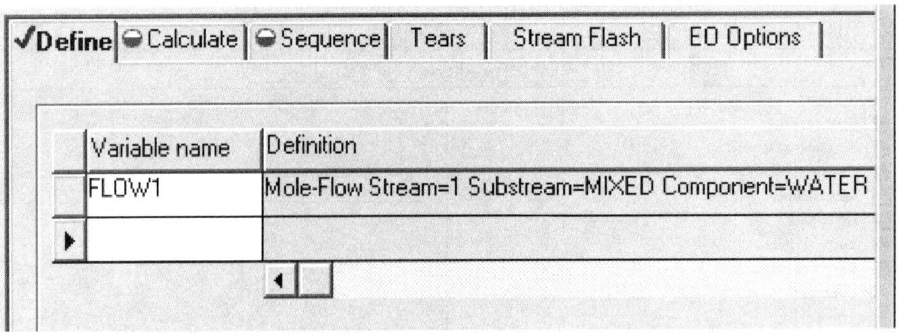

✓Define | Calculate | Sequence | Tears | Stream Flash | EO Options

	Variable name	Definition
	FLOW1	Mole-Flow Stream=1 Substream=MIXED Component=WATER
▶		

图 8-42　例 8-3 丙酮-甲醇萃取分离新建计算器 C-1 变量 FLOW1 定义完成

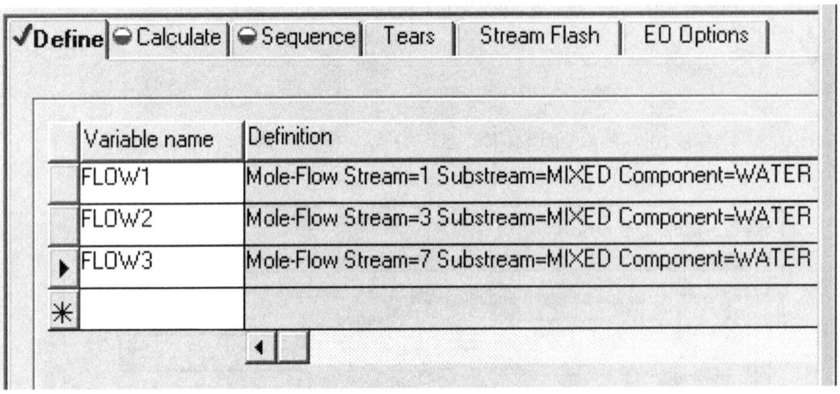

✓Define | Calculate | Sequence | Tears | Stream Flash | EO Options

	Variable name	Definition
	FLOW1	Mole-Flow Stream=1 Substream=MIXED Component=WATER
	FLOW2	Mole-Flow Stream=3 Substream=MIXED Component=WATER
▶	FLOW3	Mole-Flow Stream=7 Substream=MIXED Component=WATER
*		

图 8-43　例 8-3 丙酮-甲醇萃取分离新建计算器 C-1 所有变量定义完成

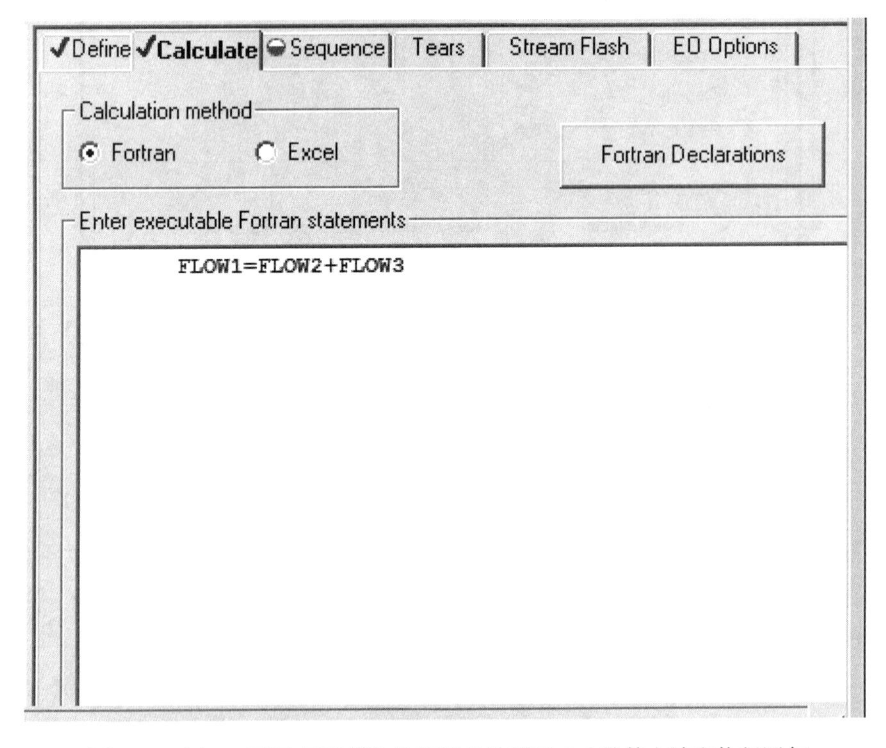

图 8-44　例 8-3 丙酮-甲醇萃取分离新建计算器 C-1 计算方法和执行语句

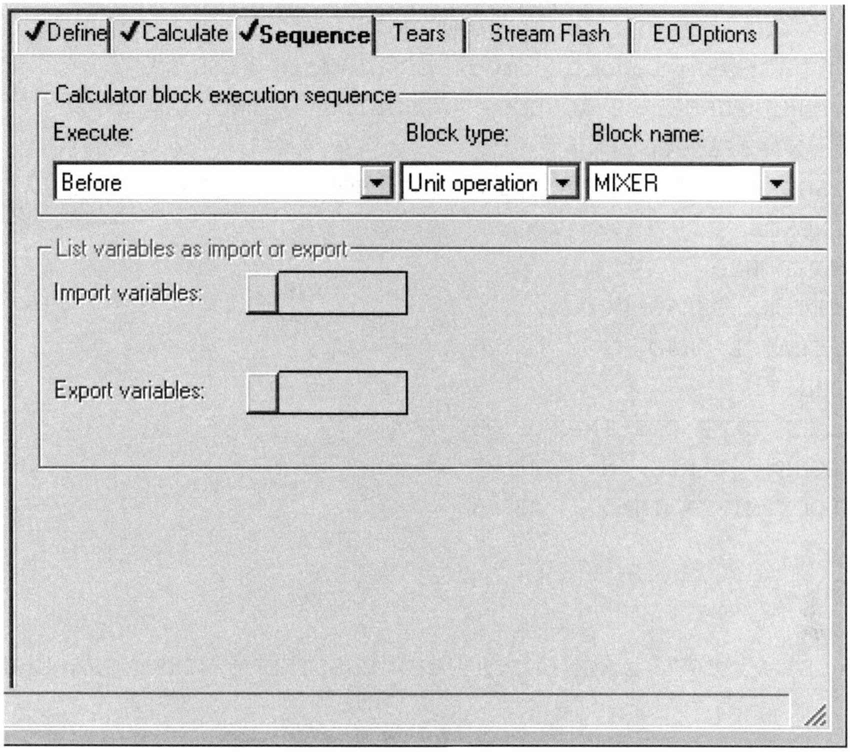

图 8-45　例 8-3 丙酮-甲醇萃取分离新建计算器 C-1 模块执行顺序

输入填写完毕后，初始化后运行模拟，结果收敛，查看各项输出结果，可以得到补充溶剂流量为 1.226mol/s，产物流股 3 中丙酮摩尔分率为 0.9509，产物 7 中甲醇摩尔分率为 0.9667，循环物流 5 中溶剂水的摩尔分率为 0.9580。此案例还可以进一步优化，以提高以上各产品和循环溶剂目标组分的浓度。（注意：从输入文件中可以看到，本例在运行之前为物流 3 和物流 7 都输入了初值，如果不输入初值，也可以运行收敛，但控制面板的提示信息会出现一些警告）。

例 8-3 丙酮-甲醇萃取分离输入信息如下。

```
;Input Summary created by Aspen Plus Rel. 11.1 at 16:28:22 Sat Jan
23, 2016
;Directory D:\  Filename C:\Users\ADMINI~1\AppData\Local\Temp\
~ap3aae.tmp
;
DYNAPLUS
   DPLUS RESULTS=ON
TITLE 'EXTRACTIVE DISTILLATION '
IN-UNITS ENG
DEF-STREAMS CONVEN ALL
ACCOUNT-INFO ACCOUNT=221 USER-NAME="WJ"
DESCRIPTION "
   General Simulation with English Units :
   F, psi, lb/hr, lbmol/hr, Btu/hr, cuft/hr.
       Property Method: None
```

```
        Flow basis for input: Mole
        Stream report composition: Mole flow  "
DATABANKS PURE11  / AQUEOUS  / SOLIDS  / INORGANIC  /  &
      NOASPENPCD
PROP-SOURCES PURE11  / AQUEOUS  / SOLIDS  / INORGANIC
COMPONENTS
   WATER H2O /
   ACETONE C3H6O-1 /
   METHANOL CH4O
FLOWSHEET
   BLOCK EXTR-DIS IN=2 6 OUT=3 4
   BLOCK SOL-REC IN=4 OUT=7 5
   BLOCK MIXER IN=5 1 OUT=6

PROPERTIES UNIFAC

PROP-SET VISCOSI MUMX UNITS='cP' SUBSTREAM=MIXED PHASE=L

STREAM 1
   SUBSTREAM MIXED TEMP=50. <C> PRES=1. <atm>  &
      MOLE-FLOW=0.5 <mol/sec>
   MOLE-FRAC WATER 1. / ACETONE 0. / METHANOL 0.

STREAM 2
   SUBSTREAM MIXED PRES=1. <atm> VFRAC=0.
   MOLE-FLOW WATER 0. <mol/sec> / ACETONE 30. <mol/sec> /  &
      METHANOL 10. <mol/sec>

STREAM 3
   SUBSTREAM MIXED TEMP=133. PRES=1. <atm>
   MOLE-FLOW WATER 6. / ACETONE 234. / METHANOL 7.

STREAM 5
   SUBSTREAM MIXED PRES=1. <atm> VFRAC=0.
   MOLE-FLOW WATER 0.06 <kmol/sec> / ACETONE  &
      1.3159E-009 <kmol/sec> / METHANOL 0.00017079 <kmol/sec>

STREAM 7
   SUBSTREAM MIXED TEMP=146. PRES=1. <atm>
   MOLE-FLOW WATER 3. / ACETONE 4. / METHANOL 72.

BLOCK MIXER MIXER
```

```
BLOCK EXTR-DIS RADFRAC
    PARAM NSTAGE=30 MAXOL=200 FLASH-MAXIT=200 DAMPING=MEDIUM
    COL-CONFIG CONDENSER=TOTAL
    FEEDS 2 13 / 6 7
    PRODUCTS 3 1 L / 4 30 L
    P-SPEC 1 1. <atm>
    COL-SPECS MOLE-D=31.226 <mol/sec> MOLE-RR=4.4
    TRAY-SIZE 1 2 24 SIEVE FLOOD-METH=FAIR

BLOCK SOL-REC RADFRAC
    PARAM NSTAGE=16 MAXOL=200 FLASH-MAXIT=200 DAMPING=MEDIUM
    COL-CONFIG CONDENSER=TOTAL
    FEEDS 4 12
    PRODUCTS 5 16 L / 7 1 L
    P-SPEC 1 1. <atm>
    COL-SPECS MOLE-D=10. <mol/sec> MOLE-RR=2.

EO-CONV-OPTI

CALCULATOR C-1
    DEFINE FLOW1 MOLE-FLOW STREAM=1 SUBSTREAM=MIXED  &
        COMPONENT=WATER
    DEFINE FLOW2 MOLE-FLOW STREAM=3 SUBSTREAM=MIXED  &
        COMPONENT=WATER
    DEFINE FLOW3 MOLE-FLOW STREAM=7 SUBSTREAM=MIXED  &
        COMPONENT=WATER
F      FLOW1=FLOW2+FLOW3
    EXECUTE BEFORE BLOCK MIXER

CONV-OPTIONS
    WEGSTEIN MAXIT=200

STREAM-REPOR MOLEFLOW MASSFLOW MOLEFRAC MASSFRAC  &
        PROPERTIES=VISCOSI
```

8.4 粗甲醇精馏脱水热集成过程模拟

随着能源价格的不断提升，化工企业的节能降耗成为紧迫必行的任务。各种节能技术应运而生，精馏塔是最常用的以能量为代价的分离设备，其能耗在化工过程中所占的比例通常很大，因此，精馏塔热集成对于化工过程节能降耗具有重要意义。二氧化碳直接加氢制备的粗甲醇为接近等摩尔组成的甲醇和水二元混合物，为了得到无水甲醇，通常采用精馏过程脱水。本节对粗甲醇脱水的三种精馏热集成流程进行了分析与模拟，并将模拟结果与单塔精馏的模拟结果比较，考察各种集成流程的节能效果。

8.4.1 粗甲醇单塔分离过程设计与模拟

以 2700kmol/h 的粗甲醇（等摩尔组成的甲醇和水）进料为计算基准，分离要求为塔顶甲醇和塔底水的摩尔浓度分别达到 96%以上。首先采用简捷设计法（Aspen Plus 流程模拟软件中 DSTWU 模块，物性方程采用 UNFAC）计算达到分离要求所需要的理论板数和其他操作条件，再采用严格模拟得到单塔分离所需要的能耗和塔径，计算结果作为与热集成方案的比较基准。单塔分离在常压下进行，进料为常温常压。设计的进料条件、操作参数和设计结果如表 8-1 所示。

表 8-1 粗甲醇脱水简捷法设计参数

项目	进料条件			操作条件			设计结果		
	F/（kmol/h）	x_{CH_4O}	p_F/mmHg	T/℃	p_T/mmHg	RR	N_T	F_{stage}	D/F
SC	2700	0.5	760	25	760	0.82	10	7	0.50
FS-H	1350	0.5	3900	25	3900	1.12	12	9	0.50
FS-L	1350	0.5	760	25	760	0.82	10	7	0.50
LSF-H	2700	0.5	3900	25	3900	1.06	13	12	0.26
LSF-L	1997	0.338	760	25	760	1.10	10	8	0.34
LSR-H	1997	0.338	3900	25	3900	1.15	14	11	0.34
LSR-L	2700	0.5	760	25	760	0.75	11	10	0.26

8.4.2 粗甲醇脱水热集成流程合成与模拟

首先合成热集成流程，再根据分离要求采用简捷设计法对热集成流程的高、低压塔分别进行设计计算（设计的进料条件、操作参数和设计结果如表 8-1 所示），得到理论板数和其他操作条件，在此基础上调整操作参数实现热集成。

（1）三种热集成流程合成

精馏塔热集成的基本思想是采用高压塔塔顶需要冷却的高温气相物流作为低压塔再沸器的加热物流，这样既节约了低压塔的热公用工程，又节约了高压塔的冷公用工程。三种热集成方案流程如图 8-46～图 8-48 所示。图 8-46 进料分割热集成把总进料 F 分割成两股分别进入高压塔（3900mmHg）和低压塔（760mmHg）；图 8-47 轻组分分割正向热集成总进料 F 先进入高压塔蒸馏出一部分甲醇，塔底出料作为低压塔进料，在低压塔中完成分离过程；图 8-48 轻组分分割反向热集成总进料 F 先进入低压塔蒸馏出一部分甲醇，塔底出料作为高压塔进料，在高压塔中完成分离过程。

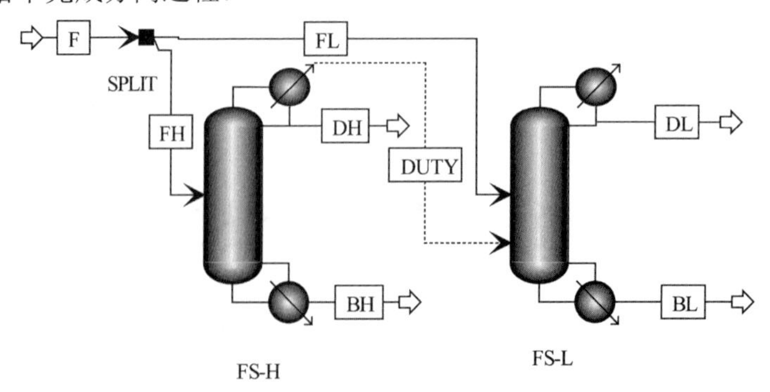

图 8-46 进料分割热集成

F—总进料；SPLIT—分流器；FH—高压塔进料；FL—低压塔进料；DH—高压塔塔顶物流；BH—高压塔塔底物流；DUTY—热流；DL—低压塔塔顶物流；BL—低压塔塔底物流；FS-H—进料分割高压塔；FS-L—进料分割低压塔

图 8-47　轻组分分割正向热集成

F—总进料；DH—高压塔塔顶物流；BH—高压塔塔底物流；DUTY—热流；DL—低压塔塔顶物流；BL—低压塔塔底物流；LSF-H—轻组分分割正向热集成高压塔；LSF-L—轻组分分割正向热集成低压塔

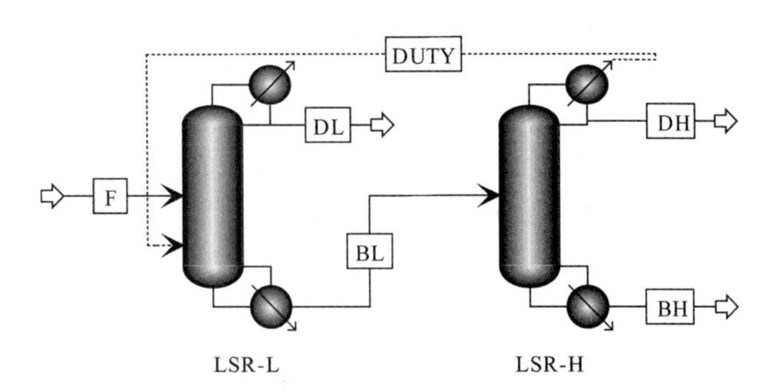

图 8-48　轻组分分割反向热集成

F—总进料；DL—低压塔塔顶物流；BL—低压塔塔底物流；DUTY—热流；DH—高压塔塔顶物流；BH—高压塔塔底物流；LSR-L—轻组分分割反向热集成低压塔；LSR-H—轻组分分割反向热集成高压塔

（2）热集成塔简捷法设计

简捷法设计条件：给定分离要求为塔顶甲醇和塔底水的摩尔浓度分别达到96%以上，设计结果如表 8-1 所示。在简捷法设计中，FS 高低压塔进料流量均为单塔进料流量的一半，而 LSF-L 和 LSR-H 设计采用的进料和组成[1997 F/（kmol/h）和 0.338]分别为 LSF-H 和 LSR-L 设计完成后塔底进料的参数。设计结果为后面热集成和严格模拟提供必要参数。

（3）热集成模拟与能耗分析

保持简捷法设计的理论板数和进料位置不变，通过适当调整进料流量、回流比、塔顶出料与进料比等参数，使高压塔塔顶物流冷凝所需要热量与低压塔塔底物料再沸所需的冷量相等，同时使各塔最终产品纯度满足设计要求。精馏塔总效率计算采用 O'Connell 关联式：$E_o = 50.3(\alpha\mu)^{-0.226}$，相对挥发度 α 采用塔顶、塔底和进料板条件下的几何平均值，μ 为进料黏度；塔板内径计算中采用 Fair 关联式计算液泛速率，接近液泛分率取 0.8。调整后的热集成流程模拟结果如表 8-2 所示。其中，ΔT 为热集成后高压塔顶出料温度与低压塔底出料温度之差；x_D、x_B 均为甲醇摩尔分数；μ 为进料动力学黏度；冷凝器热负荷取负值表示需要移走热量。

表 8-2　单塔和热集成流程严格模拟结果

项目	F/（kmol/h）	N_T	F_{stage}	RR	D/F	ID/m	x_D	x_B	μ/cP	α	E_o/%	N_a	T_D/℃	T_B/℃	ΔT/℃	Q_C/MW	Q_R/MW
SC	2700	10	7	0.95	0.50	4.0	0.960	0.040	0.701	4.05	40	25	65	94	—	−25.99	29.66
FS-H	964	12	9	1.49	0.50	1.8	0.960	0.040	0.701	3.17	42	29	114	147	20	−10.61	13.27
FS-L	1736	10	7	1.21	0.50	3.2	0.960	0.040	0.701	4.26	39	26	65	94	20	−18.86	10.60

续表

项目	F/(kmol/h)	N_T	F_{stage}	RR	D/F	ID/m	x_D	x_B	μ/cP	α	E_o/%	N_a	T_D/℃	T_B/℃	ΔT/℃	Q_C/MW	Q_R/MW
LSF-H	2700	13	12	1.29	0.26	2.5	0.966	0.336	0.701	2.69	43	31	113	128	17	−14.25	21.33
LSF-L	1997	10	8	1.55	0.33	3.0	0.968	0.024	0.212	4.65	50	20	65	96	17	−16.52	14.25
LSR-H	1917	14	11	1.80	0.28	2.0	0.971	0.035	0.344	3.43	48	29	113	147	35	−13.26	16.11
LSR-L	2700	11	10	2.03	0.29	3.6	0.997	0.297	0.701	3.55	41	27	65	78	35	−23.14	13.26

由于热公用工程（蒸汽）价格远大于冷公用工程（冷却水）价格，所以公用工程费用主要由前者决定。表 8-2 中给出了热集成后所需要的冷热公用工程以及热集成热量匹配。为了更直观表示出热集成的公用工程需求以及节能效率，利用表 8-2 中的最后两栏作做了图 8-49、图 8-50，从中可以清楚地看出节能效果。与 SC 相比，FS 节能效果最好，热公用工程节约 55.3%，LSR 次之，节约 45.7%，LSF 最差，节约 28.1%；三种热集成流程的冷公用工程也有不同程度的节约，FS 节约 27.4%，LSR 节约 11.0%，LSF 节约 36.4%。

热集成流程虽然节能效果可观，但需要增加分离塔的数目，但每个热集成分离塔的塔板直径较单塔小，就经济性而言，单塔分离与各热集成流程分离的优劣尚不能确定，需要对项目成本和利润作详细估算才能确定，在能源价格昂贵时热集成流程的经济性会明显提升；另外需要注意：热集成增加了过程控制的难度。Chiang 等研究表明，FS 流程虽然节能效果好，但其可控性最差。

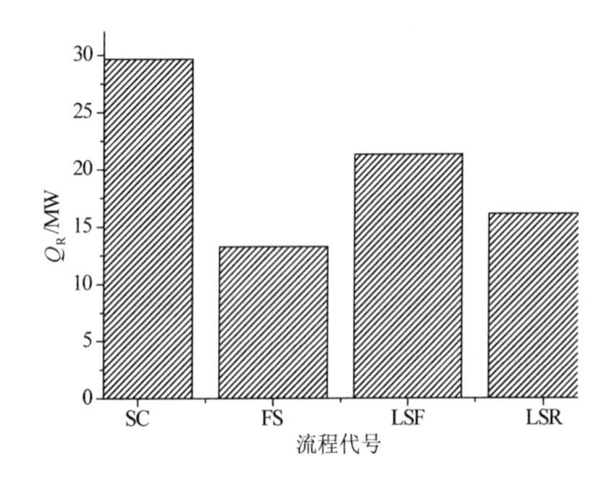

图 8-49　粗甲醇分离各流程热公用工程消耗比较

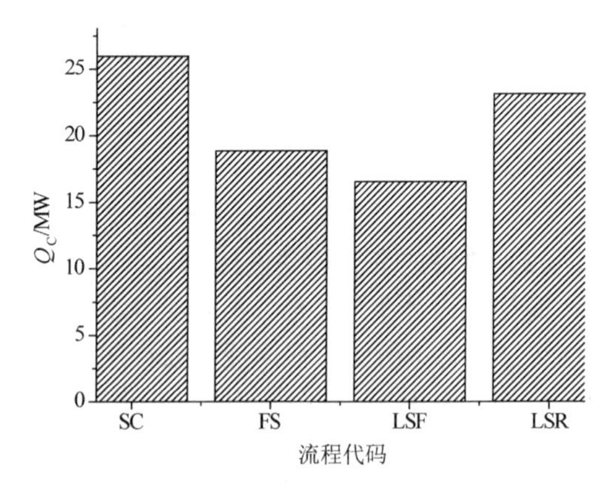

图 8-50　粗甲醇分离各流程冷公用工程消耗比较

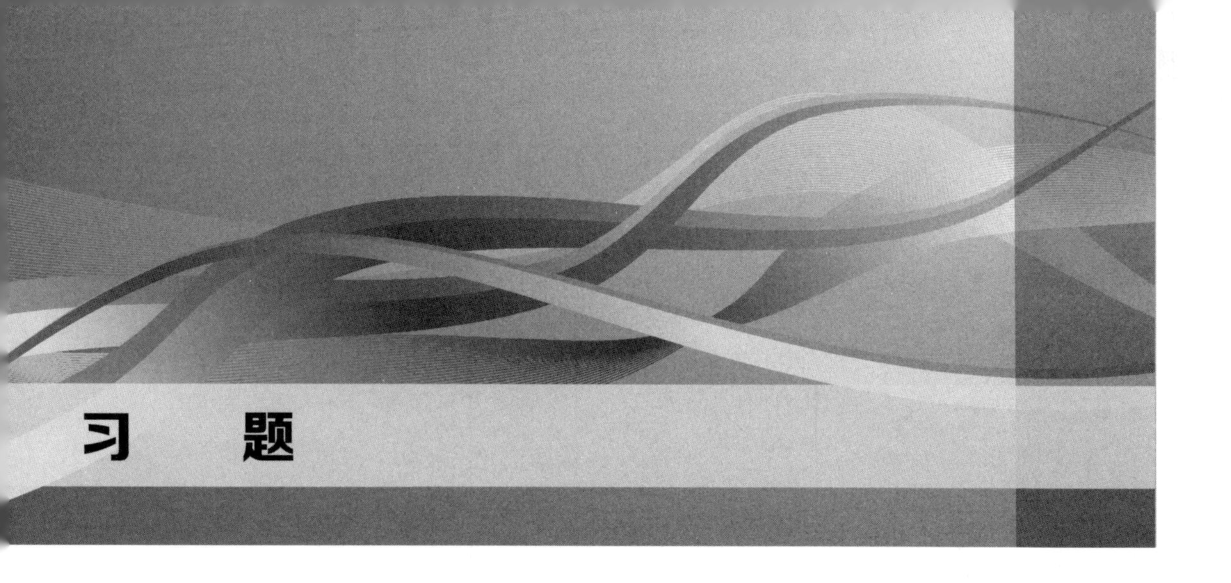

习 题

1. 进入蒸发器的一股液体物流温度为 150℉，压力为 202psia，流量组成为：丙烷 250 lbmol/hr，正丁烷 400lbmol/hr，正戊烷 350lbmol/hr，假定蒸发器产物压力为 200psia。运用流程模拟软件确定蒸发 45mol%该液体流股所需要的热量。应用 Soave-Redlich-Kwong（*S-R-K*）状态方程。

2. 运用模拟软件计算 10 个大气压下等摩尔比组成的正戊烷和正己烷混合物的：a. 泡点温度；b. 气相分率为 0.5 时候的温度。

3.温度为 176.2℉，压力为 1atm 的饱和苯蒸气与流率为 100lbmol/hr 的液体苯流股混合，使液体苯流股温度从 25℉提高到 50℉。运用模拟软件确定所需饱和苯蒸气的流率。准备一个好的初始估算值。注意：λ_{NBP}=13200Btu/lbmol，c_p=0.42Btu/lb℉。

4. 需要一个精馏塔分离等摩尔的苯和苯乙烯混合物，混合物温度为 77℉，压力为 1 个大气压。要求塔顶馏分苯浓度 99%（摩尔），并且塔顶馏分中应包含精馏塔进料中苯的 95%（摩尔）。应用模拟软件确定全回流时的最小理论板数（N_{min}），最小回流比（R_{min}）以及回流比取最小回流比的 1.3 倍时理论板数。

5. 一个带有循环物流的闪蒸过程如习题图 1 所示。a. 考虑如习题图 1 所示的闪蒸分离过程。如果用 Aspen Plus，求解所有的三种情况，使用 MIXER,Flash2,FSplit 和 PUMP 子程序，并采用 RK-SOAVE 选项作为热力学计算方法。比较并讨论三种情况所产生的塔顶物流的流率和组成。b.修改练习 5 a 中工况 3 以确定获得 850lb/hr 的塔顶蒸汽流量所必需的闪蒸温度。如果使用 Aspen Plus，可以作一个设计规定来调整闪蒸釜温度以获得所需的塔顶产物流率。

6. 甲苯加氢脱烷基过程-分离部分。温度 100℉、压力 484psia 的产品物流需要采用两个精馏塔分离成习题表 1 所示的产品。考察两个不同的蒸馏序列。

如果用 Aspen Plus，采用 DSTWU 子程序计算两个序列精馏塔的回流比和理论板。另外，采用 RK-SOAVE 作为热力学物性方法。规定回流比为最小回流比的 1.3 倍。应用设计规定调整等压蒸馏塔的压力以获得塔顶馏分的温度 130℉；但是塔压不得低于 20psia。并且规定全凝器，但当氢气和甲烷为塔顶产物的时候，注意要采用分凝器。

7. 用模拟软件模拟带有中间冷却器的两级压缩系统。进料为温度 100℉、压力 30psia、流量 440lbmol/hr 的由 95mol%氢气和 5mol%甲烷组成的混合物，需要压缩到 569psia。中间冷却器的出口温度为 100℉，压力降为 2psia。离心压缩机的等熵效率为 0.9，机械效率为 0.98。确定对应于三种中间压力（三种情况的第一级出口）：100psia、130psia、160psia 的功率需求和移除的热量。如果利用 Aspen Plus，采用 MCOMPR 子程序和 RK-SOAVE 热力学物性方法。

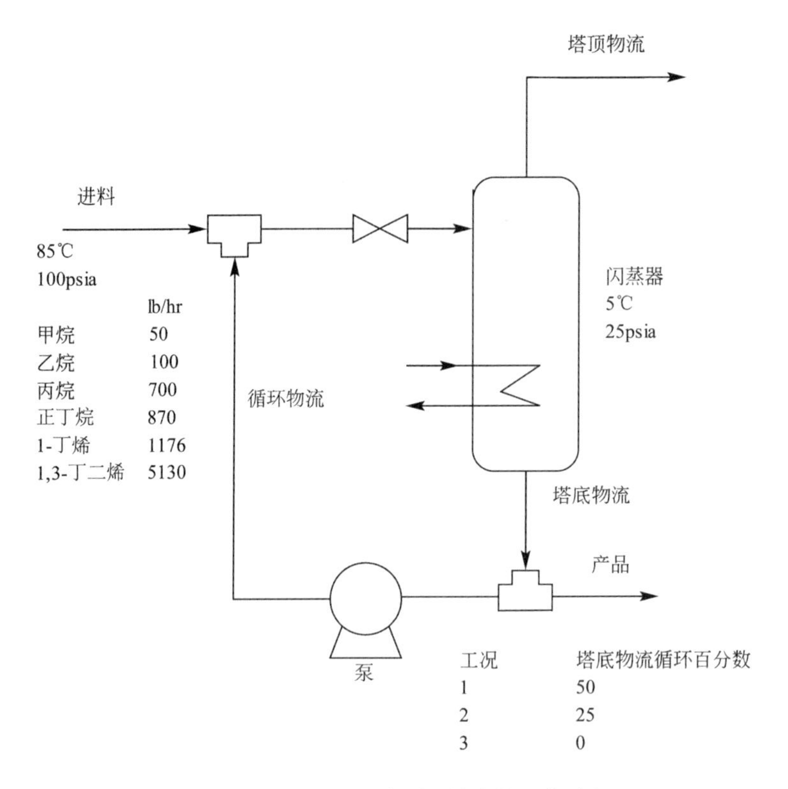

习题图 1 带有循环物流的闪蒸过程

习题表 1 甲苯加氢脱烷基产物分离过程进料和分离要求

单位：lbmol/hr

物质	进料	产物 1	产物 2	产物 3
H_2	1.5	1.5		
CH_4	19.3	19.2	0.1	
C_6H_6(benzene)	262.8	1.3	258.1	3.4
C_7H_8(toluene)	84.7		0.1	84.6
$C_{12}H_{10}$(biphenyl)	5.1			5.1

8.采用精馏方法分离含苯（1）、甲苯（2）及异丙苯（3）的混合液，常压操作。进料流量为 100kmol/hr，进料摩尔分率按顺序分别是 0.35，0.35 和 0.3。要求塔顶产品苯回收率不小于 95%，釜底异丙苯回收率不低于 96%，试求：按适宜位置进料，确定所需要的理论板数；若在第 5 块理论板进料，确定所需要的理论板数；塔内各板的气、液组成分布。

9. 假设在一个管壳式换热器中，100lbmol/hr 的温度 500℉、压力 1atm 的蒸汽（物流 STI）把 40lbmol/hr 的冷水（物流 CWI）从 70℉ 加热到 120℉。对于如习题图 2 所示的 Aspen Plus 模拟流程，确定蒸汽出口温度。该问题可以修改后用 Hysys、ChemCAD 或 Pro/Ⅱ等模拟软件解答。

10. 某厂氯化法合成甘油车间，氯丙烯精馏塔釜组成为（摩尔分数）：3-氯丙烯 0.0145、1,2-二氯丙烷 0.3090、1,3-二氯丙烯 0.6765。塔釜压力为 0.11MPa（绝对压力），试求塔釜的温度。

11. 已知乙酸甲酯、丙酮和甲醇三组分蒸汽混合物的摩尔组成依次分别是：0.33、0.34

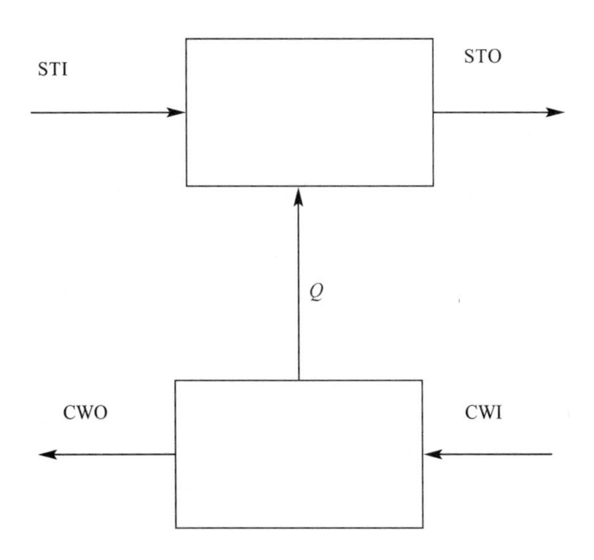

习题图 2　管壳式换热器模拟

和 0.33。试求 50℃条件下混合气开始冷凝的压力。

12. 采用精馏的方法分离混合物中的甲醇，混合物中各组分摩尔分率为：甲醇 0.35，乙醇 0.20，水 0.22、丙醇 0.28。要求甲醇产品中甲醇摩尔分率大于 0.9，回收率大于 0.95，试确定适宜的压力、理论板数、进料位置和回流比。并讨论主要操作参数对分离效果和能耗等方面的影响。

参考文献

[1] Warren D.Seider，J.D.Seader，Daniel R.Lewin. Process Design Principles(Synthesis，Analysis，and Evaluation) [M]. New York：John Wiley&Sons Inc，1999.

[2] J.D.Seader，Ernest J. Henley.Separation Process Principles [M]. New York：John Wiley&Sons，Inc，1998.

[3] DohertyM.F，Caldarola G.A.Design and synthesis of homogeneous azeotropic distillations.Thesequencing of columns for azeotropic and extractive distillation[J]. Ind.Eng.Chem.Fundam，1985，24：474-485.

[4] William L.Luyben. Comparison of Pressure-Swing and Extractive-Distillation Methods for Methanol-Recovery Systems in the TAME Reactive-Distillation Process[J].Ind. Eng. Chem. Res，2005，44(15)：5715–5725.

[5] William L.Luyben. Comparison of extractive distillation and pressure-swing distillation for acetone/chloroform separation[J].Computers & Chemical Engineering[J]. 2013，50(5)：1–7.

[6] Abu-Eishah S I，Luyben W L. Design and control of two-column azeotropic column azeotropic distillation system[J]. Industrial & Engineering Chemistry Process Design[J].1985，24：132-140.

[7] Luyben William L. Effect of solvent on controllability in extractive distillation[J]. Industrial and Engineering Chemistry Research[J].2008，47：4425-4439.

[8] Tantimuratha L，Asteris G，Antonopoulos D.K，Kokossis A.C. A conceptual programming approach for the design of flexible HENs[J]. Computers and Chemical Engineering，2001，25(4)：887-892.

[9] Linnhoff B，Hindmarsh E. Pinch design method for heat exchanger network[J].Chem. Eng. Sci，1983，38：745-752.

[10] Ciric A R，Floudas C A. Heat exchanger network synthesis without decomposition[J]. Computers and Chemical Engineering，1991，14：751-756.

[11] 都健. 化工过程分析与综合. [M] .大连：大连理工大学出版社，2009.

[12] 姚平经. 过程系统分析与综合[M].大连：大连理工大学出版社，2004.

[13] Chiang.T，and W.L. Luyben. Comparison of the Dynamic Performances of Three Heat-integrated Distillation Configurations[J]. Ind.Eng. Res，1988，27，99-104.

[14] 孙兰义. 化工流程模拟实训[M]. 北京：化学工业出版社，2012.

[15] J.M.Smith，H.C.VanNess，M.M.Abbott.Introduction to Chemical Engineering Thermodynamics[M]. New York：McGraw-Hill ，Inc.，2005.

[16] John M.Prausnitz，Rudiger N.Lichtenthaler. Edmundo Gomes de Azevedo.Molecular Thermodynamics of Fluid-Phase Equilibria[M]. New York：Pearson Education，Inc.，1999.

[17] Thomas F.Edgar，David M. Himmelblau，Leon S.Lasdon. Optimization of Chemical Processes[M]. New York：McGraw-Hill，Inc.，1988.

[18] Octave Levenspiel. Chemical Reaction Engineering[M].New York，John Wiley&Sons Inc，1999.

[19] 朱自强，徐汛．化工热力学[M]. 北京：化学工业出版社，1991.

[20] 陈洪钫，刘家祺．化工分离工程[M]. 北京：化学工业出版社，1995.